U0158460

高层建筑中央空调系统稳健优化控制及诊断技术

高殿策　孙勇军　著

科 学 出 版 社

北　京

内 容 简 介

本书旨在开发中央空调系统故障诊断方法与稳健控制策略，用于避免并消除冷冻水系统“小温差综合征”和“盈亏管逆流”问题，从而提升中央空调系统的综合能效。故障诊断方法主要用于确定相关问题发生的确切原因并定量评估其对系统能耗的影响。稳健控制策略主要是增强冷冻水系统在线控制的抗干扰能力，并将避免“小温差综合征”和“盈亏管逆流”问题纳入策略的考虑。本书从运行控制的角度深入研究“小温差综合征”和“盈亏管逆流”问题的发生机理和影响机制，并有针对性地开发改进控制策略及配套解决方案，在实际运行中对发现的问题进行故障诊断以确认具体原因，并提供有针对性的优化控制策略。

本书可供建筑环境与能源应用、暖通空调、楼宇自控等相关领域的研究人员和建筑能源系统运维管理人员，以及高年级本科生和研究生参考使用。

图书在版编目（CIP）数据

高层建筑中央空调系统稳健优化控制及诊断技术/高殿策，孙勇军著.—北京：科学出版社，2022.4

ISBN 978-7-03-071955-3

Ⅰ. ①高… Ⅱ. ①高… ②孙… Ⅲ. ①高层建筑－集中空气调节系统－故障诊断②高层建筑－集中空气调节系统－检修 Ⅳ. ①TU831.3

中国版本图书馆 CIP 数据核字（2022）第 050406 号

责任编辑：郭勇斌 肖 雷 常诗尧 / 责任校对：杜子昂
责任印制：张 伟 / 封面设计：刘 静

科学出版社 出版
北京东黄城根北街 16 号
邮政编码：100717
http://www.sciencep.com

北京中石油彩色印刷有限责任公司 印刷
科学出版社发行 各地新华书店经销

*

2022 年 4 月第 一 版 开本：720 × 1000 1/16
2023 年 5 月第二次印刷 印张：11 3/4
字数：230 000

定价：89.00 元

（如有印装质量问题，我社负责调换）

前 言

在许多大型暖通空调系统的全生命周期中，不同的阶段会遇到不同的故障，如设计选型不当、调试不到位、系统控制失调、运行维护不善等，这些故障会导致整个系统在实际运行时不能以预期的高效率工作。中央空调系统是一个非线性、大时滞系统，大部分时间运行在部分负荷下，工况动态变化频繁，即使采用能效较高的设备，若缺乏全局优化控制，整个系统能效也很难达到较高水平。现有研究和工程实践表明，对中央空调系统实施故障诊断和节能优化控制，可实现节能20%～50%的目标。

当前高层建筑的中央空调系统常采用二级泵冷冻水系统，其主要特点是：一级泵为定速泵，与冷机组联锁运行，保障蒸发器流量恒定；二级泵变速运行，根据末端用户负荷的变化进行实时变速调节，实现冷冻水流量按需供应，从而达到节能的效果。据统计，二级泵冷冻水系统的水泵全年电耗可达到冷机全年电耗的30%～50%。

在实际应用中，二级泵冷冻水系统常常出现“盈亏管（旁通管）逆流”问题，即二级环路用户侧流量过大（二级环路流量超过一级环路流量），过多的二级环路回水逆向流经盈亏管。流经盈亏管的水与冷冻水干管供水混合，导致供应给末端用户的水温升高，缩小了二级环路的总体运行温差，这就是所谓的“小温差综合征”。现有研究表明，二级泵冷冻水系统普遍存在“小温差综合征”和“盈亏管逆流”问题。是否能够避免和消除这些问题是冷冻水系统能否保持较高能效的关键。

然而，现有的大多研究侧重从设计和调试的角度分析“小温差综合征”和“盈亏管逆流”问题产生的可能原因和解决方法。许多从设计角度提出的解决方案可能只适用于新建系统，而对既有系统从运行控制角度提出的解决方案依旧缺失。在实际运行中，即使空调系统设计合理、安装调试良好，由于在线控制不当，比如控制策略不够稳健、控制设定值不可靠等也难以避免“小温差综合征”和“盈亏管逆流”问题的发生。因此，有必要从运行控制的角度进一步深入研究“小温差综合征”和“盈亏管逆流”问题的发生机理和影响机制，有针对性地开发改进控制策略及配套解决方案，在实际运行中对发现的问题进行定量化诊断，找到具体原因，并提供有针对性的优化控制策略予以实施。

本书旨在研究高层建筑中央空调系统故障诊断方法与稳健控制策略，用以避免并消除冷冻水系统“小温差综合征”和“盈亏管逆流”问题，从而提升中央空调系统的综合能效。故障诊断方法主要用于确定相关问题发生的确切原因并定量评估其对系统能耗的影响。稳健控制策略主要用于增强冷冻水系统在线控制的抗干扰能力，并将避免“小温差综合征”和“盈亏管逆流”作为约束条件纳入策略的考虑。此外，本书最后一章介绍了作者在当前热点研究领域的成果：智能电网环境下建筑群协同需求响应控制策略，内容涉及集成热储能的中央空调系统的优化控制。

由衷感谢香港理工大学王盛卫教授对本书研究的全面指导。另外，特别感谢香港理工大学肖赋教授、深圳大学单奎副研究员及深圳市制冷学会吴大农高级工程师对本书研究的宝贵建议。特别感谢科学出版社编辑对本书出版的大力支持。

本书成果系由国家自然科学基金项目（51778642）、广东省自然科学基金项目（2021A1515012265）及中山大学“百人计划”项目资助，由衷感谢。

最后需要指出的是，由于作者水平有限，本书难免存在不足之处，恳请各位专家和读者批评指正。

高殿策，中山大学智能工程学院

孙勇军，香港城市大学建筑科技学部

2021 年 6 月

目　　录

第一章 绪 论

能源的开发、利用及其引发的“能源危机”和“全球气候变化”成为全球日益关注的议题。如何全力推动节能减排工作，不仅关乎我国能源安全、经济可持续发展和人居环境改善，而且关乎全球能源资源、气候环境等人类生存发展的关键问题。

2020 年 9 月 22 日，中国政府在第七十五届联合国大会上提出：“中国将提高国家自主贡献力度，采取更加有力的政策和措施，二氧化碳排放力争于 2030 年前达到峰值，努力争取 2060 年前实现碳中和。”

建筑业与工业、交通并称能源消费的三大领域，建筑能耗造成的二氧化碳排放占比可达我国二氧化碳排放总量的 1/4 左右。随着城镇化进程的推进、服务业在国民经济中比例的提高和人民生活水平的提高，建筑能耗还会进一步提高。因此，建筑节能是我国落实节约资源、保护环境及实现“碳中和”目标的重要手段。

1.1 建筑节能现状

1.1.1 建筑能耗情况

近些年，由于人口的大量增长及人们对健康、舒适室内环境的追求，建筑能耗呈快速增长态势。据统计，全球范围内建筑能耗占全部能源消耗的 40%左右（Omer，2008）。在我国，2016 年全国建筑能源消费总量为 8.99 亿吨标准煤，占全国能源消费总量的 20.6%，其中电力占建筑能源总消耗的 46%；建筑碳排放总量为 19.6 亿吨二氧化碳，占全国能源碳排放总量的 19.4%（中国建筑节能协会能耗统计专委会，2019）。在美国，建筑能耗占社会总能耗的 41.1%，其中建筑耗电量占社会总耗电量的 73.6%；建筑碳排放量贡献了全部碳排放量的 40%（United States Department of Energy，2012）。在中国香港特别行政区，由于金融业、商业、服务业等第三产业占主导地位，各类建筑成为社会生活的主要场所，整个香港特别行政区有接近 91%的电力是被建筑消耗的。

伴随着建筑业的发展，对用于改善居住环境的采暖、通风与空调的需求也获得了巨大的增长。据统计，建筑能耗有近 50%用于室内采暖、通风与空调（Pérez-Lombard et al.，2008）。特别是商业、办公等公共建筑，在建筑全生命周期内保持空调系统的高性能运行对建筑的可持续性至关重要（朱能等，2015）。然而，实际运行中建筑空调系统的能效常常大幅度低于预期（吕石磊等，2009；肖益民等，2007）。其主要原因既包括前期的设计因素（比如设备选型不合理），也包括后期的运行因素（比如运行策略、控制系统等不合理）。就设计因素而言，设备选型大多基于设计负荷且附加了一定的安全系数，当后期运行中实际负荷大大低于设计负荷时，在没有对运行实施优化的情况下，实际能效显著低于设计预期。现有研究表明，对建筑空调系统实施故障诊断、故障矫正并有针对性地应用优化控制运行策略，整个系统的能耗可降低 20%～50%（Kissock，1993；Claridge et al.，1994；Liu et al.，1994；Claridge et al.，2000）。高效、可靠、优化的空调系统运行不但能够营造舒适健康的室内环境、提高系统的整体能效，还可以延长设备的服务寿命、降低设备维护成本（燕达等，2018）。

1.1.2 建筑节能规范、标准和能效标识

建筑节能是指在建筑物的全生命（设计、建造和使用）过程中，执行建筑节能的标准和政策，使用节能型的建材、器具和产品，提高建筑物的保温隔热性能和气密性能，提高暖通、空调系统的运行效率，以减少能源消耗。

为了减少建筑能耗及提升建筑整体能效，我国自 20 世纪 80 年代以来制定并实施了一系列相关政策、规范、制度及技术标准，主要包括建筑节能规范标准、建筑能效标识评价制度及倡导发展绿色建筑等（林波荣，2005）。

1. 建筑节能规范、标准

1986 年，我国颁布实施第一个建筑节能标准《民用建筑节能设计标准（采暖居住建筑部分）》（JGJ 26—86），要求新建居住建筑在 1980 年当地通用设计能耗水平基础上节能 30%，被称为第一步节能（即 30%节能）。

1995 年，我国修订并发布了《民用建筑节能设计标准（采暖居住建筑部分）》（JGJ 26—95），要求建筑采暖能耗在 1980—1981 年当地通用设计的居住建筑采暖能耗基础上，降低 50%，被称为第二步节能（即 50%节能）。在此前后《建筑气候区划标准》（GB 50178—93）、《既有采暖居住建筑节能改造技术规程》（JGJ 129—2000）、《夏热冬冷地区居住建筑节能设计标准》（JGJ 134—2001）[①]、《夏热冬暖地区居住建筑节能设计标准》（JGJ 75—2003）、《公共建筑节能设计标准》（GB 50189—2005）、《民用建筑热工设计规范》（GB 50716—2016）等相关行业和国家标准发布。

2005 年起，在达到第二步节能的基础上再节能 30%，即达到 65%节能的目标，

① 现已作废。

称之为第三步节能。实施的相关标准为《严寒和寒冷地区居住建筑节能设计标准》（JGJ 26—2010）和《夏热冬冷地区居住建筑节能设计标准》（JGJ 134—2010），此两项标准是配合“十二五”规划对节能的要求，于2010年8月1日实施。

我国香港特别行政区自1995年以来相继颁布了多个建筑节能相关的守则和条例（励志俊，2015）。第一个与建筑节能相关的规范是《建筑物整体热传递值守则》（*Code of Practice for Overall Thermal Transfer Value in Buildings*），于1995年颁布并强制实施，其主要目的是在设计阶段控制建筑物围护结构的整体传热性能，但未涉及影响建筑能耗的其他因素（如照明、空调等）。1998年及2000年，特别行政区政府机电工程署分别颁布了4部主要屋宇设备的能源效益守则：《空调装置能源效益守则》、《照明装置能源效益守则》、《电力装置能源效益守则》和《升降机及自动扶梯装置能源效益守则》。这4部守则合称为《屋宇装备装置能源效益实务守则》，自1998年起鼓励各建筑物自愿遵守执行。为进一步推广建筑物能源效益，2012年特别行政区政府以法律的形式颁布了香港特别行政区法例第610章《建筑物能源效益条例》，要求相关类型的建筑物强制执行《屋宇装备装置能源效益实务守则》。

在美国，也常常通过颁布类似的立法和政策来促进建筑节能，实现环境的可持续性。大多数州采用并实施建筑能源法规（BEC）和设备标准。2005年颁布的能源政策法案是迄今最新的版本，在建筑节能方面要求新建联邦建筑物必须比美国采暖、制冷和空调工程师协会（American Society of Heating，Refrigerating and Air-Conditioning Engineers，ASHRAE）和国际节能规范（International Energy Conservation Code，IECC）标准的能源效率提高30%；要求已有联邦建筑必须通过建筑和家电升级，与2003年的能耗水平相比每年降低2%，至2015年，将能耗降低20%。

2. 建筑能效标识

建筑能效标识（Building Energy Efficiency Labeling）是指对反映建筑物能源消耗量及其用能系统效率的性能指标进行检测、计算，以信息标识的形式进行明示。建筑能效标识作为一种新的管理机制和技术手段，是建筑节能的助推器，其对明示建筑能耗状况、促进高性能建筑的发展有着重要的意义（吕晓辰等，2009）。

国外建筑能效标识发展较早（王祎等，2010），1993年丹麦采用EM（Energi Maerkning sordninger）体系和ELO（Energi Ledelses Ordningen）体系对建筑的供热能效进行标识，通过建筑热模拟程序计算建筑全年能耗，并与类似建筑进行比较，这项标识于1997年开始强制执行。英国对住宅采用SAP（Standard Assessment Procedure）能量等级的标准评估程序；对其他非住宅建筑类型采用SBEM（Simplified Building Energy Model）方法。SAP方法基于建筑的年度净能耗进行定级（供热、通风、照明），分数为1～100（100即零能耗，分数越高能耗越低）；

同时计算住宅的 CO_2 排放量，确定环境影响等级，分数同样为 1～100。美国于1998 年开始面向商用建筑和新建住宅建筑采用“能源之星”（Energy Star）建筑标识。此外，LEED（Leadership in Energy and Environmental Design）也是被广泛采用的美国绿色建筑认证体系，评价对象主要是公共建筑和高层住宅。LEED 综合考虑建筑的可持续发展、节水、能源消耗、室内环境等多方面的因素，根据得分情况分为 4 个等级：“白金”“金”“银”“及格”。

在中国香港特别行政区，《香港建筑环境评估法》（Hong Kong Building Environmental Assessment Method，HK BEAM）是由建筑环保评估协会有限公司（BEAM Society Limited）于 1996 年推出的。HK BEAM 认证体系是一项自愿参与计划，旨在通过建立广泛认可和应用的标准，鼓励和促进香港可持续的绿色建筑设计与开发。我国内地第一个有关绿色建筑的评价、论证体系是 2003 年由清华大学、中国建筑科学研究院、北京市建筑设计研究院等科研院校和机构组成的课题组所公布的“绿色奥运建筑评估体系”。2005 年，我国首次正式颁布了关于绿色建筑的技术规范：《绿色建筑技术导则》和《绿色建筑评估标准》。《绿色建筑技术导则》中建立的绿色建筑指标体系，由节地与室外环境、节能与能源利用、节水与水资源利用、节材与材料资源、室内环境质量和运营管理共 6 类指标组成。2006 年 3 月 1 日，适用于城镇新建和改建住宅性能评定的国家标准《住宅性能评定技术标准》（GB/T 50362—2005）开始实施，这个标准反映的是住宅的综合性能水平，体现了节能、节地、节水、节材等产业技术政策。2008 年 10 月 1 日，《民用建筑节能条例》（中华人民共和国国务院令第 530 号）开始实施，其中第二十一条对民用建筑能效测评标识工作做了如下规定：“国家机关办公建筑和大型公共建筑的所有权人应当对建筑的能源利用效率进行测评和标识，并按照国家有关规定将测评结果予以公示，接受社会监督。”2008 年 6 月 26 日，《民用建筑能效测评标识技术导则（试行）》（建科〔2008〕118 号）开始实施，它将民用建筑能效水平划分为 5 个等级，并以星级为标志。2013 年 3 月 1 日，行业标准《建筑能效标识技术标准》（JGJ/T 288—2012）开始实施，它将建筑能效标识分为建筑能效测评和建筑能效实测评估两个阶段，建筑能效标识以建筑能效测评结果为依据，建筑能效测评包括基础项、规定项与选择项的测评。建筑能效标识划分为 3 个等级，以星级为标志。

1.2 建筑节能基本技术

实现建筑节能的基本技术方法可分为以下三类。

1. 建筑物本体节能技术

优化的规划和设计：从整体综合设计概念出发，在进行建筑规划和设计时，利用气候适应性原则（付祥钊，2008），根据建筑所处的具体环境气候特征（周孝清等，2019），充分利用自然环境资源（自然风、阳光、水体、地热、地形等）来营造适宜的建筑室内微环境，以尽量降低对建筑设备的依赖。比如，对小区各建筑布局进行优化设计，可以最大限度地利用自然风来改善室内微气候；对建筑朝向的优化设计，可以更好地利用本地太阳的光照。

选择合理的围护结构：选择合理的围护结构是建筑节能设计中的关键，通过改善建筑物围护结构的热工性能（张寅平，1996；张华玲等，2012；赵立华等，2015），在夏季可减少室外热量传入室内，在冬季可减少室内热量的流失，从而减少建筑冷、热消耗量（陈友明等，2004；孟庆林等，2006；江亿，2011；徐新华，2013；李念平等，2017）。建筑物的围护结构节能技术可分为以下几种。

1）墙体节能技术

对已有墙体增加复合的绝热保温材料或对新建墙体选择传热系数低的材料和结构。

①外墙外保温：将保温材料置于建筑物外墙的外侧，基本上可以消除建筑物各个部位的冷、热桥影响（王欢等，2010；刘加平等，2016；冯雅等，2017）；

②外墙内保温：在外墙结构的内部加做保温层，缺点是难以避免热（冷）桥，使保温性能有所减弱，在热桥部位的外墙内表面容易产生结露、潮湿甚至霉变现象（龙恩深，2009）。

2）窗户节能技术

①采用密封材料提高窗户的气密性以减少空气渗透量；

②通过采用节能玻璃（如中空玻璃、热反射玻璃等）、节能型窗框（如塑性窗框、隔热铝型框等）来增大窗户的整体热阻以减少室内外温差引起的传热量；

③通过采用遮阳设施（内遮阳、外遮阳等）及低辐射玻璃等来减少南方地区太阳辐射引起的夏季空调能耗。

3）屋面节能技术

①采用种植屋面，利用屋面上种植的植物隔离因太阳辐射造成的屋内过热现象；

②采用通风屋面，在楼板上设置架空的大阶砖或水泥板，利用两层屋面之间的空气流动带走太阳辐射的热和室内对楼板的传热，从而降低屋顶表面温度和房屋空调的能耗；

③采用外保温屋面，在楼板上设置绝热的材料，达到屋面保温的目的，多适用于比较寒冷和夏热冬冷地区的建筑；

④采用热反射隔热屋面，利用反射涂料形成的涂膜反射太阳的光和热，从而达到隔热的目的。

2. 建筑中央空调系统节能技术

1）节能设备或部件

节能设备或部件，是指中央空调系统中的主要设备，如制冷机（冷机）、水泵、风机等采用比传统设备更高的能效标准。这意味着，当使用高效冷机来产生相同的冷量时，所需的电力将减少。比如：

①水冷式冷机比风冷式冷机更节能；

②磁悬浮离心式压缩机的冷机的能效比比传统冷机更高；

③高效率水泵能耗比传统水泵的更少。

2）先进能源技术

先进能源技术，是指在能源转化、利用过程中，采用先进的系统结构、先进的处理过程等，在实现相同的功能时，付出的能耗/成本代价更低（李先庭等，2016；田喆等，2010）。比如：

①采用变流量系统比定流量系统可以获得更高的流体输配效率；

②采用溶液除湿新风系统比传统冷却除湿系统在处理相同新风时能耗更少（刘晓华等，2011）；

③采用地源热泵系统，利用地下常温土壤或地下水温度相对稳定的特性，在冬季采暖时能效比更高（冯国会等，2020）；

④采用储能空调系统可以在峰谷/分时电价的机制下实现更低的运行成本，间接有利于区域电力综合效率的提升（张小松等，2015；袁艳平等，2016；侯瑾等，2017）。

3）节能优化控制

节能优化控制的目的是在中央空调系统的运行阶段，考虑室内外环境的变化及中央空调系统的特点，寻求最低的能量输入或运行成本，以提供满意的室内舒适和健康的环境（张吉礼等，2011）。

节能优化控制系统一般提供两级控制，即局部控制和全局控制。局部控制是一种低阶控制，它考虑了局部过程环境的动态特性，以保证局部系统的鲁棒运行和跟踪设定值。全局控制是一种高阶控制，其目的是利用全局优化技术为所有本地控制器找到节能或经济有效的控制设定值（即运行模式和设定值），同时考虑系统级或子系统级的特性和相互作用。在不违反每个组件的运行约束条件及不降低室内环境质量的前提下，对这些以最大化能效或最小化成本为目标的控制设定值进行了优化，以尽量降低整个系统的能源投入或运行成本。

①冷却水系统及冷机联合优化控制。以冷却水供水温度、冷却塔风机转速、冷却水泵转速（若为变频）、冷机运行数量为优化设定值，以最小化冷机、冷却塔、冷却水泵的运行总能耗为目标，通过建立预测模型和应用寻优算法，在给定冷机

出水温度的前提下，在每一个时间步长确定上述优化设定值并付诸在线运行（卢军，2012）。

②冷冻水系统及冷机联合优化控制。以冷冻水供水温度、冷冻水泵转速、冷冻水泵数量、冷机运行数量、末端水阀开度为优化设定值，以最小化冷机、冷冻水泵的运行总能耗为目标，通过建立预测模型和应用寻优算法，在给定冷冻水供水温度的前提下，在每一个时间步长确定上述优化设定值并付诸在线运行。

③末端空气侧优化控制。以空气处理机组出风温度、风机转速、变风量末端开度为优化设定值，以最小化风机的运行总能耗为目标，通过建立预测模型和应用寻优算法，在满足室内热舒适的前提下，在每一个时间步长确定上述优化设定值并付诸在线运行（丁力行等，2020）。

④中央空调系统全局优化控制。考虑冷却水系统、冷机、冷冻水系统、末端空气侧系统之间的相互耦合、相互作用，在满足室内热舒适的前提下，以最小化系统总能耗（包括冷却塔、冷却水泵、冷机、冷冻水泵和空气处理机组风机）为目标，以冷却水供水温度、冷却塔风机转速、冷却水泵转速（若为变频）、冷机运行数量、冷冻水供水温度、冷冻水泵转速、冷冻水泵数量、末端水阀开度、空气处理机组出风温度、风机转速、变风量末端开度为优化设定值，通过建立全局预测模型和应用寻优算法，在每一个时间步长确定上述优化设定值并付诸在线运行。

3. 新能源的利用

新能源的利用是提升建筑节能潜力的有效办法之一，新能源通常指非常规、可再生能源，包括太阳能、地热能、风能等。目前，在建筑中利用最广泛的是太阳能。

1）太阳能光热利用

①利用太阳能高温集热系统，产生 160℃以上的热媒，送入双效吸收式空调主机，产生冷媒水和热水，供建筑用户使用（姜益强等，2012）；

②被动式太阳能建筑：以墙、地板、屋盖等为主体，组成吸收、储存、控制与分配太阳能的系统，不用机械力量而靠对流、传导、辐射等传热机制吸收、储存、释放太阳能（刘艳峰等，2016）。

2）太阳能光伏利用

光伏建筑一体化（BIPV）：太阳能光伏系统与建筑的结合，在建筑结构外表面铺设光伏组件提供电力，将太阳能发电系统与屋顶、天窗、幕墙等建筑融合为一体，成为绿色建筑、超低能耗建筑、（近）零能耗建筑重要的节能方式（叶晓莉等，2012）。

1.3 中央空调系统节能运行面临的问题

在现有许多大型中央空调系统中，在不同阶段会遇到不同的故障原因，如设计选型不当、调试不到位、系统控制失调、运行维护不善等，这些故障原因导致整个系统在实际运行时不能以预期的高效率进行工作。另外，即使一些中央空调系统能够确保在设计阶段设计合理、在安装阶段调试准确，如果缺乏优化、稳健的控制策略，它们也可能在实际运行中难以实现理想的高效运行。其中的主要原因是，中央空调系统是一个非线性、大时滞系统，大部分时间运行在部分负荷下，工况动态变化频繁，即使采用能效较高的单台设备，若缺乏全局优化控制整个系统能效也很难提高。现有研究和工程实践表明，对中央空调系统实施故障诊断和节能优化控制策略，可实现节能20%～50%的目的。

在中央空调系统中，冷冻水系统扮演着重要角色，负责将冷机制备的冷冻水经由冷冻水泵、输配管网、板式换热器等送达末端空气处理设备。二级泵冷冻水系统是当前常采用的冷冻水输配管网的结构形式之一，尤其在高层建筑中应用较广，主要原因是高层建筑冷冻水系统末端支路较多且阻力相差较大。二级泵冷冻水系统的主要特点是：一级泵为定速泵，与冷机组联锁运行，保障蒸发器流量恒定；二级泵变速运行，根据末端用户负荷的变化进行实时变速调节，从而实现冷冻水流量按需供应，达到节能的效果。据统计，二级泵冷冻水系统的水泵全年电耗可达到冷机全年电耗的30%～50%。

在实际应用中，二级泵冷冻水系统常常出现“盈亏管（旁通管）逆流”问题，即二级环路用户侧流量过大（二级环路流量超过一级环路流量），过多的二级环路回水逆流经盈亏管，并与干管冷冻水供水混合，导致供应给末端用户的水温度升高，缩小了二级环路的总体温差。现有的研究表明，二级泵冷冻水系统普遍存在“小温差综合征”和“盈亏管逆流”问题，消除这些问题可以提高冷冻水系统的综合能效。

在过去的20年中，业界学者和专家对“小温差综合征”可能的产生原因及解决方案做了许多研究工作。引起“小温差综合征”的原因很多，主要包括：末端设定值不正确或传感器缺乏调试、不合理使用三通阀、盘管和控制阀门的选型不正确、没有控制阀门联锁、过程负荷不受控制、盘管结垢、100%室外全新风系统等。现有研究（Fiorino，1999，2002；Avery，2001；Luther，2002；Taylor，2002）从冷冻水系统结构设计、输配设备和阀门选型、联锁控制等方面（如冷却盘管、控制系统、冷冻水泵和管网系统的优化选型和设计）提出了一系列解决措施。

然而，现有的大多研究侧重从设计和调试的角度分析“小温差综合征”和

“盈亏管逆流”问题产生的可能原因、解决方法。许多从设计角度提出的解决方案可能只适用于新建系统，而对既有系统如何从运行控制角度提出解决方案依旧缺失。在实际运行中，即使空调系统设计合理、安装调试良好，由于在线控制不当也难以避免“小温差综合征”和“盈亏管逆流”问题的发生，比如控制策略不够稳健、控制设定值不可靠等。因此，有必要从运行控制的角度进一步深入研究“小温差综合征”和“盈亏管逆流”问题的发生机理和影响机制，并有针对性地开发改进控制策略及配套解决方案，在实际运行中对发现的问题进行诊断并找到具体原因，然后提供有针对性的优化控制策略。

1.4 研究目标及内容

本书旨在开发中央空调系统故障诊断方法与稳健控制策略，用以避免并消除冷冻水系统“小温差综合征”和“盈亏管逆流”问题，从而提升中央空调系统的综合能效。故障诊断方法主要用于确定相关问题发生的确切原因并定量评估对系统能耗的影响。稳健控制策略主要是增强对冷冻水系统在线控制的抗干扰能力，并将避免“小温差综合征”和“盈亏管逆流”问题纳入策略的考虑。此外，本书最后一章介绍了作者在当前热点研究领域的成果：智能电网环境下建筑群协同需求响应控制策略，内容隶属于集成热储能的中央空调系统的优化控制。

本书的主要内容包括：

第一章：介绍建筑节能的背景知识、基本实现途径，提出中央空调系统在实际运行中面临的主要问题，概括本书的主要研究内容。

第二章：介绍现有的有关“小温差综合征”、空调系统优化控制和鲁棒控制，以及故障诊断策略研究的文献综述。

第三章：介绍一种诊断高层建筑多支路复杂冷冻水系统出现盈亏管逆流导致小温差综合征的方法和实际案例应用。主要包括故障检测、故障识别、故障诊断结果验证及能耗影响评估三大模块。

第四章：从实际运行的视角出发，建立复杂中央空调系统小温差综合征故障精确诊断方法，用以持续监测和定量评估系统运行温差和管网系统总体的结垢程度。与传统面向单台末端设备的诊断方法相比，本书的方法需要的测量传感器数量较少，易于推广应用。

第五章：提出一种用于评估复杂中央空调系统中小温差综合征对冷冻水泵能耗影响的定量精确评估方法。该评估方法基于测量数据，可以预测小温差发生时二级泵所消耗电量的正常基准值，通过比较实测水泵能耗，可以得出当前水泵因小温差综合征所消耗的过多电量。

第六章：提出一种二级泵冷冻水系统主动容错节能控制策略，可用于感知并消除盈亏管逆流现象，提高冷冻水输配管网运行温差及能效。该策略采用本书所开发的基于反馈控制的限流技术，当检测到盈亏管逆流时，限流控制被激活，并通过在线调整用于控制水泵转速的压差设定值来调整水泵转速，进而逐步消除盈亏管逆流。该策略还集成了优化压差设定值，在满足末端冷量需求的同时，最大限度地减小输配管网的阻力。

第七章：提出一种竖向分区冷冻水系统在线自适应优化控制策略。构建了不同工况下泵能耗的简化预测模型，采用自适应方法对模型参数进行在线更新，以实现准确的预测。采用穷举搜索法，确定了换热器二次侧出水温度和换热器运行数量的最优控制参数，使换热器组两侧水泵的总能耗降至最低。

第八章：提出一种面向板式换热器一次侧冷冻水泵及应用稳健增强控制策略。该策略在传统控制策略的基础上，增加了温度设定值重置模块和限流控制模块，旨在提高泵的运行稳健性和能效。提出的改进稳健增强控制策略没有复杂的计算模型，避免了大量的计算，方便实际在线应用。

第九章：介绍智能电网环境下建筑群协同需求响应控制策略，提出了基于GA的协同需求响应控制的改进方法，并以最小化建筑群总体电力峰值需求为目标。与传统需求响应控制方法相比，改进的控制方法以更小的额外能耗实现了更大的建筑群总体用电峰值削减。

参 考 文 献

陈友明，王盛卫，张泠，2004. 系统辨识在建筑热湿过程中的应用[M]. 北京：中国建筑工业出版社.

丁力行，邓丹，方诗雯，2020. 独立新风空调设备标准体系构建及关键标准的研制[J]. 制冷，39（1）：21-25.

冯国会，柳梦媛，李环宇，2020. 公共机构浅层地热能与主动式能源耦合利用适宜性研究[J]. 建筑节能，48（9）：8-12.

冯雅，南艳丽，钟辉智，2017. 南方建筑非透明围护结构热工与节能设计[J]. 土木建筑与环境工程，39（4）：33-39.

付祥钊，2008. 建筑节能原理与技术[M]. 重庆：重庆大学出版社.

侯瑾，许鹏，鲁星，等，2017. 既有区域能源系统扩展规划与减碳实例分析[J]. 建筑节能，45（1）：35-39.

江亿，2011. 我国建筑节能战略研究[J]. 中国工程科学，13（6）：30-38.

姜益强，姚杨，于易平，等，2012. 基于太阳能热泵技术的严寒地区供暖系统改造设计与实测分析[J]. 住宅产业，8：70-72.

李念平，潘楚阳，黄小君，等，2017. 基于RC简化传热模型的混凝土辐射顶板传热及供冷能力研究[J]. 湖南大学学报（自然科学版），44（3）：143-150.

李先庭，宋鹏远，石文星，等，2016. 实现冬夏季均高效运行的新型热泵系统：柔性热泵系统[J]. 暖通空调，46（12）：1-7.

励志俊，2015. 解析香港HK-BEAM绿色建筑认证体系[J]. 绿色建筑，7（4）：65-66，75.

林波荣，2005. 建筑物综合环境性能评价体系：绿色设计工具[M]. 北京：中国建筑工业出版社.

刘加平，罗戴维，刘大龙，2016. 湿热气候区建筑防热研究进展[J]. 西安建筑科技大学学报（自然科学版），48（1）：

1-9，17.
刘晓华，张涛，江亿，2011. 采用吸湿剂处理湿空气的流程优化分析[J]. 暖通空调，41（3）：77-87.
刘艳峰，孙峙峰，王博渊，2016. 藏区、西北及高原地区利用可再生能源采暖空调新技术[J]. 暖通空调，46（10）：145-146.
龙恩深，2009. 建筑能耗基因理论与建筑节能实践[M]. 北京：科学出版社.
卢军，2012. 建筑节能运行管理[M]. 重庆：重庆大学出版社.
吕石磊，武涌，梁传志，2009. 我国大型公共建筑能耗水平现状及统计、审计和公示制度分析[C]//第一届中国绿色建筑青年论坛，中国城市科学研究会.
吕晓辰，邹瑜，徐伟，等，2009. 国内外建筑能效标识方法比较[J]. 建设科技，12：21-23.
孟庆林，胡文斌，张磊，等，2006. 建筑蒸发降温基础[M]. 北京：科学出版社.
田喆，王硕，朱能，等，2010. 冷却顶板系统的供热性能及热舒适效果[J]. 天津大学学报，43（12）：1109-1114.
王欢，吴会军，丁云飞，2010. 气凝胶透光隔热材料在建筑节能玻璃中的研究及应用进展[J]. 建筑节能，38（4）：35-37.
王祎，王随林，王清勤，等，2010. 国外绿色建筑评价体系分析[J]. 建筑节能，38（2）：64-66，74.
肖益民，付祥钊，2007. 公共建筑集中空调工程设计能效比限值研究[C]//2007 年西南地区暖通空调及热能动力学术年会.
徐新华，2013. 双层皮通风围护结构的热特性模型研究综述[J]. 建筑节能，41（1）：38-43.
燕达，陈友明，潘毅群，等，2018. 我国建筑能耗模拟的研究现状与发展[J]. 建筑科学，34（10）：130-138.
叶晓莉，端木琳，齐杰，2012. 零能耗建筑中太阳能的应用[J]. 太阳能学报，33（S1）：86-90.
袁艳平，向波，曹晓玲，等，2016. 建筑相变储能技术研究现状与发展[J]. 西南交通大学学报，51（3）：585-598.
张华玲，张敏飞，2012. 轻型木结构外墙热工计算方法及空调负荷分析[J]. 同济大学学报（自然科学版），40（5）：735-739.
张吉礼，赵天怡，陈永攀，2011. 大型公建空调系统节能控制研究进展[J]. 建筑热能通风空调，30（3）：1-14，49.
张小松，夏燚，金星，2015. 相变蓄能建筑墙体研究进展[J]. 东南大学学报（自然科学版），45（3）：612-618.
张寅平，1996. 相变贮能：理论和应用[M]. 合肥：中国科学技术大学出版社.
赵立华，孟庆林，费良旭，等，2015. 海南地区既有公共建筑围护结构节能改造分析[J]. 南方建筑，（2）：12-15.
中国建筑节能协会能耗统计专委会，2019. 2018 中国建筑能耗研究报告[J]. 建筑，2：26-31.
周孝清，方武宏，李丽，2019. 城中村建筑物理环境分析及微改造[J]. 建筑节能，47（8）：111-115.
朱能，朱天利，仝丁丁，等，2015. 我国建筑能耗基准线确定方法探讨[J]. 暖通空调，45（3）：59-64.
AVERY G，2001. Improving the efficiency of chilled water plants[J]. ASHRAE Journal，43（5）：14-18.
CLARIDGE D E，CULP C H，LIU M，et al.，2000. Campus-wide continuous commissioning of university buildings[J]. Proceedings of ACEEE Summer Study on Energy Efficiency in Buildings，3：101-112.
CLARIDGE D E，HABERL J，LIU M，et al.，1994. Can you achieve 150% of predicted retrofit savings？Is it time for recommissioning？[J]. Proceedings of 1994 ACEEE Summer Study on Energy Efficiency in Buildings，5：73-88.
FIORINO D P，1999. Achieving high chilled-water delta Ts[J]. ASHRAE Journal，41（11）：24-30.
FIORINO D P，2002. How to raise chilled water temperature differentials[J]. ASHRAE Transactions，108（1）：659-665.
KISSOCK J K，1993. A methodology to measure retrofit energy saving in commercial buildings[D]. Texas：Texas A&M University.
LIU M，ATHAR A，REDDY A，et al.，1994. Reducing building energy costs using optimized operation strategies for constant volume air handling systems[C]//Proceedings of the Ninth Symposium on Improving Building Systems in

Hot and Humid Climates，192-204.

LUTHER K R. 2002. Chilled water system forensics/Discussion[J]. ASHRAE Transactions，108（1）：654-658.

OMER A M，2008. Energy，environment and sustainable development[J]. Renewable and Sustainable Energy Reviews，12（9）：2265-2300.

PÉREZ-LOMBARD L，ORTIZ J，POUT C，2008. A review on buildings energy consumption information[J]. Energy and Buildings，40（3）：394-398.

TAYLOR S T，2002. Degrading chilled water plant delta-T：causes and mitigation[J]. ASHRAE Transaction，108（1）：641-653.

UNITED STATES DEPARTMENT OF ENERGY，2012. Buildings energy data book[M]. Washing D C：Office of Energy & Renewable Energy.

WANG S W，2010. Intelligent buildings and building automation[M]. New York：Spon Press（Taylor & Francis）.

第二章　中央空调系统故障诊断及优化控制研究现状

2.1　冷冻水系统小温差综合征

2.1.1　小温差综合征概述

1990 年以来，随着大型商业建筑数量快速增长，二级泵冷冻水系统在商业建筑复杂中央空调系统中得到广泛应用。据统计，二级泵冷冻水系统的水泵全年电耗可达到冷机全年电耗的 30%～50%。在典型二级泵冷冻水系统中，一级泵定流量运行，与冷机联锁启停，确保冷机组蒸发器以恒定流量运行；二级泵变流量运行，根据末端负荷变化动态调节转速。与传统一级泵定流量系统相比，二级泵变流量系统实现了冷冻水流量按需供应，从而达到节能效果（Wang，2010）。

在实际应用中，二级泵冷冻水系统的运行能效常常达不到预期，其中一个主要的故障原因是二级环路循环流量过大。由于风柜的盘管在设计阶段选型时按照的原则为：在额定负荷、额定流量下产生与冷机组的温差相等的温升（常用 5℃）。因此，理论上在额定冷负荷工况下二级环路的流量应等于（或略小于）一级环路的流量，而在部分冷负荷工况下二级环路流量应小于一级环路流量。当实际二级环路流量大于预期时，末端产生的温差将低于其设计值。这就是“小温差综合征”（Kirsner，1996，1998；Avery，1998；Waltz，2000）。Kirsner（1996）指出几乎所有大型中央空调冷冻水系统实际运行中都存在“小温差综合征”问题。

当存在严重小温差综合征时，二级环路流量超过一级环路流量，将导致盈亏管内出现逆流现象，即二级环路的回水通过盈亏管流向供水侧，并与主管冷冻水混合，导致供应给末端的水温升高，这种现象称为“盈亏管逆流”，如图 2.1 所示。

小温差综合征和盈亏管逆流会引起一系列运行问题，如供水温度过高、冷冻水循环过量、二级泵能耗增加等。如果不能消除这些现象，则可能导致二级环路中的恶性循环，如图 2.2 所示：盈亏管逆流，导致冷冻水回水与供水混合，供水温度升高，末端需要更多的冷冻水量，盈亏管逆流加剧，系统运行温差进一步降低。在一级环路中的流量大幅增加（开启一台额外冷机和一级泵）之前，逆流都不会消失。

正常运行

- 盈亏管：供水→回水
- 一级环路流量≥二级环路流量
- 末端供水温度=冷机供水温度
- 末端系统温差正常

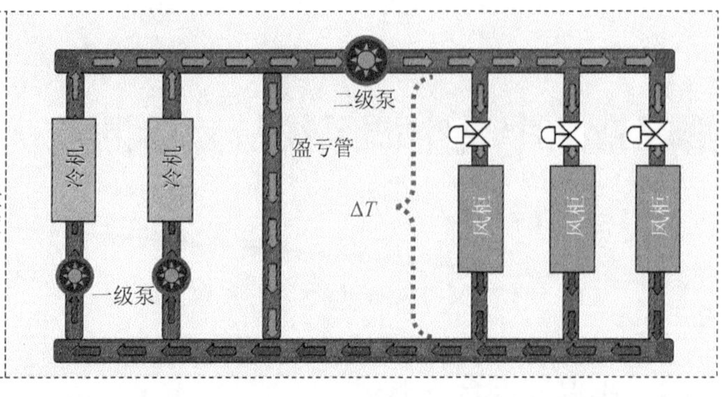

盈亏管逆流

- 盈亏管：回水→供水
- 一级环路流量＜二级环路流量
- 末端供水温度＞冷机供水温度
- 末端系统小温差综合征

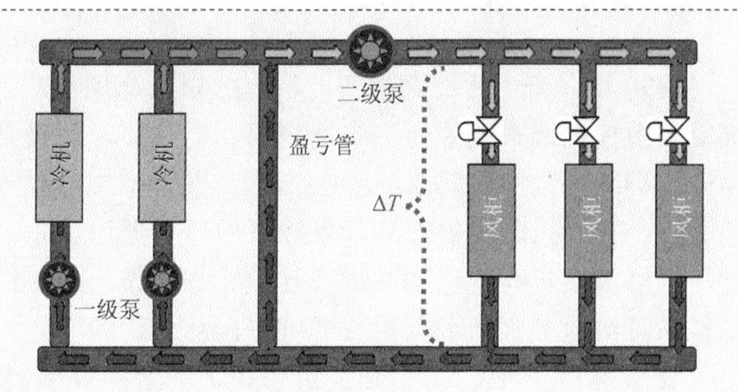

图 2.1　小温差综合征和盈亏管逆流

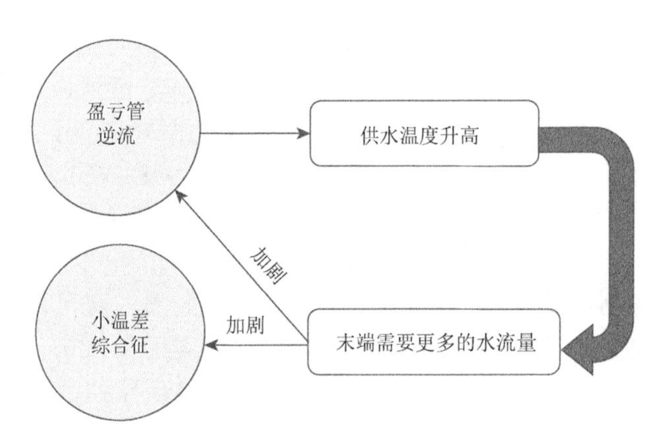

图 2.2　盈亏管逆流引发的恶性循环

2.1.2　小温差综合征的产生原因和解决方案

1990 年以来，中央空调学者和业界专家对小温差综合征可能的产生原因及解决方案做了许多研究工作。

Kirsner（1996）指出，典型的二级泵冷冻水系统结构具有内在的不足，在运行中很难完全避免小温差综合征问题，建议采用一级泵变流量的新模式进行冷冻水系统设计，如图 2.3 所示。该研究具体指出典型二级泵冷冻水系统存在三个主要问题。第一个问题，传统二级泵冷冻水系统中，当依据盈亏管流量实施冷机启停控制时，控制策略常常被小温差综合征造成的盈亏管逆流所误导，易造成对冷机启停控制的不合理决策。第二个问题，传统二级泵冷冻水系统在冷机侧设置定流量一级泵，其目的主要是避免冷机蒸发器因流量过小而出现结冰现象。随着控制技术的进步，许多冷机制造商对蒸发器流量是否恒定已不作严格限制。因此，采用“一级泵变流量系统”取代传统“一级泵定流量 + 二级泵变流量系统”有如下优点：①可以自动针对小温差综合征发生的严重情况作出动态流量调节；②只有一级泵，简化了系统结构；③取消了盈亏管，避免了盈亏管逆流的发生。第三个问题，“一级泵定流量 + 二级泵变流量系统”并不是最具节能性的管网输配方案。

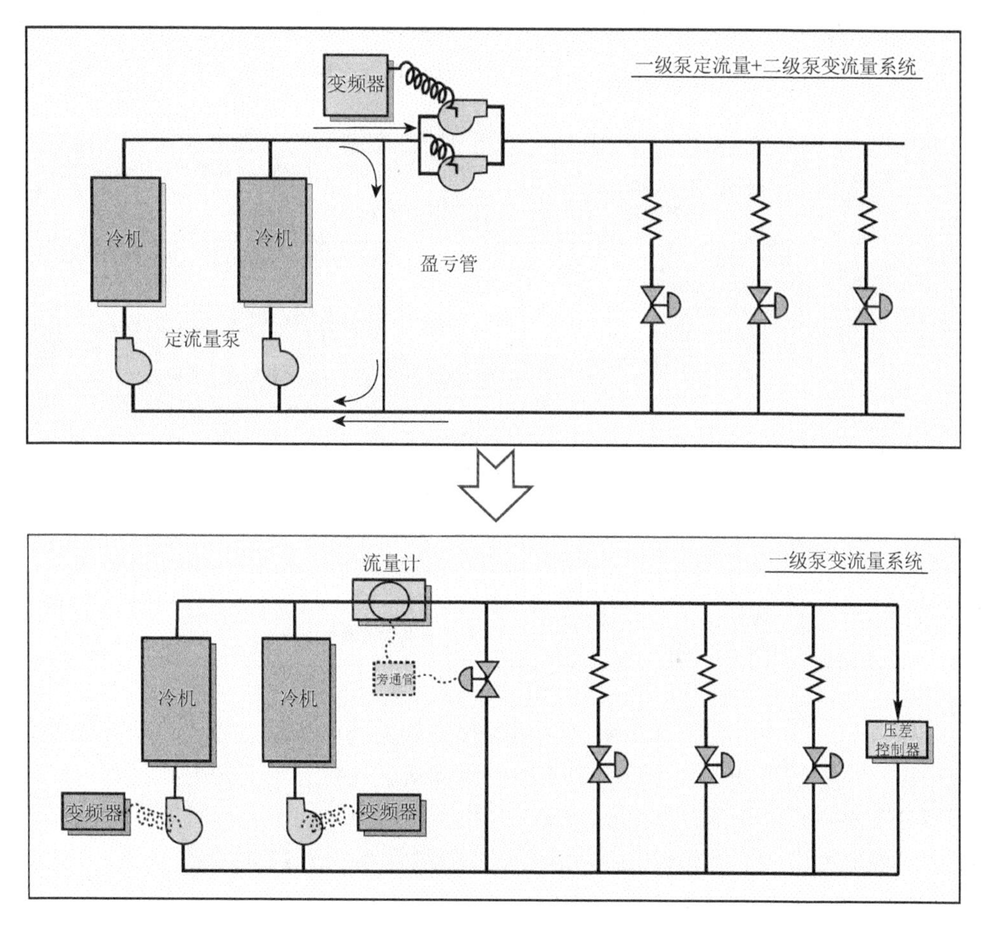

图 2.3　盈亏管逆流引发的恶性循环

Taylor（2002a）总结了导致小温差综合征的诸多原因，并提出了相应的解决方案，详见表 2.1。他指出有一些原因是可以避免的：例如，设定值/控制校验不当、末端使用了三通阀、盘管及其控制阀门选型不当、控制阀门没有联锁、过程负荷失控等。但也有一些原因无法避免：如盘管结垢后换热效率下降、过渡季节风柜采用全新风运行但需冷冻水提供部分冷量时。

表 2.1　小温差综合征的原因和解决方案汇总

分类	原因	解决方案
通过准确设计和合理运行能够避免的原因	不合理设定值及控制校验不当	定期检查控制设定值（如风柜出风温度设定值），发现异常及时修正，使设定值维持在预设范围
	末端使用三通阀变流量（注：此方法 20 世纪有过使用，目前设计已无使用）	避免末端使用三通阀进行变流量调节，应使用电动调节阀
	末端盘管选型不当	正确选择盘管尺寸，确保额定流量下的温差稍大于设计值
	盘管控制阀门选型不当	严格控制阀门选型计算，阀门选型过大易造成控制不稳定
	盘管控制阀门无联锁控制	盘管控制阀门应与风柜联锁控制，风柜关闭时应联锁关闭水阀
	盘管两侧流体流向不当	应确保盘管两侧流体呈逆向流动，增强换热
	末端支路加装增压水泵控制不当	调节加压泵后面温度设定值，使其稍高于主供水管供水温度；在支路供回水旁通管上增加止回阀，避免供水直接回流
	其他过程负荷失控（尤其是工业空调系统）	应确保过程设备设置相关的联锁控制，无负荷时应自动关闭阀门
可以解决但可能不会带来整体节能的原因	层流效应	许多文献将盘管中流速过慢而形成层流作为小温差形成的一个主要原因，但 Taylor（2002a）指出层流并非小温差形成的主要原因，但可能造成输配成本的增加
	冷冻水温度重设控制	最优冷冻水温度重设策略将因输配系统设计、冷机组性能特点和盘管负荷性质而异。较小的输配系统，水泵能耗较低，通常会从冷冻水温度重置中受益。较大的系统水泵能耗高，提高冷冻水温度将显著增加泵的能耗，大于冷机的能耗减少，从而导致整个系统能耗增加
不可避免的原因	风侧/水侧结垢等导致的盘管换热效率下降	水系统安装水处理装置避免结垢；风侧安装过滤装置
	过渡季节风柜采用全新风运行但需冷冻水提供部分冷量时	该工况下未有合适的解决措施

表 2.1 中提到，层流通常被认为是导致小温差的可能原因之一，因为从理论上分析，当雷诺数降至约 2 000 以下时，流体从紊流状态转变到层流状态，传热系数会突然下降。然而，Taylor（2002a）指出，层流效应不太可能是小温差综合征的主要原因。图 2.4 显示了流态对两个典型盘管（一个 12 ft[①]长，一个 2 ft 长）

① 1 ft = 30.48 cm。

传热系数 K（$K = St\,Pr^{2/3}(\mu_s/\mu)^{0.18}$，$St$ 是斯坦顿数，Pr 是普朗特数，μ 为流体黏度，下标 s 是管内表面的条件）的影响。在高速紊流条件下，两个盘管的 K 相同。随着速度降低至过渡区，传热系数开始下降，但较短的盘管下降得较少，因为管弯曲会使流动更加湍急。在开始层流时，随着雷诺数减小传热系数开始上升。图 2.5

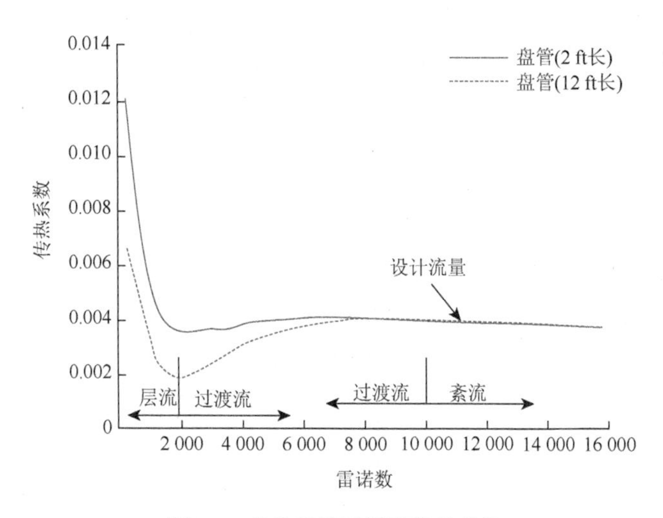

图 2.4　传热系数随雷诺数的变化

注：该盘管设计选型采用 3 ft/s 的设计速度和 5/8 in[①]的管。在这种情况下，盘管从未经历完全发展的湍流，设计条件已经处于过渡区。层流发生在流速 0.5～0.8 in/s，为设计流量的 20%～25%

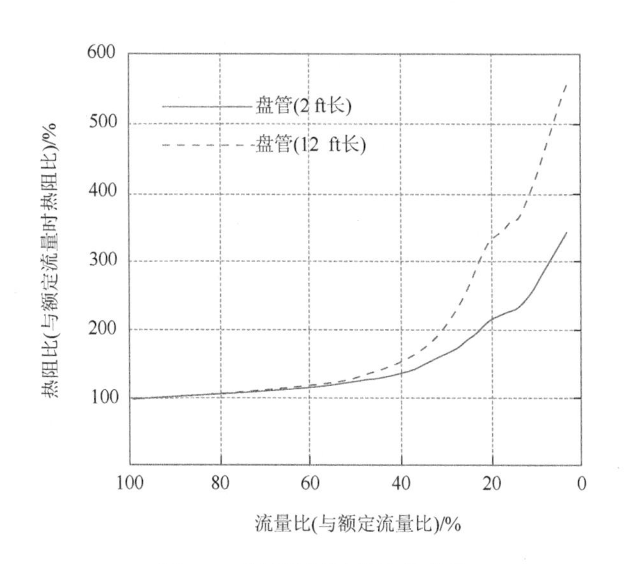

图 2.5　热阻比随流量比的变化

① 1 in = 2.54 cm。

显示了相同的数据的另一种表达方式，其中传热系数转换为管内表面热阻的百分比，雷诺数转换为流量的百分比。在额定流量下，表面热阻仅占整个空气-水热阻的一小部分，但随着水流速度的下降，表面热阻占比会上升，直到在层流条件下，几乎占总热阻的 90%。

Fiorino（1999）从实际工程应用角度指出，通过适当使用冷却盘管、控制系统、水泵和管网系统，可以实现冷冻水系统更大的运行温差。表 2.2 列举了提高冷冻水系统运行温差的 25 种实现方法。

表 2.2　25 种提高冷冻水系统运行温差的方法

编号	实施方法
1	设计阶段，冷却/除湿盘管按较高温差进行选型
2	使用具有等百分比流量特性的二通调节阀门，实现盘管水量的线性控制
3	准确选择控制阀门的执行器使其能够准确调节开度并在最大压差情况下关闭阀门
4	准确选择控制阀门体、阀内件、阀塞和密封件，使其能够承受在最高压差下节流时出现的腐蚀和气蚀
5	省略外部平衡装置。这些设备由于 3 和 4 而变得不必要
6	采用数字控制以获得更精确的阀门开度控制
7	冷冻水经多次使用后再返回主回水管
8	在低温和除湿应用方面采用乙二醇作载冷流体（如果使用冷冻水则需要额外与乙二醇进行冷量交换）
9	当为显热制冷服务时，优先考虑使用非旁通的混水装置（尽量不采用水-水换热器）
10	将显热冷却过程与潜热/除湿冷却过程分离进行
11	使用两个盘管进行串联冷却
12	使用预冷/预热盘管处理室外新风
13	替换三通阀为二通调节阀
14	风柜风机停止时同时关闭水阀
15	校验温度和湿度传感器
16	确保温度和湿度设定值不被随意修改
17	避免盘管水侧和空气侧结垢
18	部分负荷下相应降低水泵转速
19	使用多分区及二级泵输配管网
20	部分负荷下相应降低压差设定值
21	部分负荷下相应提高供水温度设定值
22	输配管网设计为同程式
23	避免使用定速冷冻水泵
24	替换性能较差的冷却盘管和换热器
25	监测冷冻水温差并采取纠正措施

Hyman 等（2004）分析了加州大学河滨分校包括一级-二级-三级输配管网的中央冷冻水系统。由于多年来设计标准不一致，一些末端建筑环路（三级环路）与校园输配环路（二级环路）串联，而另一些则与普通管路相连。这使远端建筑物供回水管产生负压差，流量不足；而近端建筑的供回水管则压差过大，流量过大，供水直接返回回水，造成短路。这些问题导致整个系统出现了小温差综合征，冷机动力不足，部分建筑冷量供应不足。为了缓解这些问题，通过改进措施实现了性能提升，包括：安装变频驱动器（Variable-frequency Drive，VFD）以降低泵转速，对水力串联的建筑物进行解耦，在近端建筑供回水侧安装压力无关型阀门以防止水量过大。

在应对小温差综合征时除了有关设计和调试方面的措施外，一些工程中尝试在盈亏管（旁通管）上安装止回阀。止回阀实际上是一个单向阀，它只允许水从供给侧流向回水侧，从而避免在旁通管路中逆向流动。使用止回阀的主要好处是，在现有冷机满载之前不需要为了避免盈亏管逆流而额外增开冷机及其关联的一级泵（Severini，2004）。Severini（2004）描述了包含止回阀的一级-二级冷冻水系统的设计和运行理念，其性能已在许多项目中得到证实。Bahnfleth 等（2004）在参数研究的基础上提出，在一级-二级冷冻水系统中增加止回阀，可使冷冻水系统获得高达 4%的总节能率，以及高达 2%的寿命周期成本节约率。这些节省能耗主要发生在冷冻水温差小于设计值时的工况。Bahnfleth 等同时指出，如果二级泵不能处理一级环路中增加的扬程和流量，则使用止回阀是不可接受的改造方案。Kirsner（1998）提出使用止回阀是对一级-二级系统的廉价且简单的改进，它允许系统在有效处理小温差综合征时依然保留了二级泵系统的固有特性。Avery（1998）在一个实际冷冻水系统中安装了止回阀用于系统改造和升级。实际运行结果表明，止回阀安装后与安装前相比减少了 20%的冷机组能耗和 28%的冷机组年工作时间。

与上述推荐使用止回阀的应用案例相比，一些研究（Coad，1998；Luther，2002；McQuay，2002）认为，止回阀的使用将破坏二级泵冷冻水系统的固有设计理念，特别是止回阀使一级泵和二级泵在某些工况下变成串联运行关系，因此，不建议将止回阀作为二级泵冷冻水系统设计的一部分。McQuay（2002）的应用指南指出，增加盈亏管止回阀将使一级环路在小温差发生期间处于变流量运行状态，因此系统控制将变得更加复杂。Rishel（1998）认为，小温差综合征是一个非常复杂的问题，不能简单地使用止回阀修复，而且止回阀也不适用于所有二级泵系统，比如具有储能设施的系统。Taylor（2002a，2002b）提出，建议在定速冷机组系统中使用止回阀，但不建议在变速冷机组系统中使用，因为变速冷机组在部分负荷条件下的效率很高。Taylor 同时指出，使用止回阀的一个缺点是，如果一级泵处于关闭状态且冷机管路阀门也关闭，但二级泵却在运行，这种工况下二级泵有超压的风险。

2.2 中央空调系统的优化控制和鲁棒控制

在控制科学领域，鲁棒控制（robust control）方面的研究始于20世纪50年代。在过去的20年中，鲁棒控制一直是国际自控界的研究热点。所谓“鲁棒性”，是指控制系统在一定（结构、大小）的参数摄动下，维持某些性能的特性。根据对性能的不同定义，可分为稳定鲁棒性和性能鲁棒性。而优化控制是指在给定的约束条件下，针对某一个控制系统，使给定的被控系统性能指标取得最大值或最小值的控制。

在中央空调系统领域，单纯的优化控制主要目标是在满足室内舒适性的情况下最大限度地节省中央空调系统的能耗。而兼顾控制鲁棒性的优化控制，主要是指中央空调系统在运行过程中，控制系统在外部扰动（如天气因素）、内部扰动（如室内负荷）、传感器故障、设备启停动态性等综合影响因素的共同作用下，依然能够在线提供近似优化运行设定值，从而避免传统控制方法因失控而导致的过度能源消耗。

2.2.1 中央空调系统局部优化控制

中央空调系统局部优化控制，主要的控制对象是冷机系统、冷却水系统、冷冻水系统等。

①冷机群控。Sun 等（2010）提出了一种基于模型的启动预冷期冷机群控优化策略，主要用于商业建筑中在清晨预冷期对冷机的启动数量进行寻优，包括有多少冷机投入运行及何时启动这些冷机。该策略利用简化的建筑模型对建筑冷负荷进行预测，在此基础上确定了最佳运行冷机组数量和相应的预冷时长。该策略分两步实施：第一步是利用简化的建筑模型预测建筑冷负荷，并确定一个可行的冷机组运行数量范围；第二步是在第一步确定的可行范围内，利用简化的建筑模型估算预冷时长，并计算出预冷期内相应的能耗。通过搜索选取能耗最少时对应的控制参数，即冷机启动数量及相应的开启时间。

②冷却水系统优化控制。Ma 等（2008）提出了一种基于模型的建筑冷却水系统在线控制与运行监控策略。该策略采用简化的半物理冷机和冷却塔模型对系统的能耗进行预测。以冷机和冷却塔能耗最小为优化目标，以冷却塔运行数量、冷却塔风机转速、冷机冷凝器进水温度为优化变量。鉴于该项目冷却塔数量多达11台，传统的“穷尽搜索法”对在线应用而言计算量过大。该策略开发出了一种基于 PMES（性能图谱和穷举搜索）的混合寻优技术来寻求优化问题的最优解。该混合寻优技术与传统遗传算法（GA）寻优方法相比，平均计算量

减少 96.0%。通过案例评估，与传统近似优化方法——固定温差设定值（即冷凝器进水温度设定值 = 室外湿球温度 + 固定温差）相比，可节约冷机和冷却塔总能耗的 0.9%。

③冷冻水系统优化控制。在现有的研究中，Moore 等（2003）指出，在部分负荷下，可以调节泵的速度，使管网最不利环路末端盘管中至少一个水阀保持 90%以上的开度，以此减小环路阻力，降低水泵能耗。Wang 等（2010）开发了一种用于超高层建筑板式换热器一次侧水泵的转速控制策略。该策略采用级联控制方法，使换热器一次侧水阀完全开启，从而大大减小了管路阻力，测试结果表明，采用该控制策略可节省水能耗 16.01%。Jin 等（2007）提出三种冷冻水系统的最优控制策略，即二级泵扬程控制、冷冻水供水温度设定值控制和二者串联控制。以某小型空调系统为例，用固定温度和（或）固定压差设定值，在选定的典型春、夏两季的典型日进行了仿真测试，结果表明这三种策略与传统控制策略相比，分别可节省系统总能耗的 3.85%～3.90%、2.53%～3.38%和 1.98%～15.96%。

Ma 等（2009a）提出不同大小水泵组合的最优控制策略，包括转速控制和顺序控制策略。通过对系统特性的详细分析，建立了复杂空调系统中管网的压降模型，并以此为基础制定了最优的泵序控制策略。该顺序控制策略通过考虑水泵的功耗和维护成本确定最佳泵运行数量。复杂空调系统中的变速泵可分为两类：末端输配水泵和换热器一次侧输配水泵。对于末端输配水泵，实时调节压差设定值控制水泵转速，最大限度地开启末端盘管水阀。对于换热器一次侧输配水泵，使用串级控制（流量控制器串联温度控制器），可以使换热器一次侧水阀 100%开启。以某超高层建筑复杂空调系统为例，通过与其他传统控制策略比较，结果表明采用这些优化控制策略可以节省 12%～32%的泵能。

2.2.2 中央空调系统全局优化控制

局部优化控制着眼于单个部件或局部系统的高效控制，但没有考虑各个系统之间的相互影响。对于整个建筑空调系统的全局优化来说，优化的对象是整个空调（水）系统，优化目标是以最低的能源消耗来达到室内环境热舒适的要求。这种从系统方法的角度考虑问题的优化措施综合考虑了建筑系统与设备系统及其他相关量之间的相互关系（Braun et al.，1989a；Lu et al.，2005a；Jin et al.，2007；Ma et al.，2009b）。

Braun 等（1989b）提出了两种确定无储能冷冻水系统优化设定值的方法。一种是基于部件模型的非线性优化算法，其中将冷冻水系统中主要部件的功耗表示为二次关系，该方法被用作研究系统性能的仿真工具。另一种是基于系统的近似最优策略，将整个冷机组的总功耗表示为二次关系。

Lu 等（2005b）开发了一种基于模型的优化方法，用于整体空调系统的全局优化。全部耗能部件（冷机、水泵、风机）均开发了数学预测模型，目标函数以整个空调系统能耗最低为优化目标，约束条件包括换热器模型、冷却盘管和冷却塔相对应的物理约束，采用遗传算法（GA）对目标函数进行寻优。该优化策略在模拟环境下进行了测试和评估，共进行了 4 个案例的比较，测试结果表明最多可节能 20%左右，如图 2.6 所示。其中，optimal 中完全优化设定值；case 1 中冷机数量控制为传统方法（其余为优化设定值）；case 2 中出风温度和供水温度均为固定值（其余为优化设定值）；case 3 中风侧压差设定值和水侧压差设定值均为定值（其余为优化设定值）；case 4 中冷却塔水量和冷却塔出水温度均为定值（其余为优化设定值）。

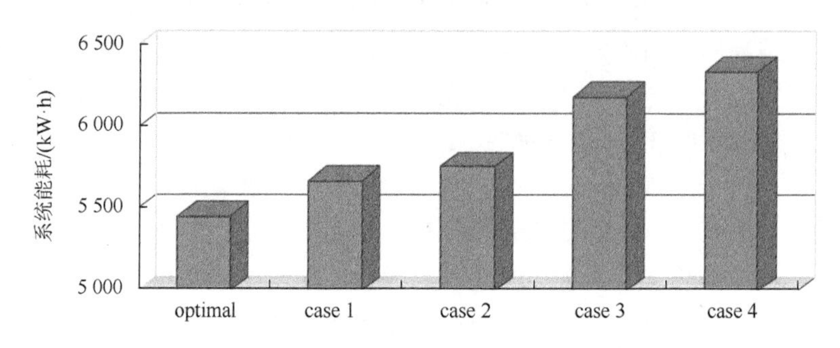

图 2.6　优化控制策略与传统控制方法的能耗对比

Yao 等（2010）基于设备能源模型建立了中央空调系统整体节能控制的全局优化模型。引入分解协调法（一种解决高维优化问题的有效方法）来解决大型空调系统进行全局优化所需要优化的大量变量问题。该全局优化模型已被用于研究位于长沙市的中央空调系统。在最优运行和非最优运行条件下的系统性能系数（System Coefficient of Performance，SCOP）计算结果表明，在空调系统的部分负荷运行下，全局优化方案带来的节能效果将更加显著。

Ma 等（2011）提出了一种基于模型的中央空调系统全局优化控制策略。该控制策略利用半物理模型预测各个系统部件的性能和能耗，利用遗传算法（GA）对控制参数进行寻优。由于模型的精度对整体预测结果有重要影响，因此所用模型的参数是线性的，采用指数遗忘递推最小二乘（RLS）估计技术在线辨识和更新模型参数，目的是保证线性模型在工况变化时能提供可靠、准确的估计。遗传算法作为一种全局优化工具，用于求解优化问题和搜索全局最优控制设置。以某超高层建筑中央空调系统为例，在仿真系统中对该策略的性能进行了测试和评价。结果表明，与采用常规设置的参考策略相比，该策略可节省所研究系统 0.73%～2.55%的日能耗。

2.2.3　中央空调系统鲁棒控制

中央空调系统的鲁棒控制是指控制策略能够确保中央空调各系统在不确定性和外界扰动作用下依然可以保持相对稳定可靠的运行性能。这里的不确定性包括传感器测量的不确定性、控制策略模型的不确定性等；外部扰动主要包括天气情况变化、冷负荷变化等。

Wang 等（2002）提出了一种将面向空气处理机组（AHU）应用的需求控制通风（Demand Controlled Ventilation，DCV）与新风节能调控相结合的鲁棒控制策略。该策略包含三个鲁棒控制模块：①鲁棒过渡控制模块（集成积分项重设和比例项调节功能），主要用于提高 DCV 控制模式（附加加热模式）和全新风免费制冷控制模式之间过渡控制的稳定性；②“冻结”过渡控制模块（集成比例项调节功能），主要用于加强全新风免费制冷向部分新风运行平稳过渡的控制；③反馈过渡控制模块（集成积分项重设），主要用于在由部分新风运行向 DCV 控制过渡时对 DCV 控制起始阶段新风流量调节稳定性的增强。经过测试，该鲁棒控制策略有助于提高空气处理机组从一个运行模式向另一个运行模式切换时控制过程的稳定性，避免传统控制方法中出现的交替与震荡。

Huang 等（2008）开发了一种用于提高冷机时序控制可靠性的建筑瞬时冷负荷信息融合测量方法（以下简称冷负荷测量）。冷负荷测量的准确程度对冷机时序控制非常重要，该信息融合方法将两种不同建筑物冷负荷测量方法的优势互补结合起来，实现了对建筑物冷负荷更加准确的测量。一种是直接测量法，利用供回水温差和流量测量直接计算建筑物的冷负荷。另一种是间接测量法，即使用瞬时冷机电力输入等参数根据冷机物理模型计算建筑物冷负荷。利用香港某高层建筑中央空调系统采集的现场数据对该策略进行了测试，结果表明该信息融合测量方法能够有效去除直接测量中的传感器测量误差、粗大误差、系统误差和模型误差。

Sun 等（2009）将上述冷负荷信息融合测量方法融入多冷机系统时序控制，用于提高冷机时序控制的可靠性和冷机能效。相对于传统控制方法，该鲁棒控制策略做了如下改进：①利用基于信息融合测量方法的冷负荷测量方法代替传统的直接测量法或间接测量法；②利用简化的半物理模型在线预测当前工况下单台冷机的最大冷却能力；③根据融合测量的质量对在线预测的最大冷机冷却能力进行校准。利用实际中央空调系统的实测数据对该鲁棒控制策略进行了测试和评估，这一改进控制策略可以有效减少传统控制策略下冷机不必要的启停次数，保障了冷机运行的稳健性，进而达到冷机节能的目的。

2.3 中央空调系统的故障诊断

故障检测与诊断（Fault Detection and Diagnosis，FDD）是一个针对物理系统自动化检测故障并诊断其原因的研究领域。FDD 系统的首要目标是早期发现故障并诊断其原因，从而在系统出现额外损坏或服务中断之前排除故障。通过连续监视系统的运行，使用 FDD 技术检测和诊断异常情况及其相关的故障，然后评估检测到的故障的严重性并做出相关处理决策。

故障检测与诊断方法依赖于多学科融合交叉，例如：信号提取需要传感器及检测技术；信号降噪离不开信号处理技术；状态估计和参数估计方法以系统辨识理论为基础；此外，数值分析、概率与数理统计等基础学科中的很多方法也是故障检查和诊断不可缺少的工具。

在中央空调领域，随着中央空调系统结构日益庞大，相应的自控系统和控制策略也变得日趋复杂。首先，传感器在自控系统中发挥着重要作用，传感器故障会导致中央空调系统的监测数据包含错误信息，进而误导控制策略，造成系统能耗浪费，运行成本增加，甚至达不到室内舒适要求。另外，中央空调系统的设备和部件也会随着运行时间的延长出现性能下降和物理故障，给系统运行的可靠性和节能性都带来严重的影响。因此，对中央空调系统实施故障检测与诊断，有助于及时发现空调系统运行中的各种故障，维持中央空调系统的正常高效运行。

Katipamula 等（2005a；2005b）对建筑系统的故障检测和诊断流程进行了综述。故障检测和诊断在工程系统运行和维护中的一般应用流程如图 2.7 所示。第一步是监测物理系统或设备并查明任何异常情况（问题），此步骤通常称为故障检测。当侦测到异常情况时，第二步通过故障诊断来确认故障并确定其原因，这两个步骤构成了 FDD 过程。诊断之后，“故障评估”就故障对系统性能造成影响的大小和重要性（在能源使用、成本、可用性或对其他性能指标的影响等方面）进行评估。然后基于故障评估，通过决策过程决定如何响应故障（例如，采取纠正措施或不采取措施）。在大多数情况下，故障检测比起诊断故障原因或评估故障产生的影响要相对容易。

故障检测和诊断方法大致分为两类（Gertler，1998），即无模型方法和基于模型的方法。无模型方法不需要数学模型或经验模型作为性能参考来与实际性能进行比较，而基于模型的方法需要模型作为性能基准，如图 2.8 所示。从系统采集的数据作为输入，建立参考模型用于预测性能指标的准确值；将预测值与实际系统测量值进行对比，生成残差；同时将残差与相应阈值进行对比，判断残差与阈值的关系，当残差大于阈值时，即可确认故障。

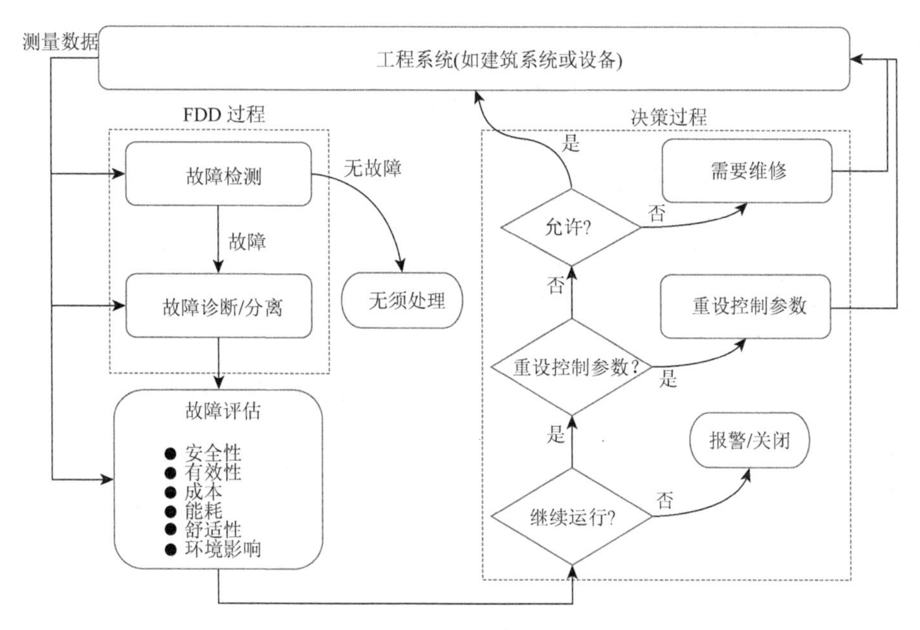

图 2.7　工程系统中的故障检测和诊断流程

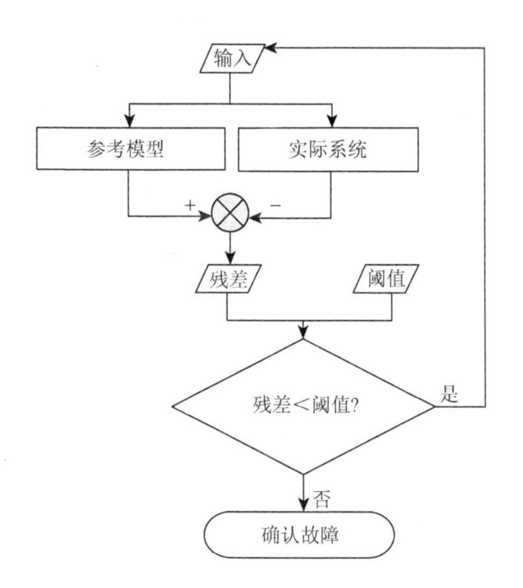

图 2.8　基于模型的故障检测和诊断方法

空气处理机组（AHU）和变风量（VAV）末端是中央空调领域故障诊断研究的热门方向，相关研究综述如下：

①Yoshida 等（1999）讨论了一些典型的 AHU 故障，例如：室外空气阀门故障、冷却盘管结垢、管道系统漏气、风机电机故障和空气过滤器堵塞等。通过采

用带外源输入的自回归模型（Autoregressive Model with Exogenous Input，ARX）及扩展卡尔曼滤波器检测空调柜控制环路的突然失效：其中一个故障是水阀的执行器粘住，另一个故障是温度传感器完全失效。

②Lee 等（1996a；1996b）采用三种方法对 AHU 实施故障诊断：带外源输入的自回归移动平均（Autoregressive Moving Average with Exogenous Input，ARMX）、ARX 和人工神经网络（Artificial Neural Network，ANN）。相关故障包括：送风机和回风机故障、冷冻水循环泵故障、冷却盘管阀门卡住、温度传感器故障、静压传感器故障。

③Lee 等（1997）扩展了之前改进 AHU 故障诊断的 ANN 模型的工作。在 AHU 中考虑了更多的故障，包括一些突发故障和性能下降故障。

④Yoshida 等（1999）在实际 VAV 系统的在线故障诊断中比较了自适应遗忘因子多模型方法（Adaptive Forgetting through Multiple Models，AFMM）和 ARX 方法。与 ARX 相比，AFMM 需要更长的窗口长度，但对系统变化更加敏感，因此认为 ARX 更具鲁棒性。

⑤Dexter 等（2001）在诊断 AHU 故障时使用多步模糊模型对传统模型进行了改进，与一般的模糊参考模型相比，该新方法能有效防止误报警，并能区分出阀门泄漏和盘管结垢两种故障。

⑥Wang 等（2004）提出了一种基于主成分分析（PCA）的 AHU 传感器故障诊断策略。基于空气处理过程中的传热平衡和压力流量平衡，建立了两个 PCA 模型。每个 PCA 模型都可以检测和诊断具有固定偏差的相关传感器。

⑦Qin 等（2005）对实际系统中的 VAV 故障进行了调查，发现有 20.9%的 VAV 末端处于失效状态，调查还总结了 VAV 中的 10 个主要故障。建立混合诊断方法（即专家规则、性能指标和统计过程控制模型）实现了对这些故障的分离和诊断。

⑧Wang 等（2012）针对变风量空调机组的突发性故障，提出了一种基于模型的在线故障检测与诊断策略。该策略采用基于模型的 FDD 和基于规则的 FDD 相结合的混合方法，采用自校正模型对空调机组进行故障检测。采用基于遗传算法的优化方法调整模型参数，减小预测与测量之间的残差。同时，提出了一种在线自适应方法来估计故障检测阈值，该阈值随系统运行条件的变化而变化。在此基础上，开发了三种基于规则的故障分类器，并利用它们来寻找故障源。Wang 等所提出的 FDD 策略在实际的多故障变风量空调系统中得到了验证。

⑨Yan 等（2020）介绍了一种利用生成对抗网络（GAN）解决空调机组 FDD 中数据不平衡问题的框架。框架应用 GAN 来增加训练池中错误训练样本的数量和重新平衡训练数据集的必要步骤，使用监督分类器训练再平衡数据集。通过比较研究案例，说明了所提出的方法在空气处理机组故障诊断方面的优势，证明了

在有限的错误训练样本下形成空气处理机组鲁棒 FDD 的前景。

在中央空调水系统方面，故障检测与诊断技术也取得了许多成果：

①Wang 等（2010）提出了一种系统级别的对涉及传感器故障的空调水系统进行故障检测与诊断的策略。诊断对象包括：冷却水系统、冷机系统、冷冻水系统。FDD 系统策略包括两个方案：FDD 系统方案和传感器故障检测、诊断与估计（FDD&E）方案。在 FDD 系统方案中，引入一个或多个性能指标来表示每个系统的性能状态（正常或故障）。FDD 系统的可靠性受传感器测量健康度的影响。在采用 FDD 系统方案之前，采用基于主成分分析（PCA）的方法对传感器偏差进行检测和诊断，并对传感器偏差进行校正。另外，还进行了两个相互作用分析：一是系统故障对传感器 FDD&E 的影响；二是修正传感器故障对 FDD 系统的影响。结果表明，即使系统故障同时存在，传感器 FDD&E 方法也能很好地识别和恢复有偏传感器，FDD 系统方法能有效利用传感器 FDD&E 处理后的测量数据诊断系统故障。

②Xiao 等（2011）提出了一种基于简单回归模型和通用规则的离心式冷机组故障诊断策略。利用低成本测量得到的 4 个特征量作为故障指标，考虑测量和建模的不确定性，采用自适应阈值。通过分析确定各故障指标对某一故障的相对敏感度，从而选出最敏感的指标用于基于规则的故障诊断。与以往的研究相比，该方法将每个故障与故障发生时最敏感的指标变化的方向和大小联系起来，明显提高了故障诊断方法的灵敏度。

③Han 等（2011）研究了一种将支持向量机（SVM）、遗传算法（GA）和参数整定技术相结合的冷机组故障诊断混合模型，其中 GA 负责搜索潜在的特征子集，SVM 同时作为故障诊断工具和特征选择的评估方法。分别研究了 6、7、8、9 和 10 个特征子集，并与原始的 64 个特征集在总体性能-正确率（CR）、个体性能-命中率（HR）和错误报警率（FAR）方面进行了比较。结果表明，混合支持向量机模型选出的 8 个特征子集（Feat8）表现最好，其测试准确率比简单支持向量机模型（64 个特征集）高 2%左右，同时计算量较小。

2.4 讨　　论

首先，现有的研究表明，二级泵冷冻水系统中普遍存在“小温差综合征”和“盈亏管逆流”问题，解决这一问题可以提高冷冻水系统的总体能效。然而，大多数研究更关注从设计和调试的角度分析该问题的可能原因和解决方案。实际上，即使供热通风与空气调节（Heating，Ventilation，Air-Condition and Coding，HVAC）系统设计合理且调试良好，但由于一些干扰，在运行期间仍然不能完全避免盈亏管逆流的发生。在实际应用中，没有可靠、稳健且安全的解决方案来消除逆流。学界缺乏关于二级泵的优化控制以消除实际应用中的盈亏管逆流和小温差综合征的研究。此外，许多从设计角度提出的解决方案可能只适用于新的设计系统，对已经存在盈亏管逆流和小温差综合征的大量现有系统来说，迫切需要从运行和控制的角度提出新的解决方案。

其次，在实际应用中，必须先找出触发盈亏管逆流和出现小温差综合征的原因，再进行全面的校正。然而，对小温差综合征和盈亏管逆流问题的故障检测和诊断方法，特别是面向实际应用的相关研究几乎没有。

最后，上述文献综述表明，优化控制和鲁棒控制是实现典型冷冻水系统节能的重要手段。然而，大多数控制策略仅适用于具有简单配置的典型冷冻水系统，而没有研究其在复杂冷冻水系统中的应用。例如，在利用换热器将冷量从高层建筑的低区转移到高区的复杂冷冻水系统中，换热器二次侧的出水温度和换热器的运行数量优化控制尚无相关研究。在这样复杂的系统中，当出现某些故障或不确定因素时，如换热器前进水温度突然升高，现有的传统控制策略无法保证对变速泵的鲁棒控制，这也是二级泵冷冻水系统中经常出现盈亏管逆流问题的主要原因。

2.5 本章小结

本章是对现有小温差综合征、中央空调系统优化控制、鲁棒控制和故障诊断策略相关研究的文献综述，并对目前的研究进行了讨论和基本的评价。结果表明，故障诊断和鲁棒控制、优化控制是提高中央空调系统性能的两个重要手段。同时清楚地表明，目前解决小温差综合征的研究存在以下两个方面的不足。

①大多数研究都注重从设计和调试的角度分析问题产生的可能原因和解决方案；但在实际运行中，仍旧缺乏能够解决小温差综合征和盈亏管逆流问题且兼具鲁棒性和节能性的方案。

②许多从设计角度提出的解决方案可能只适用于新系统，而除了新建筑物外，对大量存在小温差综合征和盈亏管逆流问题的既有系统来说，仍然需要从操作和控制角度提出的更加实用的解决方案。

参考文献

AVERY G，1998. Controlling chillers in variable flow systems[J]. ASHRAE Journal，40（2）：42-45.

BAHNFLETH W P，PEYER E B，2004. Variable primary flow chilled water systems：potential benefits and application issues[R]. Final Report to Air-Conditioning and Refrigeration Technology Institute，ARTI-21CR/611-20070-01.

BRAUN J E，KLEIN S A，BECKMAN W A，et al.，1989a. Methodologies for optimal control to chilled water systems without storage[J]. ASHRAE Transactions，95（1）：652-662.

BRAUN J E，KLEIN S A，MITCHELL J W，et al.，1989b. Applications of optimal control to chilled water systems without storage[J]. ASHRAE Transactions，95（1）：663-675.

COAD W J，1998. A fundamental perspective on chilled water systems[J]. HAPC，70（8）：59-66.

DEXTER A L，NGO D，2001. Fault diagnosis in air-conditioning systems：a multi-step fuzzy model-based approach[J]. HVAC&R Research，7（1）：83-102.

FIORINO D P，1999. Achieving high chilled-water delta Ts[J]. ASHRAE Journal，41（11）：24-30.

GERTLER J J，1998. Fault detection and diagnosis in engineering systems[M]. New York：Marcel Dekker.

HAN H，GU B，KANG J，et al.，2011. Study on a hybrid SVM model for chiller FDD applications[J]. Applied Thermal Engineering，31（4）：582-592.

HUANG G S，WANG S W，SUN Y J，2008. Enhancing the reliability of chiller sequencing control using fused measurement of building cooling load[J]. HVAC&R Research，14（6）：941-958.

HYMAN L，2004. Overcoming low delta T，negative delta P at large university campus[J]. ASHRAE Journal，46（2）：28-34.

JIN X Q，DU Z M，XIAO X K，2007. Energy evaluation of optimal control strategies for central VWV chiller systems[J]. Applied Thermal Engineering，27（5-6）：934-941.

KATIPAMULA S，BRAMBLEY M R，2005a. Methods for fault detection，diagnostics and prognostics for building systems：A review，Part I[J]. HVAC&R Research，11（1）：3-25.

KATIPAMULA S，BRAMBLEY M R，2005b. Methods for fault detection，diagnostics and prognostics for building systems：A review，Part II[J]. HVAC&R Research，11（2）：169-187.

KIRSNER W，1996. Demise of the primary-secondary pumping paradigm for chilled water plant design[J]. HPAC，68（11）：73-78.

KIRSNER W，1998. Rectifying the primary-secondary paradigm for chilled water plant design to deal with low ΔT central plant syndrome[J]. HPAC Engineering，70（1）：128-131.

LEE W Y，HOUSE J M，PARK C，et al.，1996a. Fault diagnosis of an air-handling unit using artificial neural networks[J]. ASHRAE Transactions，102（1）：540-549.

LEE W Y，PARK C，KELLY G E，1996b. Fault detection of an air-handling unit using residual and recursive parameter identification methods[J]. ASHRAE Transactions，102（1）：528-539.

LEE W Y，SHIN D R，House J M，1997. Fault diagnosis and temperature sensor recovery for an air-handling unit[J]. ASHRAE Transactions，103（1）：621-633.

LU L，CAI W J，CHAI Y S，et al.，2005a. Global optimization for overall HVAC systems：Part I problem formulation and analysis[J]. Energy Conversion and Management，46（7-8）：999-1014.

LU L，CAI W J，CHAI Y S，et al.，2005b. Global optimization for overall HVAC systems：Part II problem solution and simulations[J]. Energy Conversion and Management，46（7-8）：1015-1028.

LUTHER K R，2002. Chilled water system forensics[J]. ASHRAE Transactions，108（1）：654-658.

MA Z J，WANG S W，2009a. An optimal control strategy for complex building central chilled water systems for practical and real-time applications[J]. Building and Environment，44（6）：1188-1198.

MA Z J，WANG S W，2009b. Energy efficient control of variable speed pumps in complex building central air-conditioning systems[J]. Energy and Buildings，41（2）：197-205.

MA Z J，WANG S W，2011. Supervisory and optimal control of central chiller plants using simplified adaptive models and genetic algorithm[J]. Applied Energy，88（1）：198-211.

MA Z J，WANG S W，XU X H，et al.，2008. A supervisory control strategy for building cooling water systems for practical and real time applications[J]. Energy Conversion and Management，2008，49（8）：2324-2336.

MCQUAY，2002. Chiller plant design：application guide AG 31-003-1[Z/OL]. McQuay International. http://www.olympicinternational. com/download. php?file = AG_31-003-1-chiller-plant-design. pdf.

MOORE B J，FISHER D S，2003. Pump pressure differential setpoint reset based on chilled water valve position[J]. ASHRAE Transactions，109（1）：373-379.

QIN J Y，WANG S W，2005. A fault detection and diagnosis strategy of VAV air-conditioning systems for improved energy and control performances[J]. Energy and Buildings，37（10）：1035-1048.

RISHEL J B，1998. System analysis vs. quick fixes for existing chilled water systems[J]. HPAC Engineering，70（1）：131-133.

SEVERINI S C，2004. Making them work：Primary-secondary chilled water systems[J]. ASHRAE Journal，46（7）：27-33.

SUN Y J，WANG S W，HUANG G S，2009. Chiller sequencing control with enhanced robustness for energy efficient operation[J]. Energy and Buildings，41（11）：1246-1255.

SUN Y J，WANG S W，HUANG G S，2010. Model-based optimal start control strategy for multi-chiller plants in commercial buildings[J]. Building Services Engineering Research and Technology，31（2）：113-129.

TAYLOR S T，2002a. Degrading chilled water plant delta-T：causes and mitigation[J]. ASHRAE Transactions，108（1）：641-653.

TAYLOR S T，2002b. Primary-only vs. primary-secondary variable flow systems[J]. ASHRAE Journal，44（2）：25-29.

WALTZ J P，2000. Variable flow chilled water or how I learned to love my VFD[J]. Energy Engineering，97（6）：5-32.

WANG H T，CHEN Y M，CHAN C，et al.，2012. Online model-based fault detection and diagnosis strategy for VAV air handling units[J]. Energy and Buildings，55：252-263.

WANG S W，2010. Intelligent buildings and building automation[M]. New York：Spon Press（Taylor & Francis）.

WANG S W，MA Z J，2010. Control strategies for variable speed pumps in super high-rise building[J]. ASHRAE Journal，52（7）：36-43.

WANG S W，XIAO F，2004. AHU sensor fault diagnosis using principal component analysis method[J]. Energy and Buildings，36（2）：147-160.

WANG S W，XU X H，2002. A robust control strategy of combined DCV and economizer control for air-conditioning systems[J]. Energy Conversion and Management，43（18）：2569-2588.

WANG S W，ZHOU Q，XIAO F，2010. A system-level fault detection and diagnosis strategy for HVAC systems involving sensor faults[J]. Energy and Buildings，42（4）：477-490.

XIAO F，ZHENG C，WANG S，2011. A fault detection and diagnosis strategy with enhanced sensitivity for centrifugal chillers[J]. Applied Thermal Engineering，31（17-18）：3963-3970.

YAN K，HUANG J，SHEN W，et al.，2020. Unsupervised learning for fault detection and diagnosis of air handling units[J]. Energy and Buildings，210（3）：109689.1-109689.10.

YAO Y，CHEN J，2010. Global optimization of a central air-conditioning system using decomposition–coordination method[J]. Energy and Buildings，42（5）：570-583.

YOSHIDA H，KUMAR S，1999. ARX and AFMM model-based on-line real-time data base diagnosis of sudden fault in AHU of VAV system[J]. Energy Conversion and Management，40（11）：1191-1206.

第三章 运行数据驱动的复杂冷冻水系统小温差故障诊断方法

大型及超高层商业建筑中央空调冷冻水输配管网广泛采用了二级泵变流量系统，相比传统定流量系统，其主要优势在于可以根据末端用户侧负荷情况的高低实时调整冷冻水流量，使输配系统具有更高的能效。

然而在实际应用中，大多数二级泵系统会发生二级环路流量过大而导致的盈亏管（旁通管）逆向流动问题（即二级环路实际流量超过一级环路，盈亏管里的水由回水侧流向供水侧），这极大阻碍了二级泵系统的节能运行。当逆流现象发生时，末端用户侧设备产生的温差将远低于所设计值，这就是所谓的小温差综合征（Kirsner，1996，1998；Avery，1998；Waltz，2000）。现有研究指出，这种综合征存在于几乎所有的大型空调冷冻水系统中。对实际应用而言，在消除小温差综合征之前需要找到造成该故障的具体原因。

本章将提供一种基于现场数据、面向实际应用的故障诊断方法，用于检测、识别及确定小温差综合征产生的原因。选取香港一栋超高层建筑的复杂中央空调系统作为案例，通过分析该冷冻水系统的历史数据，初步诊断出小温差综合征的产生原因，进而设计相关实验进行最终验证。

3.1 高层建筑中央空调系统及其运行问题

3.1.1 高层建筑中央空调系统简介

本高层建筑总高度 490 m，建筑面积约 321 000 m^2，包括 4 层地下室、6 层裙房及 98 层塔楼。如图 3.1 所示，建筑中央空调系统是一个典型的二级泵变流量系统，冷源采用 6 台同型号定速离心式冷机组，额定制冷量为 7 230 kW，额定功率 1 270 kW。设计工况下，冷冻水供水温度 5.5℃，回水温度 10.5℃。冷冻水一级环路中，每台冷机组配备一台定速一级冷冻水泵。一级环路与二级环路通过盈亏管（旁通管）相衔接。

二级环路竖向分为 4 个区：Ⅱ区直接与二级环路输配管网连接，Ⅰ区、Ⅲ区、Ⅳ区则通过板式换热器与二级环路输配管网间接连接，这样可以有效避免过高的静压。一级板式换热器位于 6 层（服务 I 区末端），二级板式换热器位于 42 层（服务III区末端），三级板式换热器位于 78 层（服务IV区末端）。42 层二级板式换热器及 78 层三级板式换热器二次侧都采用了“次一级的二级泵”：定速一级泵（PCHWP-42-01～07 和 PCHWP-78-01～03）和变速二级泵。各水泵参数详见表 3.1。

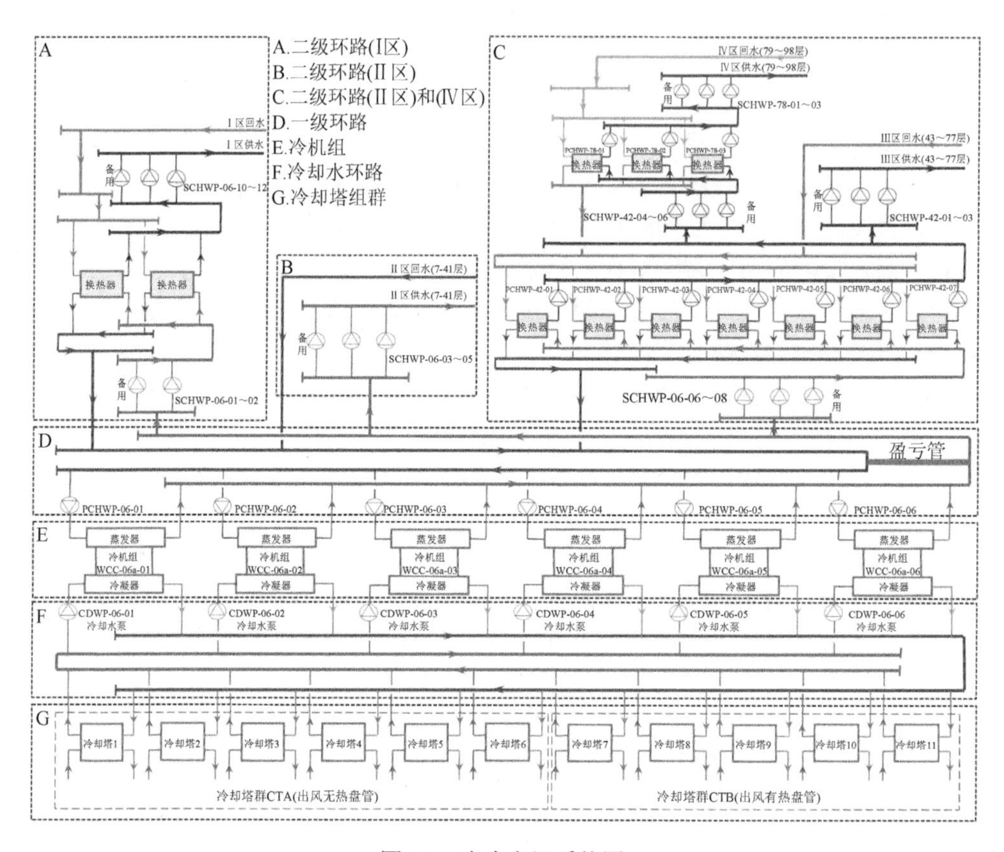

图 3.1　中央空调系统图

表 3.1　冷冻水泵参数表

	数量*/个	流量/(L·s^{-1})	扬程/m	功率/kW	备注
			一级泵		
PCHWP-06-01～06	6	345	310	126	定速，连接冷机
			二级泵		
SCHWP-06-01～02	1（1）	345	241	101	变速，供一级板式换热器（6 层）一次侧
SCHWP-06-03～05	2（1）	345	406	163	变速，直接供II区末端
SCHWP-06-06～09	2（1）	345	297	122	变速，供二级板式换热器（42 层）一次侧

续表

	数量*/个	流量/(L·s^{-1})	扬程/m	功率/kW	备注
一级板式换热器（6层）二次侧（二级环路）					
SCHWP-06-010～12	2（1）	155	391	76.9	变速，一级板式换热器（6层）二次侧
二级板式换热器（42层）二次侧（三级环路）					
PCHWP-42-01～07	7	149	255	44.7	定速，二级板式换热器（42层）二次侧
SCHWP-42-01～03	2（1）	294	358	120	变速，二级板式换热器（42层）二次侧（供Ⅲ区末端）
SCHWP-42-04～06	2（1）	227	257	69.1	变速，二级板式换热器（42层）二次侧（供三级板式换热器一次侧）
三级板式换热器（78层）二次侧（四级环路）					
PCHWP-78-01～03	3	151	202	36.1	定速，三级板式换热器（78层）二次侧
SCHWP-78-01～03	2（1）	227	384	102	变速，三级板式换热器（78层）二次侧（供Ⅳ区末端）

*括号内数字为备用泵数量。

3.1.2　小温差运行问题

该系统自从首次投入运行以来，时常出现二级环路流量过大、冷冻水运行温差偏低的问题。图3.2给出了2009年连续5个夏季典型日实测的盈亏管水流量和主供回水管冷冻水温差（即系统温差）。可以发现，5 d内系统平均温差显著偏低，只有3.5℃左右，最低达到2℃。同时注意到，近一半时间盈亏管内存在逆流（水

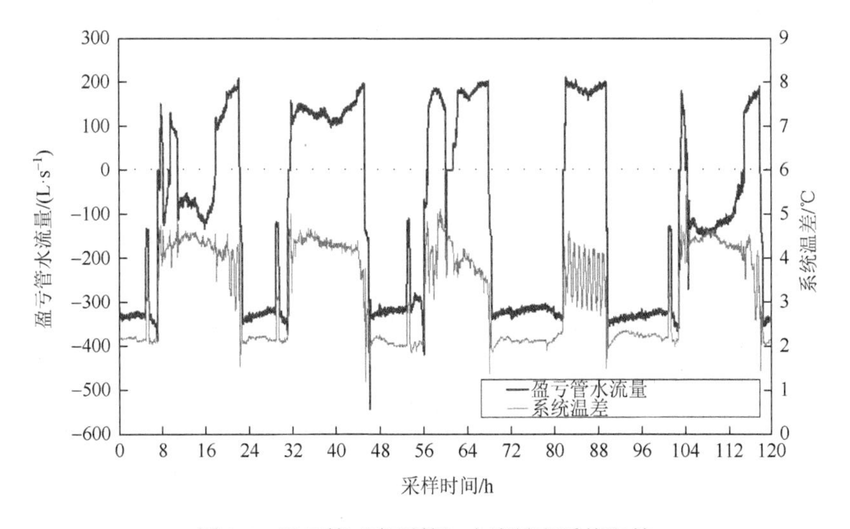

图3.2　盈亏管（旁通管）水流量和系统温差

流量负值意味着逆流，盈亏管内水由回水侧流向供水侧），平均持续时间约为每天12 h。当逆流出现时，系统温差明显降低，这说明盈亏管逆流与系统小温差综合征之间存在高度相关性。

对中央空调系统而言，设计选型时，冷源侧冷机组的额定温差为 5℃，末端空气处理设备的额定设计温差也为 5℃。因此，额定满负荷条件下，二级环路的流量应等于一级环路的流量，并且应小于部分负荷条件下一级环路的流量。然而，当盈亏管出现逆流问题时，二级环路过大的水流量将大大降低末端设备所产生的温差，即发生小温差综合征。所以，该冷冻水系统中存在的小温差综合征主要是盈亏管逆流问题引起的。为了提高系统温差，有必要找出引起系统逆流的确切原因，有针对性地解决问题，从而提高整个冷冻水系统的能效。

3.2 控制不当引发的小温差综合征现场诊断方法

引起小温差综合征的原因很多，主要包括：末端设定值不正确或传感器缺乏调试、不合理使用三通阀、盘管和控制阀门的选型不当、没有控制阀门联锁、过程负荷失控、盘管结垢、100%室外新风等。然而，前文研究的冷冻水系统为新建，经过了合理设计、安装和调试。根据分析和现场调查排除了以下故障：盘管结垢、传感器校准不当、三通阀的使用和设备选型不当等。因此，最终考虑的可能故障来自控制故障的范畴。

本章建立了一套实用的运行数据驱动的故障诊断方法，用来诊断复杂冷冻水系统因控制不当而导致的盈亏管逆流问题及其所引起的小温差综合征，主要包括故障检测、故障识别、故障诊断结果验证及能耗影响评估三大模块，如图 3.3 所示。为了检测故障，选择盈亏管水流量和整个系统运行温差作为检测是否存在小温差综合征的主要指标。

第一，在故障检测模块，如果盈亏管中的水流量为负（盈亏管里水由回水侧流向供水侧），且用户侧主供水管、回水管的测量温差远低于预先设定的阈值（如本案例中的 3℃），则可确定冷冻水系统存在显著的盈亏管逆流问题和小温差综合征。

第二，在故障识别模块，对引起盈亏管逆流问题的具体故障进行识别和确认。因为复杂冷冻水系统中存在多个子系统，所以先通过比较不同子系统的温差来确定故障的可能位置。然后，对历史运行数据进行分析，观察当盈亏管出现逆流时，用于控制二级泵转速的测量参数（如温度或压差）是否达到设定值。如果逆流的发生与二级泵转速控制性能密切相关，则可以初步认为问题主要是由于设定值选取不当造成的。最后，根据系统所采用的控制策略，如阀门开度控制、水泵频率控制、水泵顺序控制、换热器顺序控制等，对选定的相关运行参数进行分析，以最终确认具体故障原因。

第三，进行验证试验，通过现场操作引入故障因素，进一步验证和确认故障诊断的结果。具体做法为，人为将初步诊断出的故障因素引入冷冻水系统的运行控制中，观察系统运行性能。如果故障因素引入时能够“重现”盈亏管逆流现象，并在故障因素解除时逆流消失，则可以验证前期故障诊断结果的准确性。通过试验比较系统在有逆流和无逆流时的能耗差异，定量评价故障因素对系统运行能耗的影响程度，给出解决方法及建议。

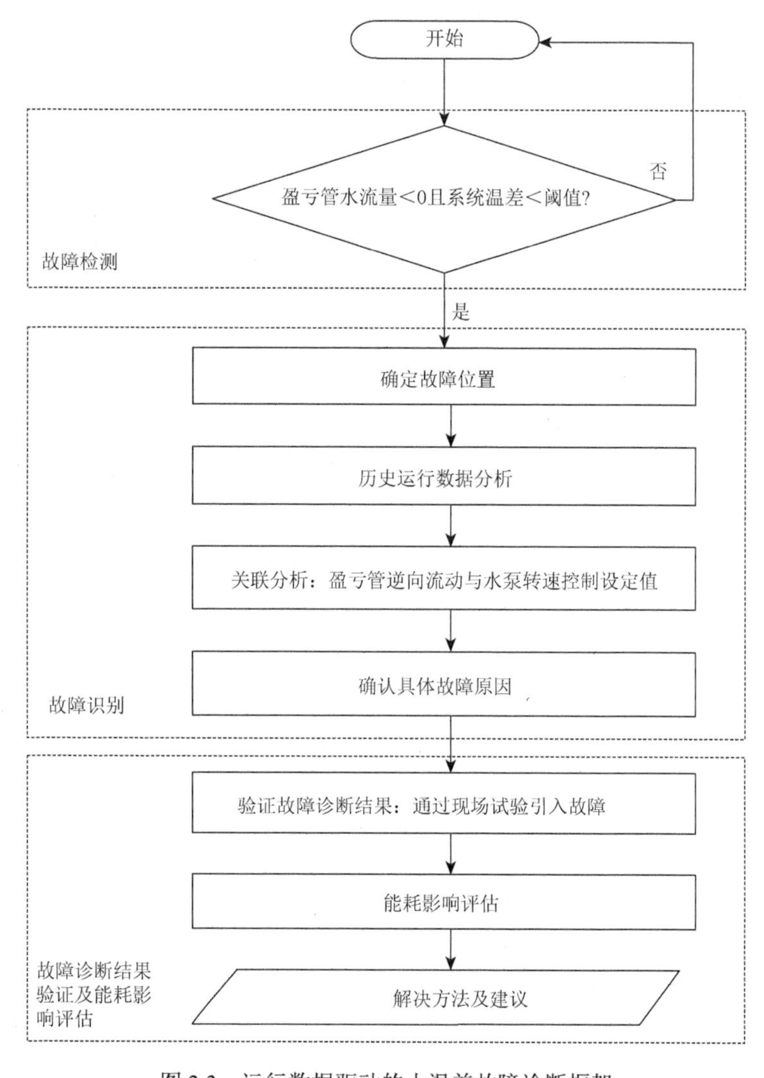

图 3.3　运行数据驱动的小温差故障诊断框架

3.3 故障诊断方法应用案例

案例所在建筑安装了楼宇自控系统，冷冻水系统的运行数据存储在数据库中。数据库包括中央空调系统的主要运行数据，如一些关键位置的温度、流量、气压和压力，以及冷机组、水泵、冷却塔和空气处理机组的能耗。历史运行数据对冷冻水系统运行性能的分析至关重要。

3.3.1 基于运行数据分析的故障诊断

运行温差是评价一个冷冻水系统运行好坏的关键指标，通过历史运行数据对不同支路运行温差进行评估和比较，是发现故障所在位置的有效方法。图 3.4 绘制了实测的 5 个夏季典型日三个支路的冷冻水运行温差（分别对应Ⅰ区、Ⅱ区和Ⅲ＋Ⅳ区）。可以发现，只有Ⅱ区所对应的支路在大部分时间内保持了较高的温差（>4℃）；而Ⅰ区和Ⅲ＋Ⅳ区所对应的支路的温差则非常低，最低达到 1℃左右，且温差极低的时段恰是盈亏管逆流最严重的时候。通过对这三个支路运行温差的比较，基本可以认为Ⅰ区和Ⅲ＋Ⅳ区所对应的两个支路是造成整个系统小温差的最直接原因。Ⅰ区和Ⅲ＋Ⅳ区的管网基本结构非常类似，都采用了板式换热器进行冷量传递，水泵控制逻辑也基本相同。因此，选用结构更加复杂的Ⅲ＋Ⅳ区作为进一步的分析对象。

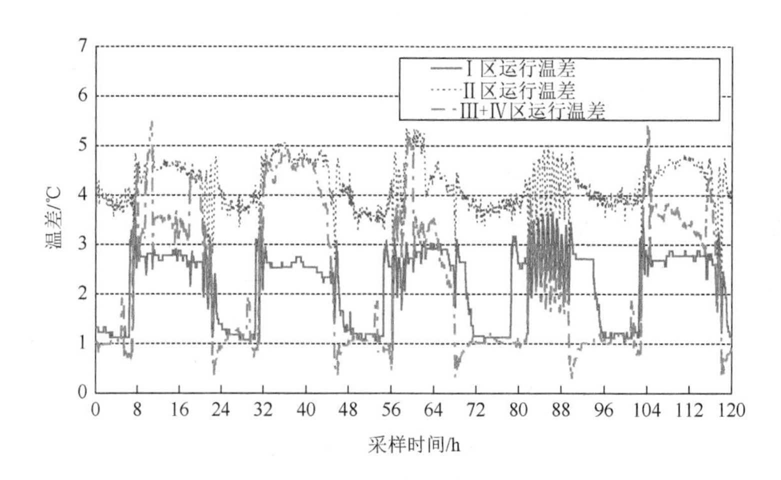

图 3.4 三个支路的实测运行温差

为进一步确定Ⅲ＋Ⅳ区中导致逆流及小温差发生的确切管网控制故障，选取两个夏季典型日的历史运行数据进行比较分析，其中一天在 7:00～18:00 时段逆流问题更为显著，另一天在 0:00～7:00 时段出现了显著的逆流问题。图 3.5 显示了典型日白天出现严重逆流的运行数据，包括盈亏管中的水流量（负值表示逆流）、换热器运行数量、换热器一次侧二级泵的运行数量及水泵运行频率、换热器二次侧出水温度（$t_{out, ahx}$）测量值及该温度的设定值（$t_{set, out, ahx}$）。可以发现，逆流从 4:00 左右开始出现，持续到 18:00。而在图 3.6 所示的另一个夏季典型日，逆流只发生在夜间，白天基本消失。

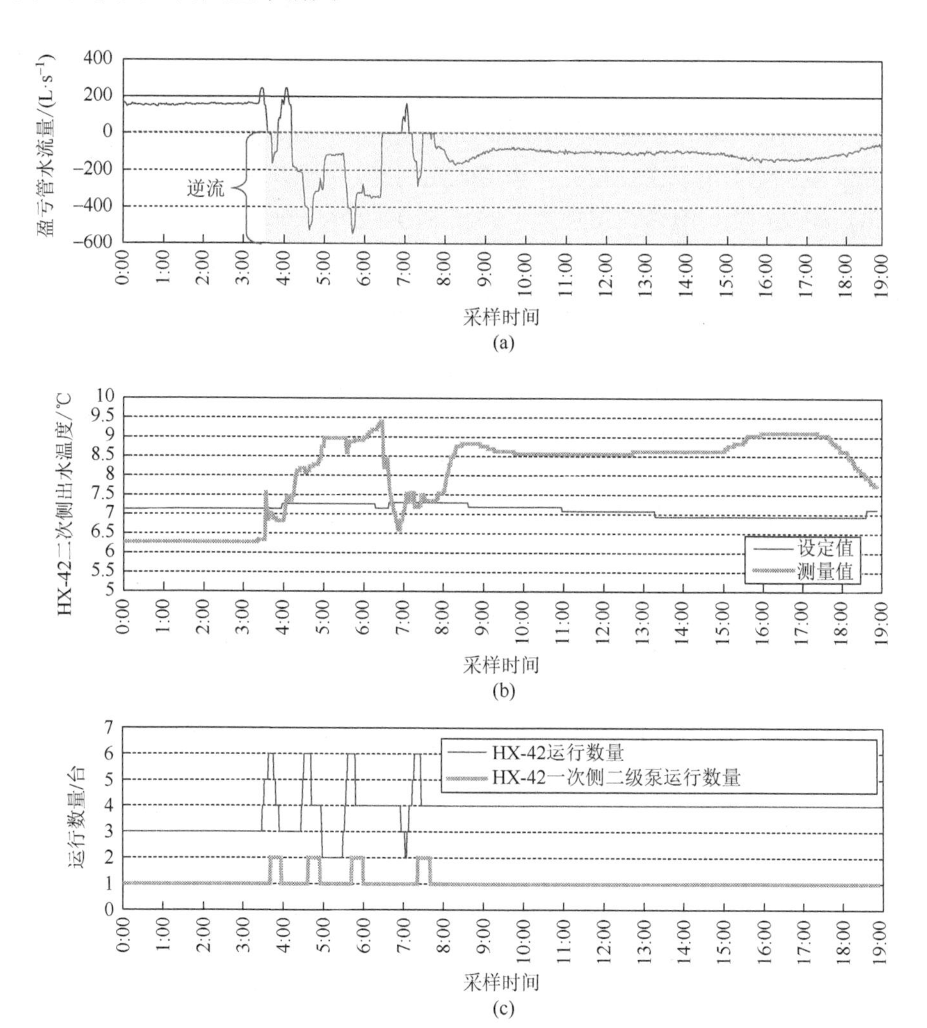

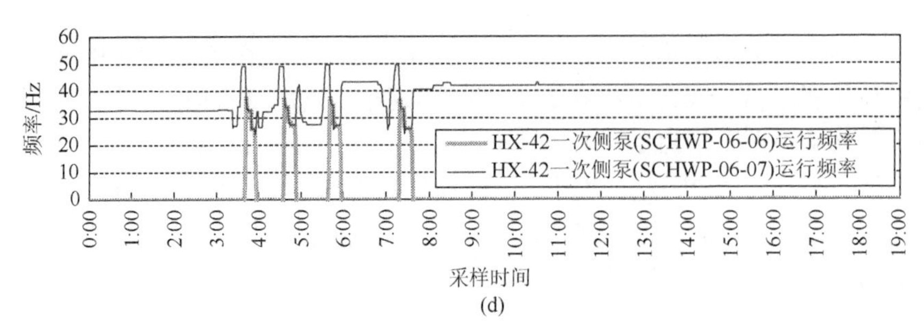

(d)

图 3.5　典型日白天发生逆流时的运行情况

注：HX-42 为 42 层换热器

综合分析两个典型日的运行情况，可以发现一个有趣的现象，换热器二次侧出水温度与逆流的出现密切相关。当逆流出现时，所测量的出水温度明显高于其设定值。相反，当没有逆流出现时，实测的出水温度与设定的几乎相等。值得注意的是，图 3.5 中当盈亏管的水流量从正变为负时，实测的换热器二次侧出水温度也相应经历了从低于其设定值变为高于其设定值的过程。而图 3.6 中的趋势则恰恰相反。因此，可以得出一个初步结论，即换热器二次侧出水温度达不到设定值时（在夏季表现为高于设定值），逆流很容易发生；当换热器二次侧出水温度被控制在其设定值附近时，逆流就会消失。图 3.5 和图 3.6 所表现出来的另一个规律是，当逆流发生时，换热器的运行数量及换热器一次侧水泵的运行数量显著增加。逆流越严重，换热器和泵的运行数量就越多。

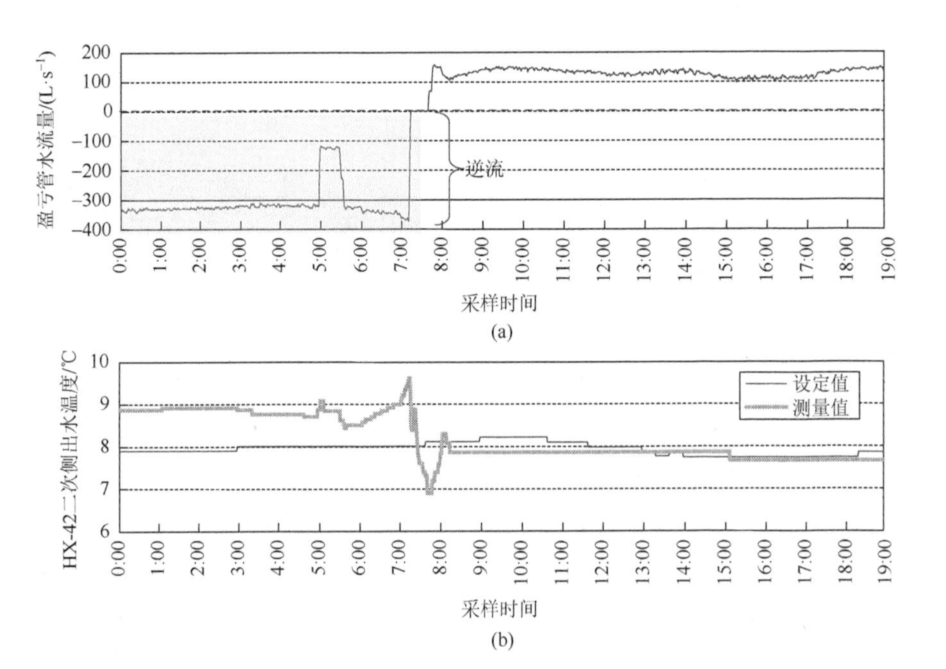

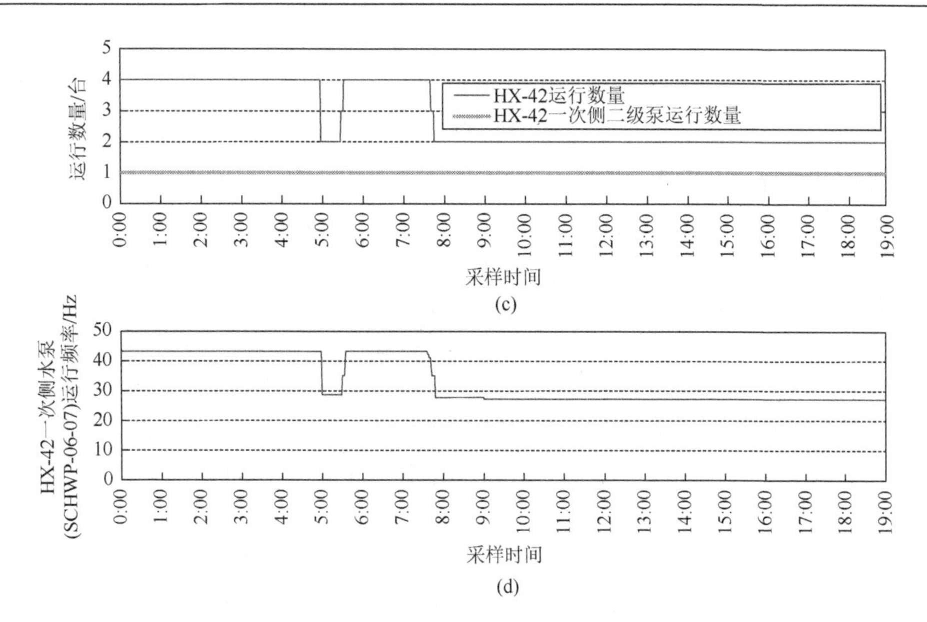

图 3.6　典型日夜晚发生逆流时的运行情况

注：HX-42 为 42 层换热器

以上观察到的现象可根据该系统中当前使用的泵和换热器的控制逻辑进行推演和解释。首先，如图 3.7 所示，换热器一次侧二级水泵（变速）的主要功能是将冷冻水从冷源输送到换热器。所使用的水泵转速控制逻辑实际上是一个间接的串级控制：内控制回路采用压差控制器，实时调节水泵转速，从而改变水泵的出力，

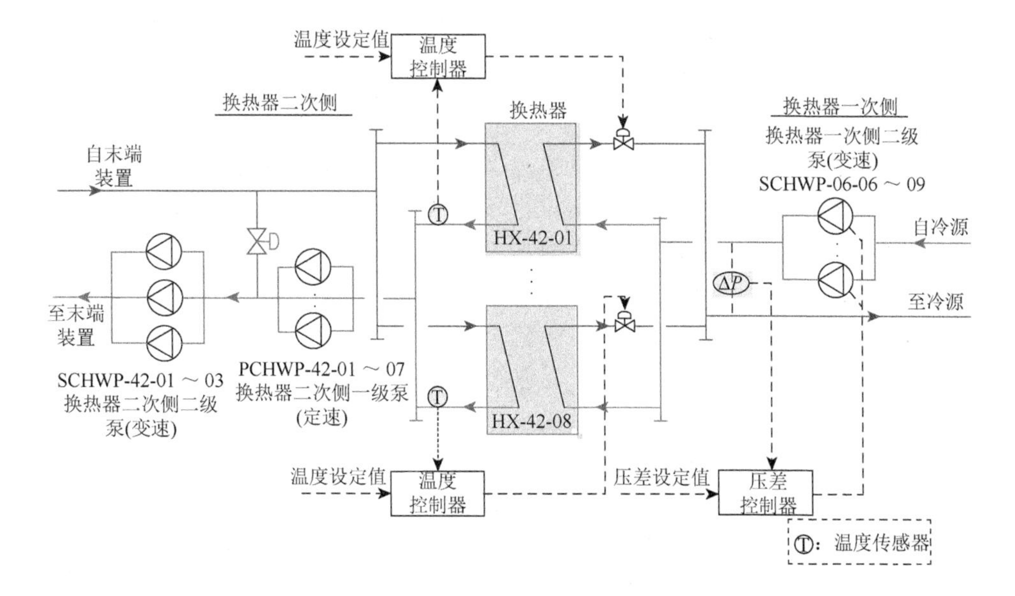

图 3.7　换热器一次侧水泵转速控制

使换热器一次侧管路的主供水管和回水管之间的压差测量值维持在压差设定值附近；外控制回路采用温度控制器，实时自动调节换热器一次侧阀门开度，从而改变流量，使换热器二次侧出水温度维持在温度设定值附近，当实测出水温度高于其设定值时，换热器前的调节阀开度将增大以保证换热器前有更多的冷冻水。在现有控制策略中，所用压差设定值是一个常数；所用温度设定值是一个相对常数，即该温度设定值的大小等于冷机组供水温度设定值加上一个固定的温差（即 0.8℃），而冷机组供水温度设定值是一个变量，随室外干球温度而变化，如图 3.8 所示。其次，换热器的数量控制由阀门开度而定：如果换热器一次侧阀门达到最大开度而且换热器二次侧出水温度仍无法达到其设定值，则将自动增加换热器运行数量以改善传热效果。

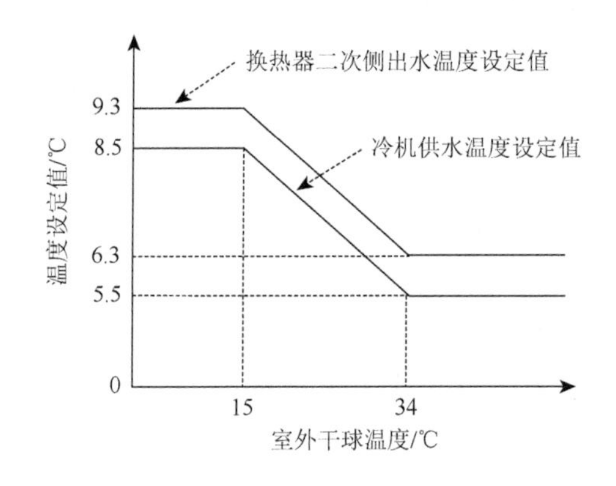

图 3.8　现有传统换热器二次侧出水温度设定值

根据现有的换热器一次侧水泵的控制逻辑，可以发现换热器二次侧的供水温度设定值对水泵的运行有至关重要的影响。结合图 3.9 进行分析，当实测出水温度高于设定值时，换热器一次侧阀门将逐渐增大开度直至全开；接着，换热器运行数量也会逐渐增加。根据管网输配理论可知，阀门开度变大及所并联的换热器数量的增多都将使换热器一次侧的整体管路阻力变小，进而使供回水压差降低。为了维持预设的压差设定值，水泵转速将不断加快，致使循环水量超过合理需求量。过多的循环水量超过冷机侧水量时，就会造成盈亏管内的逆向流动；同时，过多的循环水量也直接造成了所在系统的小温差现象。图 3.5 和图 3.6 里面的实测数据也恰恰支撑了以上分析，即逆流和小温差几乎都发生在换热器二次侧的供水温度测量值高于其设定值的时间段内。为了验证这一分析结果，需要进一步进行现场试验。

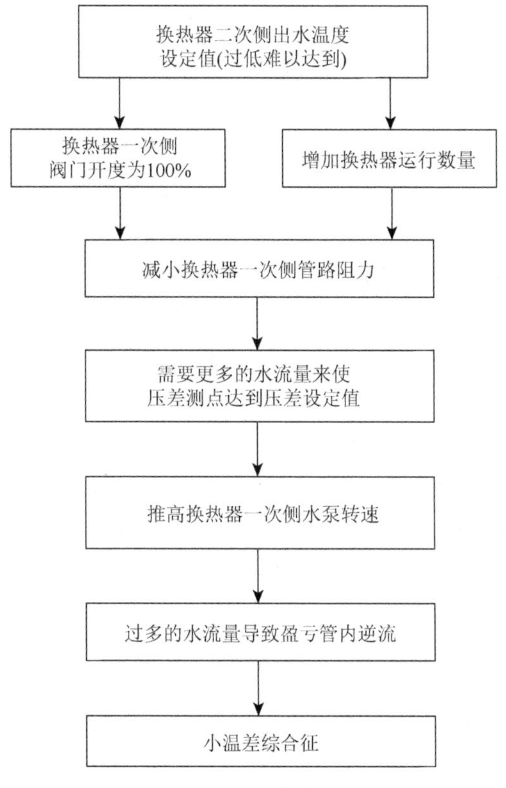

图 3.9　小温差综合征分析流程

3.3.2　故障诊断的试验验证及能耗影响评估

为了验证上述分析中的小温差故障诊断方法，分别进行了两次重复的现场试验，分别在两天内通过改变换热器二次侧出水温度的设定值，来观察验证该温度设定值对盈亏管中的逆流现象的影响程度。根据这两次测试结果所得出的结论基本一致，下面选取 2010 年秋季的测试结果予以详细说明。在本试验中，$t_{set, out, ahx}$ 首先从 8.2℃（没有逆流出现）分别更改为 6.8℃和 6.0℃。然后，$t_{set, out, ahx}$ 分别增加到 7.4℃和 8.2℃。整个试验期间，冷机组供水温度固定在 5.5℃，冷机组运行数量和一次水流量保持不变。

图 3.10（a）和（b）显示了盈亏管中的水流量、换热器二次侧出水温度测量值及其设定值之间的关系。可以看出，在 11:10 之前，没有出现逆流，$t_{out, ahx}$ 的测量值基本上可以维持在其设定值附近。当 $t_{set, out, ahx}$ 分别降低到 6.8℃和 6.0℃时，盈亏管的水流量迅速从约 170 L/s 下降到负值（–25 L/s），这意味着出现了逆流。同时，$t_{out, ahx}$ 的测量值经历了一个逐渐下降的过程，但最终未能降低到其设定值附

近。另外，当 $t_{set,\ out,\ ahx}$ 再次分别增加到 7.4℃和 8.2℃时，盈亏管中逆流迅速消除，$t_{out,\ ahx}$ 的测量值又重新回到其设定值附近。测试结果表明，如果 $t_{set,\ out,\ ahx}$ 太低，而 $t_{out,\ ahx}$ 的测量值偏高无法达到其设定值，则出现逆流的概率最大。如果恢复对 $t_{set,\ out,\ ahx}$ 正确设定，确保 $t_{out,\ ahx}$ 的测量值又重新回到其设定值附近，则可以消除逆流，这基本证实了上述的初步结论。

值得指出的是，在图 3.10（a）和（b）中，尽管 $t_{set,\ out,\ ahx}$ 从 6.8℃变为 6.0℃，$t_{out,\ ahx}$ 的测量值并没有显著降低，基本保持在 7.2℃左右。原因是盈亏管逆流，建筑高温回水通过盈亏管混入主供水管，致使换热器一次侧进水温度明显升高，虽然此刻换热器一次侧的水流量较正常需求偏大许多，但事实证明二者（高水温、大流量）的共同作用并未改善换热器的综合换热效果。

图 3.10（c）给出了测试期间换热器一次侧调节阀的开度和换热器的运行数量。易发现，$t_{out,\ ahx}$ 的测量值与其设定值之间的关系对调节阀的开度变化有较大的影响。一旦 $t_{out,\ ahx}$ 的测量值高于其设定值，调节阀则迅速开启；当其中一个调节阀完全打开时，换热器的运行数量也相应增加（由 2 台增为 4 台）。当设定值分别从 6.0℃增加到 7.4℃和 8.2℃时，$t_{out,\ ahx}$ 的测量值则变为低于其设定值，此时调节阀开度变小，直至达到最小开度，换热器运行数量也最终从 4 台减少到 2 台。进而发现，阀门开度的变化和换热器运行数量对换热器一次侧水泵的转速也有很大影响。如图 3.10（e）所示，无论是阀门开度的增大还是换热器运行数量的增加，换热器一次侧水泵的频率都显著加快；与之相反，当阀门开度变小，换热器运行数量减少时，换热器一次侧水泵的转速又显著下降。其原因是，更大开度的阀门和更多运行数量的换热器意味着换热器组群一次侧的整体管路的阻力系数的降低，因此，必须提高泵速以输送更多的水量，以使压差控制点的测量值达到其设定值。值得注意的是，测试结果表明换热器运行数量的变化比阀门开度的变化更容易引起换热器组群总阻力的变化，以至于引起更大的输配水量变化。如图 3.10（a）所示，由阀门开度变化引起的盈亏管中的水量变化（即 Δq_{v2}）远小于由换热器运行数量变化引起的水流变化（即 Δq_{v1}）。

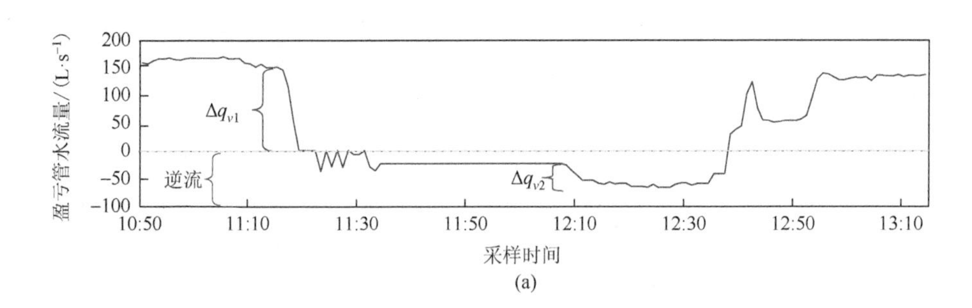

(a)

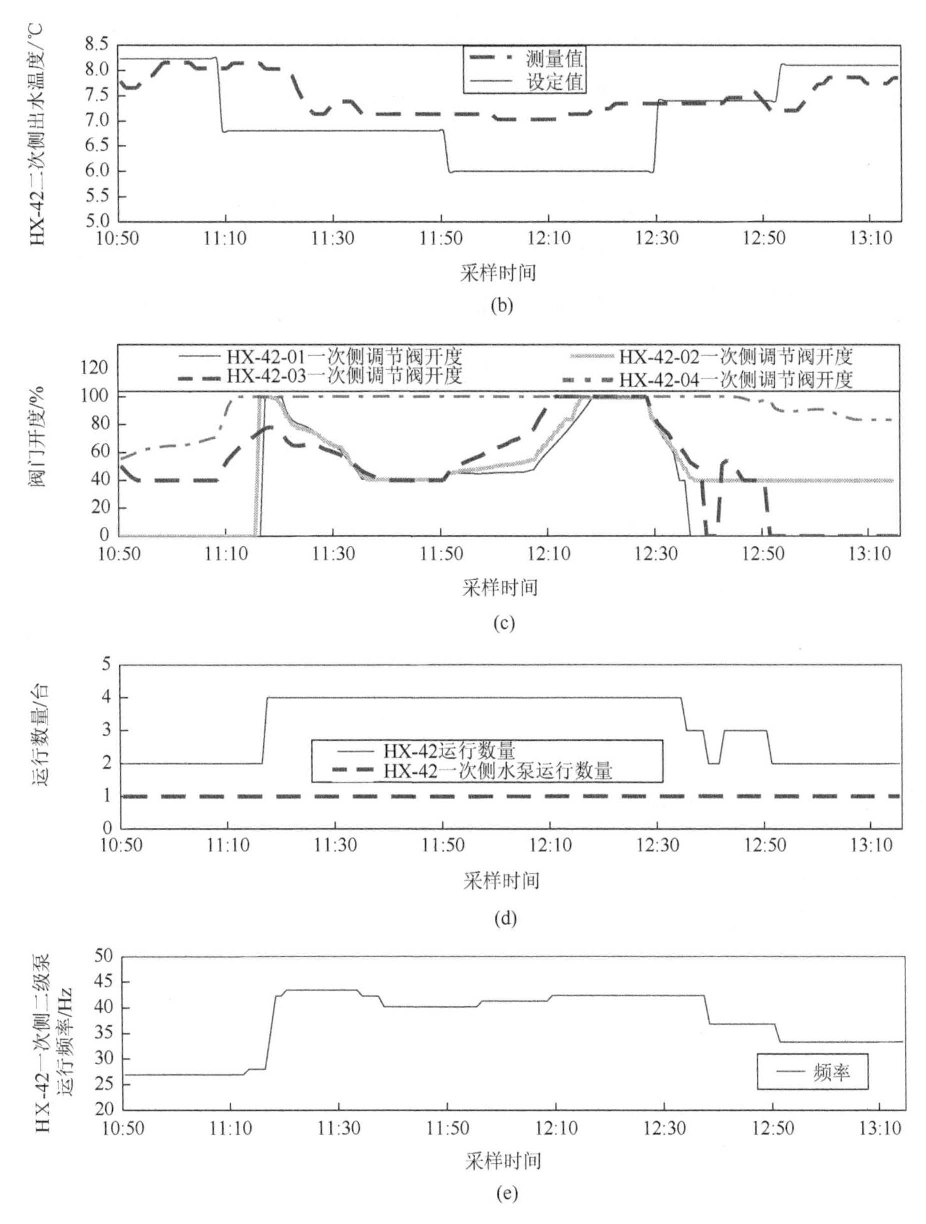

图 3.10　测试结果对比分析

注：HX-42 为 42 层换热器

换热器两侧共有三组泵：换热器一次侧二级泵（对应的一级泵服务冷机组）、换热器二次侧一级泵和换热器二次侧二级泵。图 3.11 描述了试验期间换热器两侧水泵的动态能耗变化。显然，在 11:10～12:30，换热器二次侧出水温度的设定值降低而测量值未能达到其设定值。在此故障下，三组泵的总能耗显著增加。与正常工况下相比，故障工况下水泵总能耗平均升高了 87.67 kW（72.37%）。试验结果还发现，当 $t_{set, out, ahx}$ 降低时，与换热器相关的三组泵的能耗有不同的变化趋势。换热器一次侧二级泵和换热器二次侧一级泵的能耗呈上升趋势，换热器二次侧二级泵的能耗呈下降趋势。但是相比较而言，前两组水泵所增加的能耗远远大于后一组水泵所减少的能耗。以上试验结果表明，在满足建筑末端用户冷量需求的情况下，过低的换热器二次侧出水温度设定值有可能引起水泵总体能耗的上升。

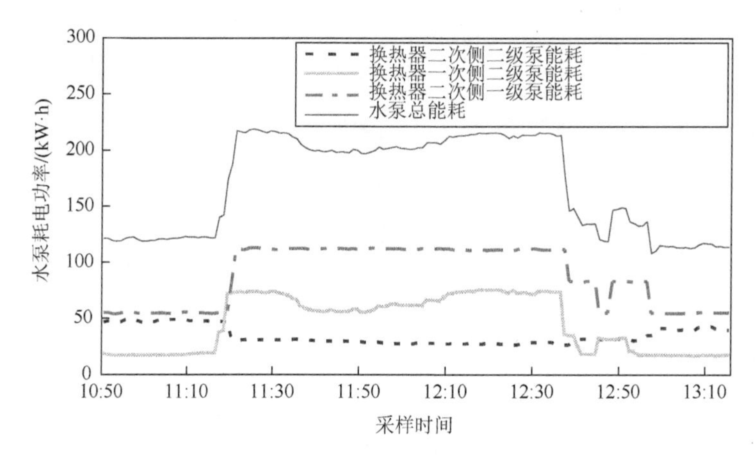

图 3.11　换热器两侧水泵运行能耗

上述试验结果验证了前文基于运行数据分析的初步故障诊断结果，并证实该案例中的冷冻水系统的盈亏管逆流和小温差综合征主要是由于换热器二次侧出水温度设定值设定不合理所致。

3.4　结 果 讨 论

现有板式换热器选型主要是确定在设计流量、设计换热温差下所需要的换热面积。现有换热器二次侧出水温度设定值的设定方法是在冷机组供水温度设定值的基础上增加一个固定的温差（上述案例为 0.8℃）。然而上述案例的实际运行情况及现场试验结果表明这种传统换热器二次侧出水温度设定方法对输配系统运行的稳健性、可靠性及节能性有较大影响。这是因为在实际运行中所面临的动态扰动比较复杂，难以获得理想的设计工况运行性能。所面临的实际动态扰动主要是：难以保证换热器一次侧进水温度与冷机组供水温度一致。在有盈亏管的情况下，冷机的低温供水在到达换热器一次侧时可能会发生温度升高的情况（盈亏管内出现逆流时回水混入主供水管的现象），这就实质性地减小了换热器一次侧进水温度与二次侧出水温度设定值之间的潜在差值。这种情况下需要更多的换热器一次侧水量才能实现换热器二次侧的出水温度达到预设的设定值，而过多的一次侧水流量又反过来加剧了盈亏管内的逆流，在大多情况下换热器二次侧的出水温度因为过高的一次侧进水温度而达不到设定值。这就最终造成了输配系统的运行失调，而这种失调是一种典型的“不稳定平衡”的结果表象，在很长时间内不能自动消除并恢复原先的状态。

盈亏管内出现逆流的原因很多，比如：

①多支路的复杂冷冻水系统，因为一个或几个支路水流量过大，会造成共用的盈亏管出现逆流，从而影响全部支路；

②在早晨系统预冷时段，由于房间内的温度未达设定值，整个系统水量会出现超供，也会导致盈亏管逆流；

③换热盘管（比如风柜、板式换热器等）结垢，会导致水量需求超过正常水平，也会导致盈亏管逆流。

鉴于换热器二次侧出水温度设定值的重要性，为了明确该设定值在一定范围变化对换热器两侧不同水泵组群的动态运行性能及能耗的影响，通过模拟试验（利用动态系统模拟软件 TRNSYS 搭建模拟平台）对所研究的系统进行了全面分析。图 3.12 显示了当冷机组供水温度固定在 5.5℃时，在固定冷负荷（即III区设计冷负荷的 60%）下的试验结果。可以观察到，换热器二次侧出水温度设定值在 6.3℃

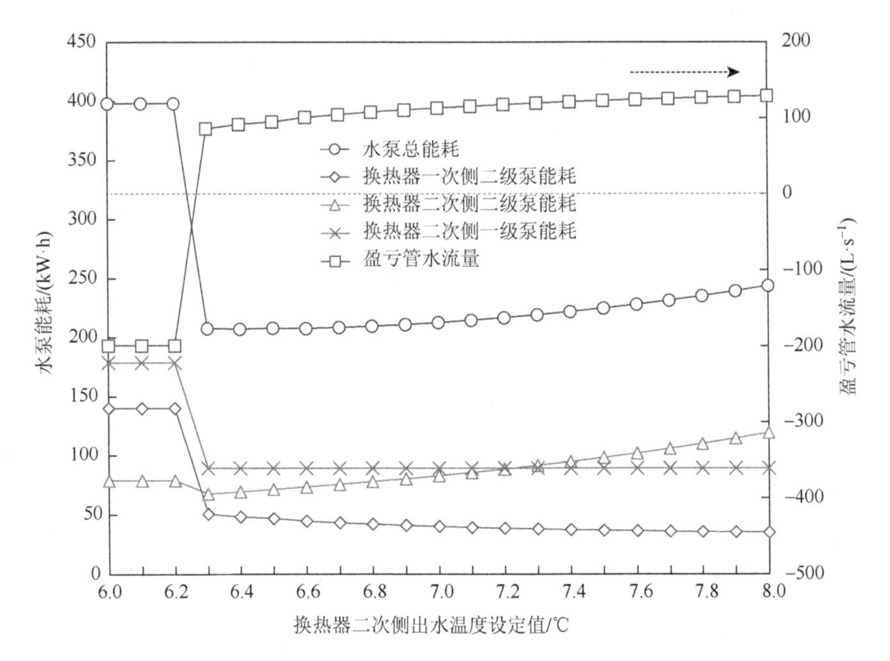

图 3.12　不同换热器二次侧出水温度设定值对水泵能耗及盈亏管水流量的影响

左右是一条分界线（5.5℃ + 0.8℃）。当出水温度设定值从 6.3℃提高到 8.0℃的过程中，换热器一次侧二级泵能耗逐渐降低，换热器二次侧二级泵能耗逐渐增加（因为在同等冷负荷的情况下，更高的水温需要更多的水流量），而换热器二次侧一级泵能耗不变（定速泵，运行数量未变），最终三者的总能耗呈缓慢上升趋势。另外，系统运行过程较为平稳，没有发生水流量和能耗的突变。

然而，当换热器二次侧出水温度设定值降低到 6.2℃（比设计值低 0.1℃）及以下时，水泵总能耗出现“阶跃式”急剧增加；整个系统运行失调。具体表现为，换热器一次侧二级泵和换热器二次侧一级泵的能耗都有较大幅度的增加，而换热器二次侧二级泵的能耗呈小幅上升。其中原因在于，较低的换热器二次侧出水温度设定值（或低于换热器换热温差设定值）在某些工况下很难达到，将导致换热器一次侧二级泵加速运行并不断增加运行数量，进而触发了盈亏管逆流，反而使换热器一次侧进水温度升高，造成恶性循环，换热器二次侧出水温度很难达到设定值，连带造成换热器及换热器二次侧一级泵运行数量的增加，从而增加了换热器二次侧一级泵的能耗。

由此可见，目前所使用的基于基础温度（冷机组供水温度）+ 固定温差的设定方法（本案例：冷机组供水温度 5.5 + 0.8℃）并不足够稳健，在某些工况下（比如盈亏管逆流）会因为换热器一次侧进水温度升高而无法使换热器二次侧出水温度达到设定值，导致输配系统超速运行，能耗浪费严重。因此，对于换热器二次侧出水温度设定值的改进方法，提出如下建议：

①设定值的基础温度不采用冷机出水温度，而采用实测的换热器一次侧进水温度；

②固定温差的选取，可在设定值（上述案例 0.8℃）的基础上适度上浮；

③为确保除湿效果，对最终温度设定值上限进行限制。

对本案例的冷冻水系统，提出换热器二次侧出水温度设定值的改进方案，如式（3.1）：

$$t_{\text{max}} \geqslant t_{\text{set,out,ahx}} = \max(t_{\text{ch,sup}} + 1.2, t_{\text{in,bhx}} + 0.8) \tag{3.1}$$

式中，$t_{\text{set, out, ahx}}$ 为换热器二次侧出水温度设定值，$t_{\text{ch, sup}}$ 是冷机出水温度，$t_{\text{in, bhx}}$ 是换热器一次侧实测的进水温度，$t_{\max}$ 为取值上限，$\max(\cdot)$ 表示取括号内两项的最大值。

本方案采用双重保障：第一个保障是确保换热器前的 $t_{\text{set, out, ahx}}$ 至少比实际进水温度高 0.8℃，这确保了换热器后的出水温度容易达到，因为 0.8℃是设计阶段选择换热器时使用的温差；第二个保障是，$t_{\text{ch, sup}}$ 和 $t_{\text{set, out, ahx}}$ 之间的温差从 0.8℃增加到 1.2℃。在 $t_{\text{set, out, ahx}}$ 设置了一个上限（$t_{\max}$），以确保向用户提供的冷冻水的温度在保证的范围内，并适合在占用区域内进行湿度控制。式（3.1）中的具体数值仅适用于本案例，具体系统可能需要不同的值。

传统思路下，提高换热器二次侧水温会引发二次侧水量需求的增加，从而增加二次侧水泵的能耗，这一水泵能耗增加趋势从图 3.12 中可以得到验证。然而，从图 3.12 也可以发现，适当增加换热器二次侧出水温度的设定值对水泵的总功率影响较小。与采用 6.3℃设定值（即 0.8℃温差）的水泵总功率（207.8 kW）相比，当设定值为 6.7℃（即 1.2℃温差）时，水泵总功率仅增加约 0.86 kW（占总泵总功率的 0.41%）。显然，这一能耗并不高，然而却带来了系统运行稳健性的大幅提高。

3.5 本 章 小 结

本章介绍了一种运行数据驱动的诊断超高层建筑多支路复杂冷冻水系统出现盈亏管逆流导致小温差综合征的方法和实际案例应用。该故障诊断方法主要包括故障检测、故障识别、故障诊断结果验证及能耗影响评估三大模块。

通过该故障诊断方法的实际应用，发现现有换热器二次侧出水温度设定值设置不当是造成盈亏管逆流的实际原因。分析结果表明，当换热器二次侧出水温度不能达到设定值时，会导致换热器一次侧水泵超速运行，容易造成并加剧盈亏管逆流现象。进一步现场试验验证了该故障诊断方法的有效性。试验同时定量评估了故障对水泵能耗的影响，与正常运行相比浪费能耗的比例高达 72.37%。

本书给出了换热器二次侧出水温度设定值的改进建议：其设定值的基础温度采用实测的换热器一次侧进水温度，固定温差可在其设计值的基础上适度上浮，同时对最终温度在设定值上限进行限制。所建议的改进方法，对换热器两侧水泵的总能耗有轻微提升（小于 1%），然而却带来了系统运行稳健性的大幅提高，收益远远高于代价，值得推广应用。

参 考 文 献

AVERY G，1998. Controlling chillers in variable flow systems[J]. ASHRAE Journal，40（2）：42-45.

KIRSNER W，1996. Demise of the primary-secondary pumping paradigm for chilled water plant design[J]. HPAC，68（11）：73-78.

KIRSNER W，1998. Rectifying the primary-secondary paradigm for chilled water plant design to deal with low ΔT central plant syndrome[J]. HPAC Engineering，70（1）：128-131.

WALTZ J P，2000. Variable flow chilled water or how I learned to love my VFD[J]. Energy Engineering，97（6）：5-32.

第四章　复杂空调水系统小温差故障系统级别精确诊断方法

高层建筑中央空调系统的冷冻水输配管网常采用二级泵变流量系统。在冷源侧，每台冷机组配备一台定速水泵（一级泵）实现定流量运行；在用户侧，配备变速水泵（二级泵），根据用户的冷负荷实现变流量运行。冷机组、水泵、空气处理器等设备在设计时按照额定温升进行选型。常用的额定温升为 5℃，即在额定冷负荷工况下，冷机组、空气处理器等设备的进出水温升均为 5℃。然而在实际工程应用中，常常会出现“小温差大流量”的现象，即实测的冷冻水系统的供回水干管温差显著低于设计值，而流量显著高于设计值，这一现象也称为小温差综合征。小温差综合征导致了二级泵能耗的极大浪费，降低了整个空调系统的能效。

造成小温差综合征的潜在原因很多（McQuay，2002；Taylor，2002；Durkin，2005；Gao et al.，2012），大致可分两类：一类属于“可避免”型故障原因，比如：控制设定值设定不当或控制校准不当、末端空气处理设备使用三通阀造成混水、盘管或控制阀门选型不当、无联锁控制阀门等，这些故障原因较容易诊断，而且通过合理设计和选型易于避免。另一类属于“不可避免”型故障原因，比如：冷却盘管或换热器换热性能下降（如盘管内部结垢），此故障在一个系统长期运行后将不可避免地发生。当盘管结垢导致冷却盘管的性能降低时，待处理空气和冷冻水之间的传热性能显著降低，处理相同的冷负荷，需要超过合理值更多的冷冻水，由此导致系统温差下降。

因此，非常有必要对输配管网核心设备（冷却盘管）的典型故障，即盘管结垢情况（Jonsson et al.，2007；Veronica，2010a，2010b；Ingimundardóttir et al.，2011），进行持续监测并诊断，并定量评估该故障导致的系统温差下降情况。对系统温差而言，目前常用的传统监测诊断方法以专家经验法为主，即通过观察实测的供回水温差是否低于 5℃来判断是否发生了小温差综合征。实际上，冷冻水系统供回水干管测得的温差是系统内全部末端空气处理器温升的平均值，而且随实际总冷负荷及单个空气处理器的实际负荷情况的变化而变化，在冷负荷低于额定工况下，由于各设备的传热面积没有改变，合理的进出水温升应该大于 5℃。当实测系统温差低于 5℃时，其实已经发生了严重的小温差综合征。鉴于冷冻水系统供回水温差是一个随工况变化的变量，因此传统专家经验法以温升 5℃为标准来判断小温差综合征并不十分精确，易造成诊断滞后。

对输配管网的结垢情况而言，目前常用的诊断方法主要面向单个空气处理装置或单台板式换热器。对单台末端设备进行诊断的弊端在于两方面：①对包含大量末端的管网，需要的测量信息过多，每一台末端都需要测量进出水温度、进出风温度、水流量和空气流量等，而实际应用中水流量计和空气流量计在大多数系统中并未安装，因此很难得到推广应用；②对输配管网而言，单台末端设备的结垢对管网整体影响较小，真正受关注的是管网系统总体的结垢情况。

本章将提供一种基于模型的管网系统级别的故障诊断方法，用以持续监测和定量评估系统运行温差和管网系统总体的结垢程度。与传统面向单台末端设备的诊断方法相比，本方法需要的测量传感器较少，易于推广应用。

4.1　基于模型的系统级别小温差综合征故障诊断方法

本故障诊断方法以香港某超高层建筑为案例，利用动态系统模拟软件TRNSYS依据研究案例搭建中央空调系统的仿真平台。该案例建筑高约490 m，建筑面积约321 000 m^2，包括4层地下室、6层裙房和98层塔楼。中央空调系统采用6台定速离心式冷机组，每台冷机组的额定制冷量和功率分别为7 230 kW和1 270 kW。冷机组的冷冻水供水和回水温度分别为5.5℃和10.5℃。一级环路中，每台冷机组配备一台定速水泵。二级环路中，二级冷冻水系统分为4个区域，其中Ⅱ区直接连接末端用户；Ⅰ区、Ⅲ区和Ⅳ区则通过板式换热器进行竖向分区，以避免冷冻水管道和终端设备承受极高的静压。

选择Ⅲ区水系统作为故障诊断方法应用的实施对象，该子系统是一个包含板式换热器的典型多级泵系统。Ⅲ区水系统的简化示意图如图4.1所示。在板式换热器一次侧，二级泵（变速）（SCHWP-06-06～08）将冷冻水从冷机输送到板式换热器；板式换热器二次侧是一个次级的二级泵系统，每个换热器与一级泵（定速）联动，以确保每个换热器的二次侧流量恒定，而二级泵（变速）（SCHWP-42-01～03）则将板式换热器二次侧的出水输送到末端用户。

4.1.1　小温差故障诊断方法概述

如图4.2所示，基于模型的系统级别故障诊断方法主要包括两部分：在线故障诊断过程和离线模型训练过程。

在线故障诊断过程中，首先对空调系统在线测量的数据进行预处理，通过异常值去除和数据过滤去除明显不合理的动态数据。其次，在故障检测阶段，使用

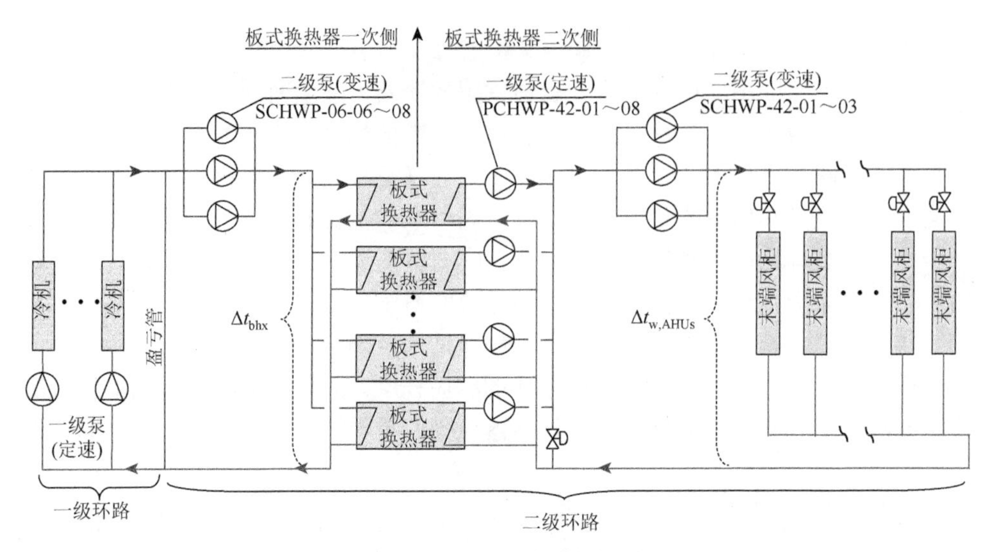

图 4.1　Ⅲ区冷冻水系统简图

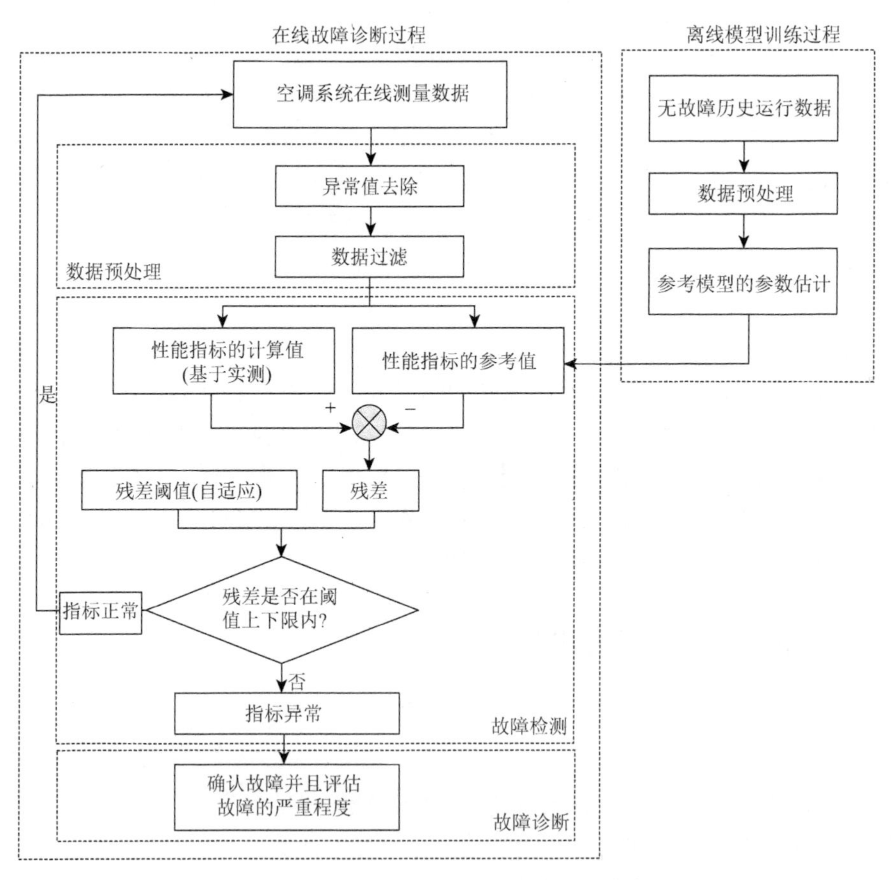

图 4.2　基于模型的系统级别故障诊断方法流程图

过滤的测量数据计算性能指标（performance index，PI）的当前值以表征系统的当前健康状态。同时利用所建立的参考模型来计算当前性能指标的合理参考值。在本书方法中，利用回归方法分别对末端空气处理系统和板式换热器系统的性能指标建立了参考模型。通过比较性能指标的当前计算值与其合理参考值而获取相应残差。将残差与相应的残差阈值进行比对以判断残差是否位于阈值以内，进而判断故障是否发生。当一个性能指标的残差位于阈值之外时，相应的性能指标即被认为处于异常状态。在本方法中，残差阈值采用 T 统计量（T-statistic）改善来自测量和建模两方面的不确定性的影响，实现了根据工况自适应调节的变化阈值。最后，在故障诊断阶段，明确故障的发生并定量评估故障的严重程度。

在离线模型训练过程中，主要工作是对性能指标的参考模型进行参数识别。使用无故障的历史运行数据作为训练参考模型的采样数据。为了提高故障的检测率，无故障历史运行数据尽量能够覆盖各种工况。

4.1.2　表征故障的性能指标及建模

在研究对象Ⅲ区水系统中，主要有两个子系统包含冷却盘管：末端风柜组群和板式换热器组群，如图 4.1 所示。这两个系统的冷却盘管结垢后都会对相应的供回水温差产生负面影响。选取两个主要的性能指标来表征故障程度：温差值（Δt，℃）和 KA 值（即传热系数 K 与换热面积 A 的乘积，kW/℃）。各系统典型故障、故障引入方式、性能指标等详见表 4.1。

表 4.1　各系统典型故障、故障引入方式、性能指标等

典型故障	故障引入方式	性能指标	指标公式	变化趋势
末端风柜组群盘管结垢导致换热性能退化	增加风柜盘管内水侧的热阻	末端风柜组群总体供回水温差	$\Delta t_{w,AHUs}=t_{w,out,AHU}-t_{w,in,AHU}$	$\Delta t_{w,AHUs}\downarrow$
		系统 KA 值（传热系数 K 与换热面积 A 的乘积）	$KA_{AHUs}=Q_{tot,AHUs}/LMTD$	$KA_{AHUs}\downarrow$
板式换热器组群盘管结垢导致换热性能退化	降低换热器传热系数	板式换热器组群总体供回水温差	$\Delta t_{w,bhx}=t_{w,out,bhx}-t_{w,in,bhx}$	$\Delta t_{w,bhx}\downarrow$
		系统 KA 值（传热系数 K 与换热面积 A 的乘积）	$KA_{HX}=Q_{tot,HX}/LMTD$	$KA_{HX}\downarrow$

①末端风柜组群典型故障。主要指末端风柜组群内各盘管结垢导致换热性能退化，会降低换热器二次侧用户群整体的供回水温差，过多消耗换热器一次侧二级泵（SCHWP-42-01～03）的能耗。选择两个性能指标来量化故障：末端风柜组群总体供回水温差（$\Delta t_{w,AHUs}$）和末端风柜组群总体 KA 值（KA_{AHUs}），可通过测

量值按式（4.1）和式（4.2）分别计算。为了在仿真平台模拟此故障，可以通过增加风柜盘管内水侧的热阻将故障引入，故障程度分两个级别：Level 1，盘管内水侧的热阻增加 20%；Level 2，盘管内水侧的热阻增加 40%。

②板式换热器组群典型故障。主要指板式换热器组群内各盘管结垢导致换热性能退化，会降低板式换热器一次侧整体的供回水温差，过多消耗二级泵（SCHWP-06-06～08）的能耗。选择两个性能指标来量化故障：板式换热器一次侧总体供回水温差（$\Delta t_{\mathrm{w,bhx}}$）和板式换热器组群总体 KA 值（KA_{HX}），可通过测量值按式（4.3）和式（4.4）分别计算。为了在仿真平台模拟此故障，可以通过降低板式换热器传热系数将故障引入，故障程度分两个级别：Level 1，换热器传热系数降低 20%；Level 2，换热器传热系数降低 40%。

$$\Delta t_{\mathrm{w,AHUs}} = t_{\mathrm{w,out,AHU}} - t_{\mathrm{w,in,AHU}} \tag{4.1}$$

$$KA_{\mathrm{AHUs}} = \frac{Q_{\mathrm{tot,AHUs}}}{\mathrm{LMTD}} \tag{4.2}$$

$$\Delta t_{\mathrm{w,bhx}} = t_{\mathrm{w,out,bhx}} - t_{\mathrm{w,in,bhx}} \tag{4.3}$$

$$KA_{\mathrm{HX}} = \frac{Q_{\mathrm{tot,HX}}}{\mathrm{LMTD}} \tag{4.4}$$

式中，$\Delta t_{\mathrm{w,AHUs}}$ 为末端风柜组群总体供回水温差，$t_{\mathrm{w,out,AHU}}$ 为末端风柜组群总体出水温度，$t_{\mathrm{w,in,AHU}}$ 为末端风柜组群总体进水温度，KA_{AHUs} 为末端风柜组群总体 KA 值，$\Delta t_{\mathrm{w,bhx}}$ 为板式换热器一次侧总体供回水温差，$t_{\mathrm{w,out,bhx}}$ 为板式换热器一次侧总体出水温度，$t_{\mathrm{w,in,bhx}}$ 为板式换热器一次侧总体进水温度，KA_{HX} 为板式换热器组群总体 KA 值，LMTD 为相应系统的对数平均温差，$Q_{\mathrm{tot,AHUs}}$ 和 $Q_{\mathrm{tot,HX}}$ 分别为风柜组群和板式换热器组群的总体冷负荷。

4.1.3 性能指标的参考模型

上述所选择的性能指标可以根据实测的输入值按式（4.1）～式（4.4）进行计算，得到的结果代表实际运行情况下各性能指标的实测计算值。然而仅仅根据实测计算值很难判断不同工况下各个性能指标是否处于合理范围，还需要知道不同工况下各个性能指标的合理参考值，以此作为比对判断的标准。因此，需要建立各个性能指标的参考模型，其作用是根据不同工况可以计算出相应的合理参考值。

1. 末端风柜组群参考模型

本案例的中央空调风系统采用变风量（VAV）系统。对每一台风柜，通过自动调节水阀开度以调节冷冻水流量，使送风温度维持在预定设定值。根据风柜的热交换原理，单台风柜冷却盘管所产生的供回水温差与风柜冷负荷、进水温度及进风温度高度相关。然而，对包含多个风柜的系统而言，系统总体供回水温差的影响因素要复杂很多。多风柜的系统温差不仅取决于系统冷负荷、进水温度及进风温度，而且受各台风柜实际负荷率（即实际负荷除以额定负荷）的影响较大。这意味着即使整个系统的总冷负荷相同，如果各单体风柜的负荷率变化较大时，系统总体供回水温差也可能有较大差别。

比如，通过仿真平台研究一个由两台风柜（AHU-1 和 AHU-2）组成的系统，观察当两个风柜的负荷率分别取不同值时系统总体供回水温差的变化情况。模拟算例中，风柜的进风温度、进风湿度、进水温度均保持不变，系统总负荷率也保持恒定（50%），仅单体风柜的负荷率发生了变化。当风柜处于不同负荷率时，调节所需的水量使出风温度维持在固定设定值。研究结果详见表 4.2，共有 6 个算例（Case#1～Case#6），其中 Case#1（AHU-1 和 AHU-2 都为 50%负荷率）作为参考标准。研究结果表明，在 Case#1 中，两台风柜都为 50%负荷率时，系统总体温差为 6.49℃；在 Case#6 中，当 AHU-1 为 0%而 AHU-2 为 100%时，系统的总体温差为 5.08℃，与 Case#1 相比偏差达到–21.7%。这说明，对系统温差而言，单体风柜的负荷率是一个较敏感的影响因素。

表 4.2 末端风柜组群内不同单体负荷率对系统温差的影响

算例	风柜 AHU-1		风柜 AHU-2		系统		系统总温差的偏差（与 Case#1 相比）/%
	单台设备温差/℃	单台设备的负荷率/%	单台设备温差/℃	单台设备的负荷率/%	系统总温差/℃	系统总负荷率/%	
Case#1（参考标准）	6.49	50	6.49	50	6.49	50	—
Case#2	6.81	40	6.19	60	6.42	50	–1.1
Case#3	7.07	30	5.90	70	6.20	50	–4.5
Case#4	7.19	20	5.62	80	5.87	50	–9.6
Case#5	6.55	10	5.35	90	5.44	50	–16.2
Case#6	0	0	5.08	100	5.08	50	–21.7

现有文献中，在研究风柜组群总体性能时并没有考虑单台风柜负荷率的变化所带来的影响（Ma et al.，2009，2011）。本书在建立末端风柜组群总体供回水温差（$\Delta t_{\mathrm{w,AHUs}}$）的预测模型时，将单台风柜的负荷率（即 $\mathrm{Rat}_1, \cdots, \mathrm{Rat}_n$）作为重要影响因素予以考虑，如式（4.5）所示。实际应用中，能较好地测量单台风柜负荷率的方法是每台风柜安装空气流量计进行实时测量。然而，由于空气流量计成本较高，实际上目前大多数项目中并没有安装。因此，本书提出近似估计的方法，利用对风柜风量的测量来近似估计负荷率（实测风量除以额定风量），如式（4.6）所示。通过像毕托管这样的简单测量仪器可以较容易地测量空气流量。

末端风柜组群总体 KA 值（KA_{AHUs}）对单台风柜负荷率并不敏感，主要与总冷负荷、进水温度和进风温度有关。相应的预测公式由式（4.5）～式（4.7）表示。

$$\Delta t_{\text{w,AHUs}} = a_0 Q_{\text{AHUs}}^{a_1} t_{\text{w,in,AHUs}}^{a_2} t_{\text{a,in,AHUs}}^{a_3} \prod_{i=1}^{n} \text{Rat}_i^{g_i} \tag{4.5}$$

$$\text{Rat}_i = M_{\text{a},i} / M_{\text{a,des},i} \tag{4.6}$$

$$KA_{\text{AHUs}} = b_0 Q_{\text{AHUs}}^{b_1} t_{\text{w,in,AHUs}}^{b_2} t_{\text{a,in,AHUs}}^{b_3} \tag{4.7}$$

式中，$\Delta t_{\text{w, AHUs}}$ 为末端风柜组群总体的供回水温差，Q_{AHUs} 为末端风柜组群总体冷负荷，$t_{\text{w, in, AHUs}}$ 为末端风柜组群总体进水温度，$t_{\text{a, in, AHUs}}$ 为风柜组群平均进风温度，Rat_i 为第 $i(i = 1, 2, \cdots, n)$ 个风柜的负荷率，$M_{\text{a},i}$ 为第 i 个风柜的测量风量，$M_{\text{a,des},i}$ 为第 i 个风柜的额定设计风量。公式中各系数（a_0～a_3，b_0～b_3，g_i）均为常数，需提前利用系统正常运行数据进行回归获得。

2. 板式换热器组群参考模型

与末端风柜组群相比，板式换热器系统并不复杂，因为该组中的所有换热器具有相同的类型/容量，并且每个换热器的水流量大致相等。通过选择相应的变量作为回归量即可建立简化的回归模型。

如式（4.8）所示，板式换热器一次侧总体供回水温差（$\Delta t_{\text{w, bhx}}$）的参考模型考虑了换热器组群总热交换量（Q_{HX}）、换热器一次侧总体进水温度（$t_{\text{w, in, bhx}}$）、换热器二次侧总体进水温度（$t_{\text{w, in, ahx}}$）、换热器一次侧水流量（$M_{\text{w, in, bhx}}$）和换热器二次侧水流量（$M_{\text{w, in, ahx}}$）等参数作为回归变量。而换热器组群总体 KA 值（KA_{HX}）则跟换热器两侧的水流量高度相关，参考模型可由式（4.9）表示。公式中各系数（c_0～c_5，d_0～d_2）均为常数，需提前利用系统正常运行数据进行回归获得。

$$\Delta t_{\text{w,bhx}} = c_0 \cdot Q_{\text{HX}}^{c_1} \cdot t_{\text{w,in,bhx}}^{c_2} \cdot t_{\text{w,in,ahx}}^{c_3} \cdot M_{\text{w,in,bhx}}^{c_4} \cdot M_{\text{w,in,ahx}}^{c_5} \tag{4.8}$$

$$KA_{\text{HX}} = d_0 \cdot M_{\text{w,in,bhx}}^{d_1} \cdot M_{\text{w,in,ahx}}^{d_2} \tag{4.9}$$

3. 基于自适应阈值的故障检测

在每一个时间步长，使用采集的运行数据对选取的每一个性能指标计算两个值：实测计算值和参考值。通过比较实测计算值和参考值可以计算二者的残差。残差的大小需要与合理的阈值进行比较以判断该指标是否处于正常状态。当某指标的残差超越了阈值，就意味着该指标处于故障状态。因此，残差的阈值对故障诊断的准确性有较大影响。

实际上，在计算性能指标的实测计算值和参考值的过程中都存在明显的不确定因素。在实测计算值的计算过程中，不确定因素来自传感器的准确度。在参考值的计算过程中，不确定因素主要是参考模型回归时的拟合误差。这些不确定因素对计算结果易造成较大影响，比如一般情况下系统温差在 5℃左右，当采用精度±0.5℃的温度传感器测量供回水温度时，最大会导致 1℃的误差，误差百分比高达 20%。

为了减少误差所带来的不确定性，本书运用基于统计检验的 t 分布统计量方法以获得较准确的性能指标残差阈值。在给定的置信水平下，所计算出的残差阈值是一个变量，可以根据运行工况进行自适应调节，如式（4.10）所示。残差阈值实际上等同于残差估计值的不确定度。残差的真实值 r_i 可由式（4.11）计算，而残差的估计值 $\tilde{r}_i$ 由式（4.12）计算。

$$\mathrm{Thr}_i = U(\tilde{r}_i) = t_{\alpha/2,n-p}\tilde{\sigma}_{\tilde{r}_i - r_i} \tag{4.10}$$

$$r_i = g_i(z) - Y_i \tag{4.11}$$

$$\tilde{r}_i = g_i(\hat{z}) - \tilde{Y}_i \tag{4.12}$$

其中，Thr_i 为第 i 个性能指标残差的阈值，$U(\tilde{r}_i)$ 为残差估计值的不确定度，$\tilde{r}_i$ 为第 i 个性能指标残差的估计值，r_i 为第 i 个性能指标残差的真实值，$\tilde{\sigma}^2_{\tilde{r}_i - r_i}$ 为 $(\tilde{r}_i - r_i)$ 方差的估计值，$t_{\alpha/2,n-p}$ 为置信度为（$1-\alpha$）时（$n-p$）个自由度的 t 分布统计量值，n 为模型训练时所使用数据个数，p 为性能指标参考模型方程中系数的个数；$g_i(\cdot)$ 代表各性能指标的实测计算值的方程式[如式（4.1）～式（4.4）所示]，z 是方程式 $g_i(\cdot)$ 中变量的真实值组成的向量，$\hat{z}$ 是方程式 $g_i(\cdot)$ 中变量的测量值组成的向量，Y_i（由式（4.13）计算）是对应特定观测回归向量（$\hat{\boldsymbol{V}}$）的第 i 个性能指标的观测值，$\tilde{Y}_i$ 是对应相同观测回归向量（$\hat{\boldsymbol{V}}$）的第 i 个性能指标的参考模型输出的参考值。

$$Y_i = f_i(\hat{\boldsymbol{V}}) + \gamma_i \tag{4.13}$$

其中，$f_i(\cdot)$ 是第 i 个性能指标的参考模型的方程式，γ_i 是模型误差（服从均值为 0 方差为 Y_i 回归误差的正态分布），$\hat{\boldsymbol{V}}$ 是 $f_i(\cdot)$ 中各变量的测量值组成的向量。

$(\tilde{r}_i - r_i)$ 方差的估计值 $\tilde{\sigma}^2_{\tilde{r}_i - r_i}$ 可由式（4.14）计算。

$$\tilde{\sigma}^2_{\tilde{r}_i - r_i} = \sum_j \left[\left(\frac{\partial g_i}{\partial \boldsymbol{z}_j}\right)\sigma_{z_j}\right]^2 + \tilde{\sigma}^2_{Y_i}[1 + \boldsymbol{X}_0^{\mathrm{T}}(\boldsymbol{X}_{\mathrm{reg}}^{\mathrm{T}}\boldsymbol{X}_{\mathrm{reg}})\boldsymbol{X}_0] \tag{4.14}$$

其中，z_j 是测量变量向量（z）中第 j 个元素，σ_{z_j} 是 z_j 的标准差，$\tilde{\sigma}^2_{Y_i}$ 是第 i 个性能指标（Y_i）的回归误差的方差的估计值，$\boldsymbol{X}_0$ 是一个用于当前预测的回归向量，$\boldsymbol{X}_0^{\mathrm{T}}$ 是 $\boldsymbol{X}_0$ 的转置，$\boldsymbol{X}_{\mathrm{reg}}$ 是与训练数据相关的回归向量矩阵，$\boldsymbol{X}_{\mathrm{reg}}^{\mathrm{T}}$ 是 $\boldsymbol{X}_{\mathrm{reg}}$ 的转置。

值得注意的是，式（4.14）右侧第一项考虑了跟传感器精度有关的测量不确定性，右侧第二项考虑了跟参考模型中模型拟合误差有关的不确定性。

4. 故障严重级别评估

当性能指标被诊断为处于非正常状态时，需要进一步定量评估出当前性能指标偏离正常值的程度。本节定义了一个表征偏离程度的系数：偏离度 Dev，如式（4.15）所示。通过引入自适应阈值，偏离度也实现了定量考虑来自传感器的测量不确定性和来自模型的拟合不确定性，从而能够更加准确地评估偏离程度。

$$\mathrm{Dev}_i=\begin{cases}g_i(\hat{z})-f_i(\hat{V})-|\mathrm{Thr}_i|, & \text{当 } g_i(\hat{z})-f_i(\hat{V})>|\mathrm{Thr}_i| \\ g_i(\hat{z})-f_i(\hat{V})+|\mathrm{Thr}_i|, & \text{当 } g_i(\hat{z})-f_i(\hat{V})<-|\mathrm{Thr}_i| \\ 0, \text{ 其他} & \end{cases} \tag{4.15}$$

4.2 故障诊断测试平台

利用动态系统模拟软件 TRNSYS 依据研究案例搭建中央空调系统的仿真平台，如图 4.1 所示。该仿真平台所涉及的中央空调主要设备（如冷机、风柜冷却盘管、板式换热器、水泵、输配管网等）的模型均采用详细的动态物理模型，可以较好地反映空调系统在不同负荷率下的动态热过程和能量传递转化过程。该仿真平台主要用于相关运行数据，既可以生成无故障运行数据（用于参考模型的训练），也可以按故障类型及故障程度生成含故障运行数据（用于故障诊断方法的验证）。

在仿真平台中，各末端风柜的水阀开度采用反馈控制，通过自动调节使风柜的出风温度维持在设定值（13℃）；风柜的风机采用变频控制以使末端房间的温度维持在设定值（23℃）。板式换热器一次侧水泵采用变频控制，确保板式换热器二次侧出水温度维持在设定值（6.3℃）。模拟采用香港的典型天气数据。

鉴于本故障诊断方法的主要应用对象是风柜冷冻水系统和换热器系统，因此仿真平台中采用的风柜冷却盘管模型和换热器模型在动态物理特性方面的精细程度至关重要，以下给出这两个关键设备的简化模型描述。

1. 风柜冷却盘管动态仿真模型

风柜冷却盘管模型主要用于模拟风柜的出水温度和出风状态。所采用的风柜冷却盘管动态仿真模型基于已有文献（Wang，1998），采用了一阶差分方程结合总热阻来模拟盘管的动态换热过程，如式（4.16）所示。基于风柜两侧的热平衡，风柜的出风温度和出水温度分别由式（4.17）和式（4.18）计算，热传递计算采用了经典的传热单元数（Number of Transfer Units，NTU）和热传递效率方法。

$$C_{\mathrm{c}}\frac{\mathrm{d}t_{\mathrm{c}}}{\mathrm{d}\tau}=\frac{t_{\mathrm{a,in}}-t_{\mathrm{c}}}{R_1}-\frac{t_{\mathrm{c}}-t_{\mathrm{w,in}}}{R_2} \tag{4.16}$$

$$t_{\mathrm{a,out}}=t_{\mathrm{a,in}}-\frac{\mathrm{SHR}(t_{\mathrm{a,in}}-t_{\mathrm{c}})}{R_1C_{\mathrm{a}}} \tag{4.17}$$

$$t_{\mathrm{w,out}} = t_{\mathrm{w,in}} - \frac{t_{\mathrm{c}} - t_{\mathrm{w,in}}}{R_2 C_{\mathrm{w}}} \tag{4.18}$$

其中，t_c为盘管的平均温度（℃），$t_{a,\mathrm{in}}$和$t_{w,\mathrm{in}}$是风柜的进风温度和进水温度（℃），C_c是盘管的总热容量（kJ/℃），C_a和C_w是空气和水的热容流率（kW/℃），R_1和R_2空气侧和水侧的总传热热阻（℃/kW），SHR 为显热比。

2. 板式换热器动态仿真模型

板式换热器仿真模型主要用于模拟板式换热器的动态性能，融合了经典的静态热传递模型和简化的动态模型。静态热传递模型用来计算传热单元数 NTU 和热传递效率（ε）：式（4.19）用于逆流换热器，式（4.20）用于交叉流换热器。式（4.21）用来计算换热器的储热特性，以此来模拟其动态热响应。

$$\varepsilon = \frac{1 - \exp\left[-\mathrm{NTU}(1-\omega)\right]}{1 - \omega\exp\left[-\mathrm{NTU}(1-\omega)\right]} \tag{4.19}$$

$$\varepsilon = \frac{1 - \exp\left[-\omega(1-\exp(\mathrm{NTU}))\right]}{\omega} \tag{4.20}$$

$$C_{\mathrm{hx}} \frac{\mathrm{d}t'_{\mathrm{hx,in}}}{\mathrm{d}\tau} = c_{\mathrm{p,w}} M_{\mathrm{w,hx}} (t_{\mathrm{hx,in}} - t'_{\mathrm{hx,in}}) \tag{4.21}$$

其中，ω 是换热器两侧流体中热容流率较小值与较大值之比，ε 是传热递效率，NTU 是传热单元数。$t_{\mathrm{hx,in}}$ 是换热器一次侧原始静态温度（℃），$t'_{\mathrm{hx,in}}$ 是考虑热容后的动态温度（℃），$c_{\mathrm{p,w}}$ 是水的比热容[J/(kg·K)]，$M_{\mathrm{w,hx}}$ 是换热器水流量，C_{hx} 是换热器总热容量（kJ/℃）。

4.3　故障诊断方法的验证和结果讨论

1. 参考模型的验证

在故障诊断过程中，参考模型的准确度至关重要。本书所构建的参考模型利用仿真平台产生的工况范围较广的无故障运行数据进行训练。对风柜组群系统和换热器组群系统，各参考模型（末端风柜组群总供回水温差 $\Delta t_{\mathrm{w,AHUs}}$、总体 KA 值 KA_{AHUs}；换热器组群系统的一次侧供回水温差 Δt_{bhx}、总体 KA 值 KA_{HX}）采用了不同系统负荷率（20%～100%，步长 10%）下测量的运行数据进行了训练。在某一系统负荷率下，对单体风柜采用不同的负荷率进行组合。现给出系统总负荷率为 50%时的验证结果，如图 4.3 和图 4.4 所示。

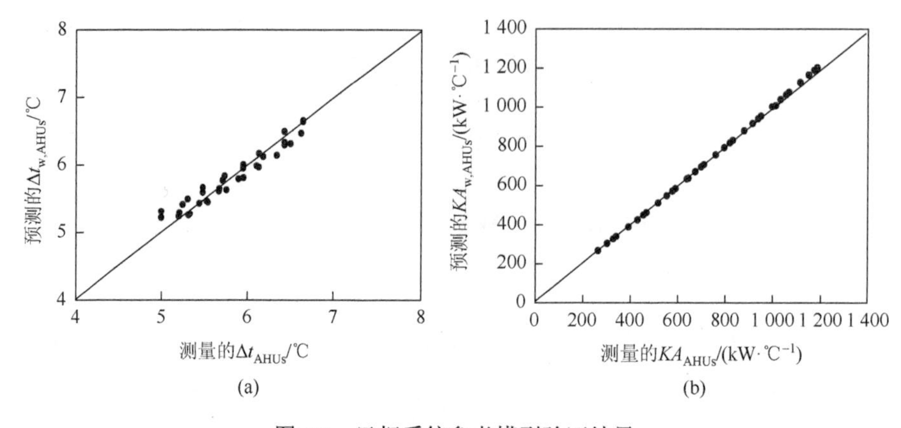

图 4.3　风柜系统参考模型验证结果

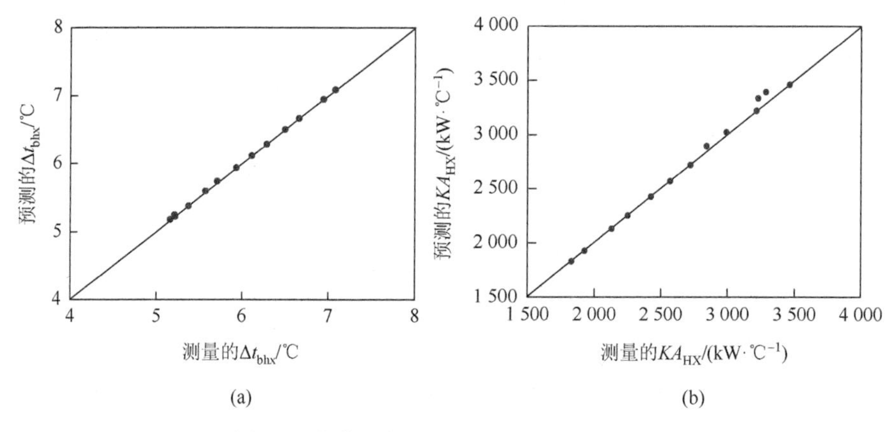

图 4.4　换热器组群系统参考模型验证结果

验证结果中，各性能指标测量值指使用测量数据根据公式（4.1）～式（4.4）进行直接计算而获得的结果；预测的性能指标值即根据各参考模型[式（4.5）～式（4.9）]计算获得的参考值。从验证结果可以看出，参考值与测量值吻合得较好，这也验证了所建立的参考模型具有较高的准确度。

2. 故障诊断方法总体验证

选择三个典型季节天气工况（春季、温和夏季、炎热夏季），对小温差故障诊断方法进行了全面验证。将案例建筑的三个典型日冷负荷曲线作为仿真平台的输入，如图 4.5 所示。关于故障的引入，通过增大各风柜冷却盘管水侧的换热热阻来引入“风柜组群的典型换热性能衰退故障”；通过减小各单体换热器的传热系数来引入“换热器组群的典型换热性能衰退故障”。在每一个典型日，每个故障的严重程度分两个级别（Level 1 和 Level 2）分别引入。对于“风柜组群的典型换热性能衰退故障”，两个级别分别为：风柜盘管水侧热阻分别提高 40%（Level 1）和 80%（Level 2）；对于“换热器组群的典型换热性能衰退故障”，两个级别分别为：换热系数下降 20%（Level 1）和换热系数下降 30%（Level 2）。每一个故障级别，产生 30 个采样点数据。比较各性能指标的测量值和参考值，获得相应性能指标的残差。图 4.6～图 4.9 给出了各性能指标的残差与相应阈值的测试结果。图中采样点“•”代表各性能指标的残差值，上下两根实线代表阈值的上限和下限（基于 95%置信度）。当采样点位于阈值上限和下限之间时，表示该点所对应的性能指标处于正常范围。反之，当采样点超出阈值上限或下限时，表示该点所对应的性能指标处于非正常（故障）状态。

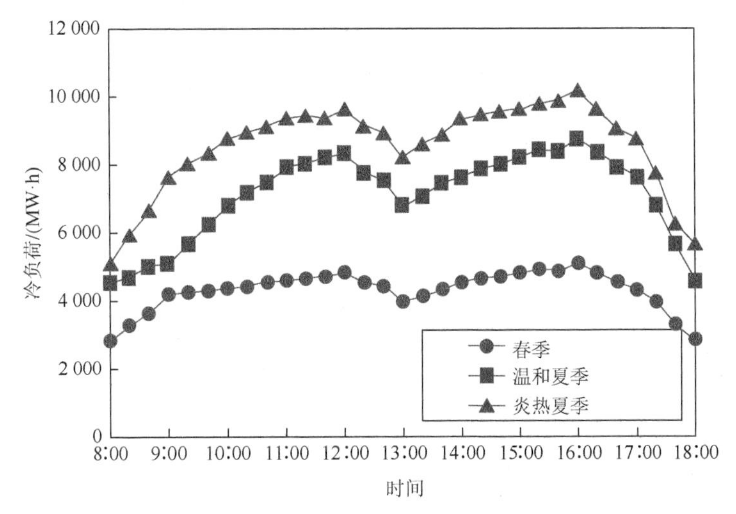

图 4.5　三个典型日冷负荷曲线

1）风柜组群验证结果

图 4.6 和图 4.7 给出的是风柜组群总体温差和总体 *KA* 值两个性能指标在两个故障等级 Level 1 和 Level 2 下的残差和阀值的诊断结果。总体温差的残差，其物理意义代表了风柜组群的系统温差偏离正常水平的程度。从图 4.6 中可以看出，末端风柜组群总体供回水温差（$\Delta t_{w,AHUs}$）对盘管水侧结垢所带来的性能衰退非常敏感。在三个典型日测试中，采样点全部位于阈值上、下限之外，意味着系统温差处于非正常水平。系统温差为负值，表明系统温差低于合理水平，系统遭受小温差综合征。当故障级别由 Level 1 升级为 Level 2 时，可以观测到残差的偏离程度更加明显。特别是在温和夏季（Level 2）和炎热夏季（Level 1 和 Level 2），许多采样点的偏离程度都超过 2℃（最高达到 5℃）。主要原因是，在这些采样点对应的工况下，由于风柜盘管换热性能下降而无法使出风温度保持在设定值，从而引发更多的冷冻水需求，造成系统温差变小，严重的时候还造成盈亏管内逆流。

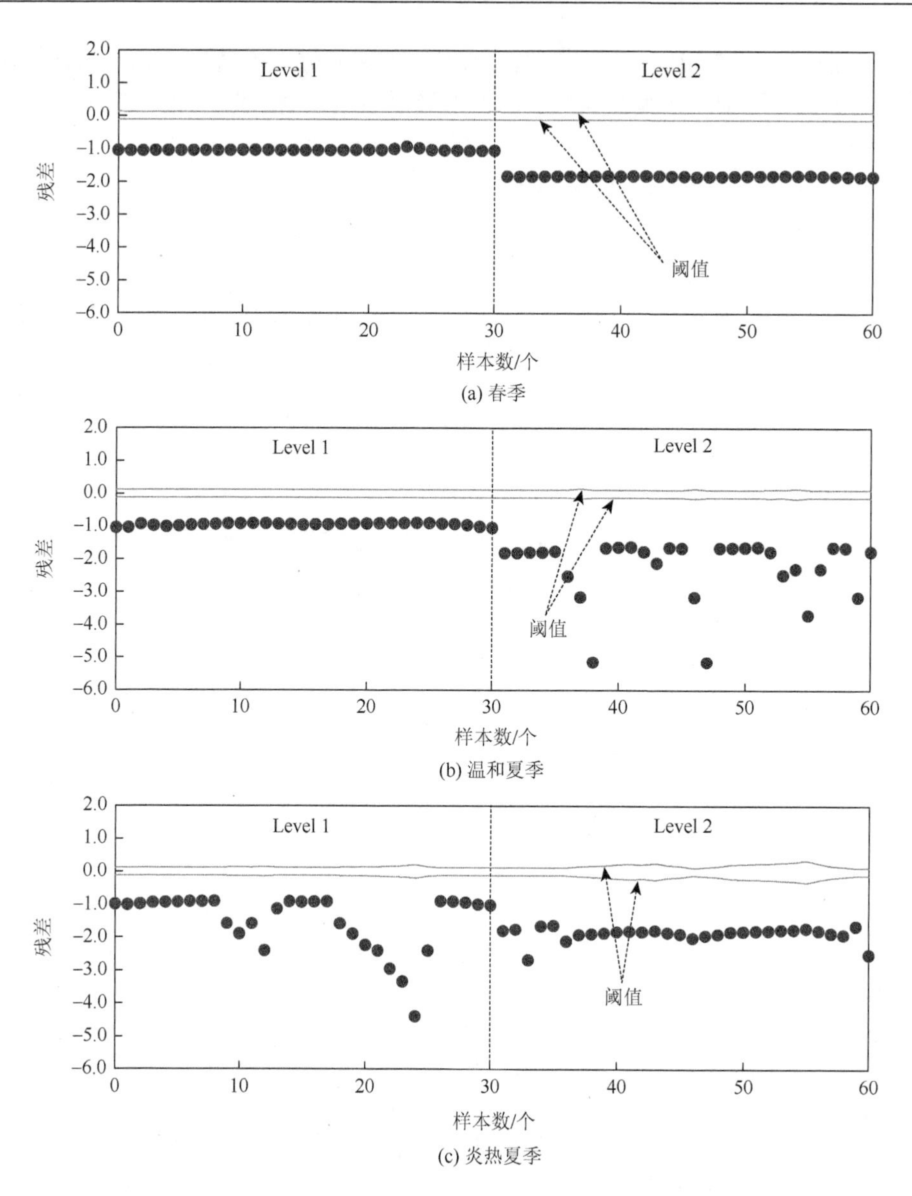

(a) 春季

(b) 温和夏季

(c) 炎热夏季

图 4.6　末端风柜组群总体温差的残差与阈值

图 4.7 给出了末端风柜组群总体 KA 值（KA_{AHUs}）在不同季节、不同故障级别时的变化情况。相对来讲，KA 残差值的采样点对季节的变化并不十分敏感，对故障程度的变化相对敏感。在春季工况下，虽然故障最终被检测到，但在低故障级别（Level 1）下残差偏离阈值下限不多。随着故障严重程度的升高，偏离阈值的程度越来越高。

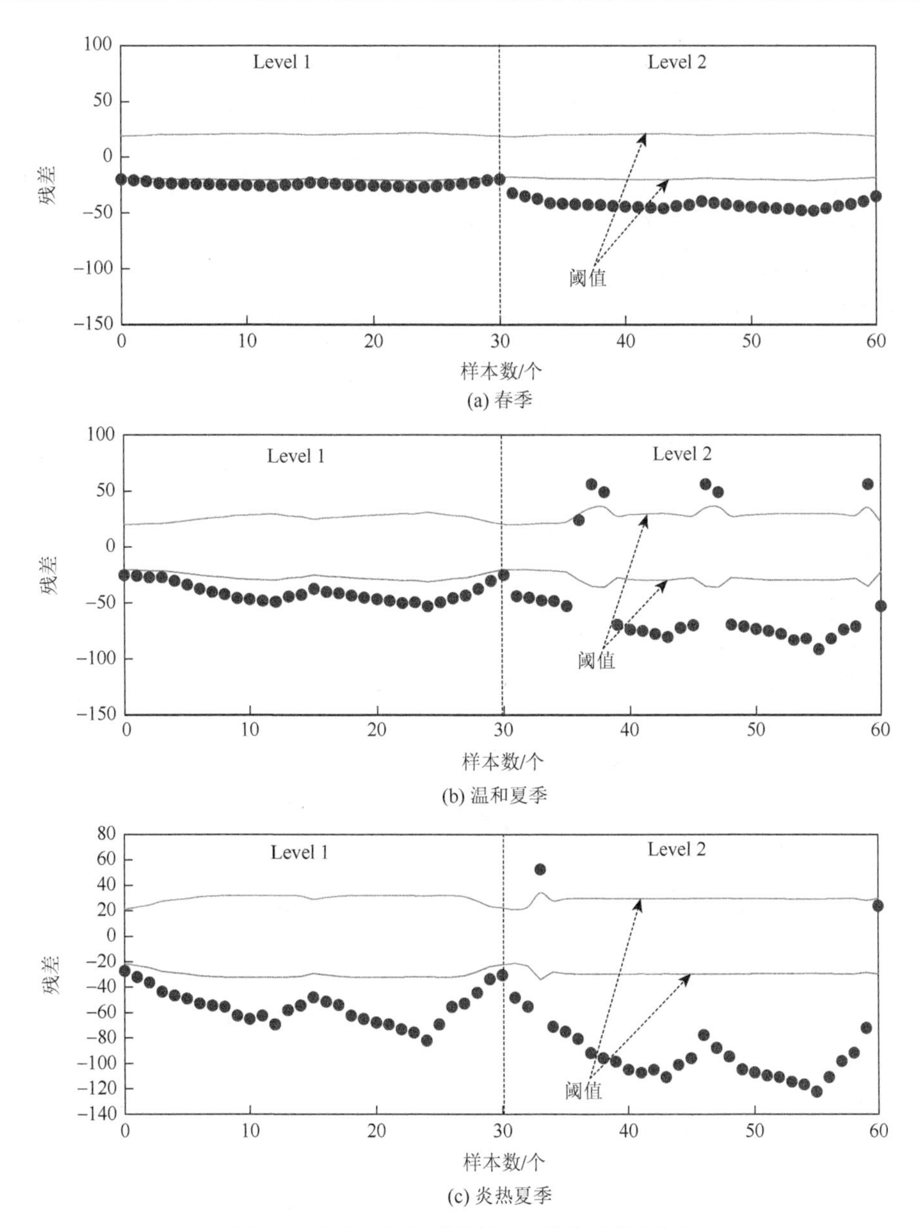

(a) 春季

(b) 温和夏季

(c) 炎热夏季

图 4.7　末端风柜组群总体 *KA* 值的残差与阈值

测试结果表明，所选用的性能指标：供回水温差 $\Delta t_{\mathrm{w,AHUs}}$、总体 *KA* 值（$KA_{\mathrm{AHUs}}$），可以用来对风柜组群的小温差综合征进行有效诊断。需要说明的是，当供回水温差和总体 *KA* 值同时被诊断为处于故障状态时，说明系统换热性能下降是引发小温差综合征的原因之一，并不能认为是唯一原因。

2）板式换热器组群验证结果

对板式换热器组群同样进行了诊断方法的验证。板式换热器盘管的换热性能对换热器一次侧所需水流量有较大影响。仿真平台中引入换热器换热性能下降的故障是通过降低其物理模型中的换热系数来模拟的，分两个故障级别：换热系数下降 20%（Level 1）和换热系数下降 30%（Level 2）。

图 4.8 和图 4.9 分别给出了板式换热器组群的两个性能指标[一次侧总体供回水温差 $\Delta t_{\mathrm{w,\,bhx}}$、总体 *KA* 值（$KA_{\mathrm{HX}}$）]的残差及阈值的诊断结果。可以发现，这两个性能指标对换热性能衰退（盘管结垢）的故障都比较敏感，尤其是 *KA* 值。在图 4.8 中，换热器一次侧总体供回水温差 $\Delta t_{\mathrm{w,\,bhx}}$ 的残差在两个故障等级下都明显偏离了阈值的上、下限，而且随故障严重程度的提高偏离愈发明显。这一现象表明，换热器一次侧的系统温差已经较正常值偏小，小温差综合征已经发生。主要原因是，换热器传热性能的下降致使获得同样的换热器二次侧出水温度需要更多的一次侧冷冻水流量，因而造成了系统温差的下降。特别是在温和夏季工况下，有少数采样点的残差已经超过 2℃，这表示发生了严重的小温差综合征，其主要原因是在这些采样时刻所需的换热器一次侧水流量过多，触发了盈亏管内的逆流，逆流与供水混合后提高了换热器的供水温度，使小温差综合征进一步恶化。

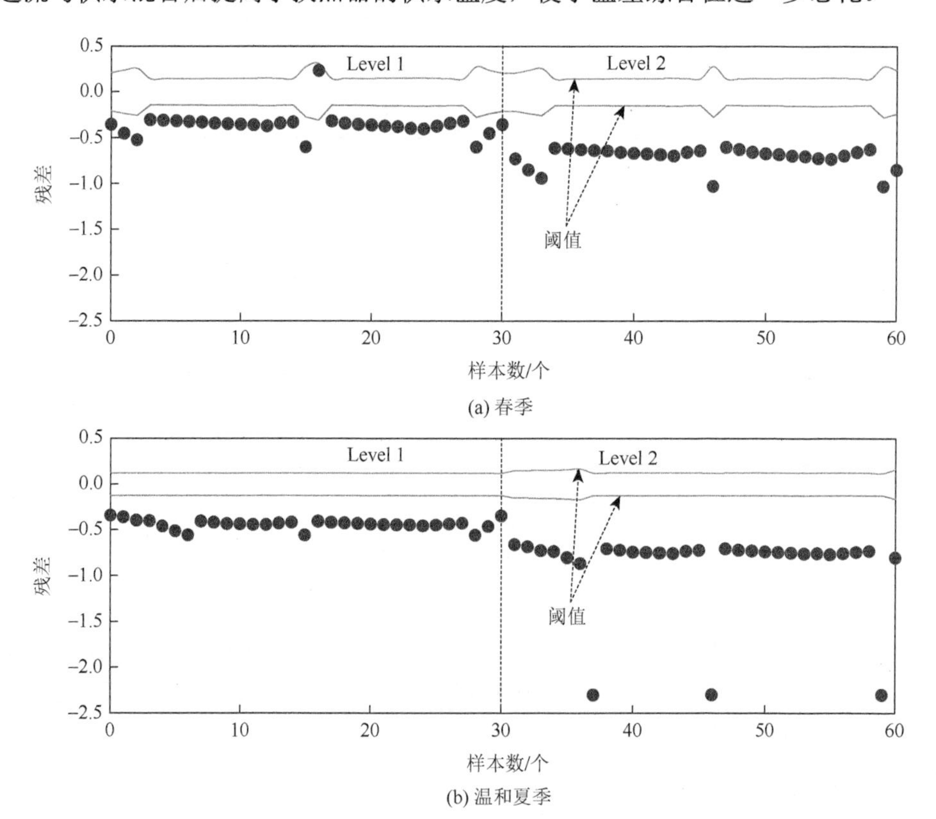

(a) 春季

(b) 温和夏季

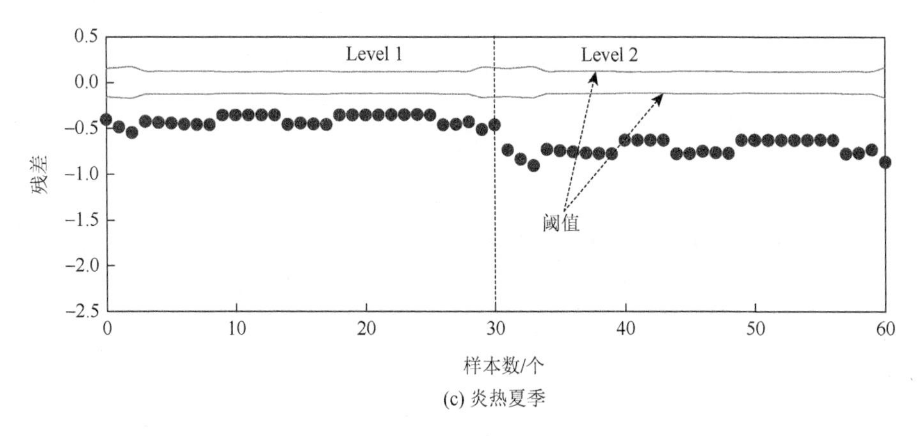

(c) 炎热夏季

图 4.8　板式换热器组群一次侧总体温差的残差与阈值

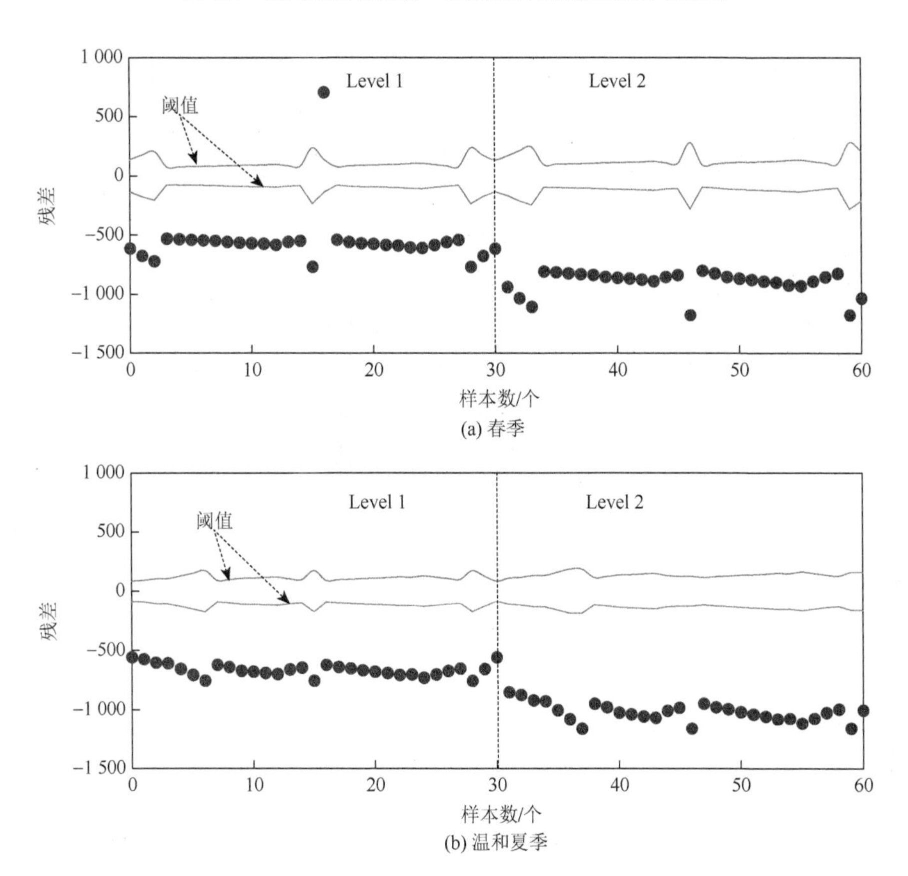

(a) 春季

(b) 温和夏季

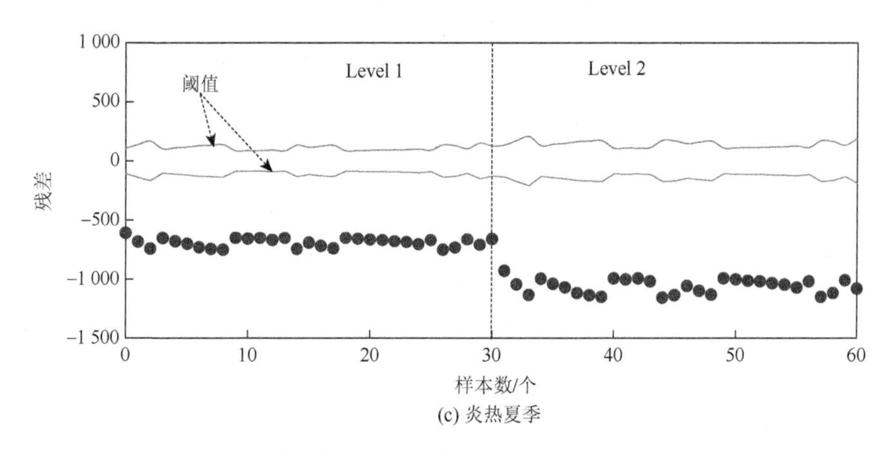

(c) 炎热夏季

图 4.9 板式换热器组群总体 KA 值的残差与阈值

诊断测试结果表明，所选择的两个性能指标：一次侧总体供回水温差（$\Delta t_{w,\,bhx}$）和总体 KA 值（KA_{HX}），能够有效诊断换热器组群一次侧小温差综合征。应该指出，当这两个指标同时被诊断出处于故障状态时，可以认为换热器组群一次侧发生了小温差综合征，但是并不能认为小温差综合征是完全由板式换热器盘管结垢导致的换热性能退化所引起的，这只是原因之一。

3）诊断效果评价

诊断率是用来评价诊断效果的指标，定义为在故障情况下成功诊断出来的采样数占总采样数的比例。表 4.3 给出了风柜组群和换热器组群在不同季节工况下、不同故障严重程度下各性能指标的诊断率。可以发现，在大部分工况下，诊断率基本达到了 100%，这也证明了该诊断方法的有效性。

表 4.3 各性能指标的诊断率 （单位：%）

故障	性能指标	春季诊断率		温和夏季诊断率		炎热夏季诊断率	
		Level 1	Level 2	Level 1	Level 2	Level 1	Level 2
末端风柜组群盘管结垢导致换热性能退化	$\Delta t_{w,\,AHUs}$	100	100	100	100	100	100
	KA_{AHUs}	100	100	100	96.8	100	96.8
板式换热器组群盘管结垢导致换热性能退化	$\Delta t_{w,\,bhx}$	96.8	100	100	100	100	100
	KA_{HX}	100	100	100	100	100	100

同时，利用式（4.15）计算各性能指标的实际偏离度，可以在考虑测量误差和模型拟合误差的情况下定量评估性能指标偏离正常状态的程度。图 4.10 和图 4.11 以温和夏季工况作为例子给出了末端风柜组群和板式换热器组群各性能指标的偏离度变化情况。对小温差综合征而言，$\Delta t_{w,\,AHUs}$ 和 $\Delta t_{w,\,bhx}$ 的偏离度更加精确地反映了末端风柜组群和板式换热器组群系统温差偏离合理正常状态的程度。

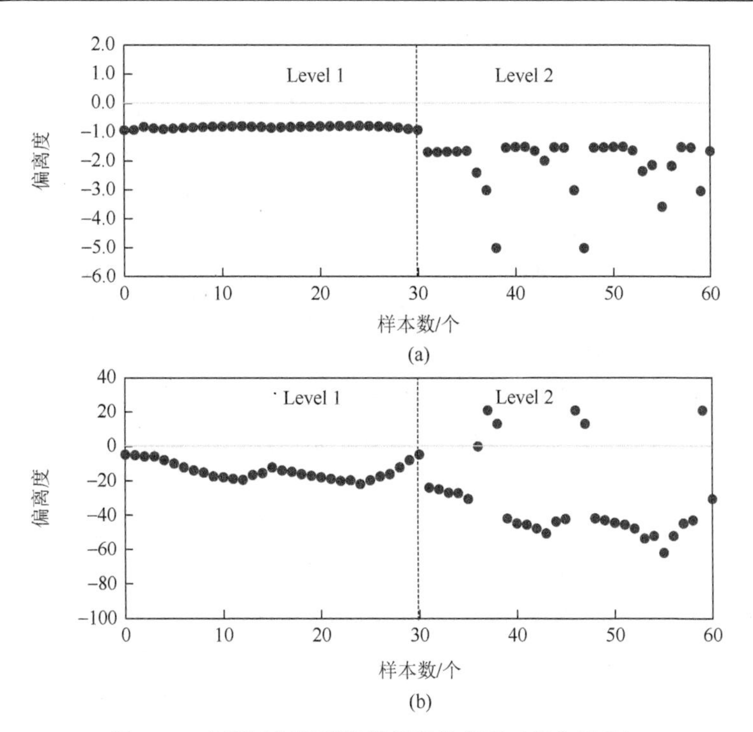

图 4.10　末端风柜组群性能指标偏离度（温和夏季）

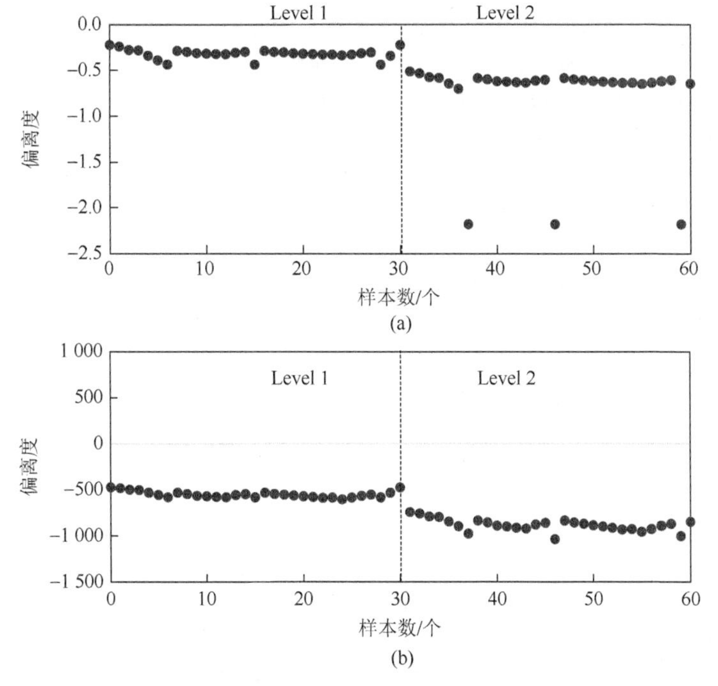

图 4.11　板式换热器组群性能指标偏离度（温和夏季）

4.4 本章小结

在中央空调系统的实际运行过程中，小温差综合征是长期以来困扰整个暖通行业的顽疾，对输配系统运行的稳定性和节能性有较大影响。本章从实际运行的视角出发，提出了复杂中央空调系统小温差综合征故障精确诊断方法。

与传统诊断方法的诊断对象为单个末端设备不同的是，该方法以多个末端组群为诊断对象，并且充分考虑了实际运行过程中两类误差对诊断结果的影响：运行数据采集过程中传感器测量误差、模型拟合过程中的拟合误差。该方法选取竖向分区复杂冷冻水系统为研究案例，对板式换热器一次侧和二次侧水系统的系统温差进行了故障建模，在 TRNSYS 搭建的仿真平台进行了多工况和不同故障等级的联合试验和验证。验证结果表明，该方法针对盘管结垢所带来的末端风柜组群和板式换热器组群换热性能下降而导致的小温差综合征有很高的诊断率。同时，因为引入了自适应阈值模型，该方法能够对运行过程中系统温差偏离正常值的程度进行在线定量化评估。

参考文献

DURKIN T H，2005. Evolving design of chiller plants[J]. ASHRAE Journal，47（11）：40-50.

GAO D C，WANG S W，SUN Y J，et al.，2012. Diagnosis of the low temperature difference syndrome in the chilled water system of a super high-rise building：a case study[J]. Applied Energy，98：597-606.

INGIMUNDARDÓTTIR H，LALOT S，2011. Detection of fouling in a cross-flow heat exchanger using wavelets[J]. Heat Transfer Engineering，32（3-4）：349-357.

JONSSON G R，LALOT S，PALSSON O P，et al.，2007. Use of extended kalman filtering in detecting fouling in heat exchangers[J]. International Journal of Heat and Mass Transfer，50（13-14）：2643-2655.

MA Z J，WANG S W，2009. An optimal control strategy for complex building central chilled water systems for practical and real-time applications[J]. Building and Environment，44（6）：1188-1198.

MA Z J，WANG S W，2011. Supervisory and optimal control of central chiller plants using simplified adaptive models and genetic algorithm[J]. Applied Energy，88（1）：198-211.

MCQUAY，2002. Chiller plant design：application guide AG 31-003-1[Z/OL]. McQuay International. http://www.olympicinternational.com/download.php?file = AG_31-003-1-chiller-plant-design. pdf.

TAYLOR S T，2002. Degrading chilled water plant delta-T：causes and mitigation[J]. ASHRAE Transactions，108（1）：641-653.

VERONICA D A，2010a. Detecting cooling coil fouling automatically：Part 1：A novel concept[J]. HVAC&R Research，16（4）：413-433.

VERONICA D A，2010b. Detecting cooling coil fouling automatically：Part 2：Results using a multilayer perceptron[J]. HVAC&R Research，16（5）：599-615.

WANG S W，1998. Dynamic simulation of a building central chilling system and evaluation of EMCS on-line control strategies[J]. Building and Environment，33（1）：1-20.

第五章　基于SVR预测的小温差综合征能耗影响精确评估方法

在高层建筑中央空调二级泵系统的实际运行中，当用户侧供、回水干管实测温差显著小于合理值时，称为“小温差综合征”。当发生小温差综合征时，伴随着系统温差降低的另外一个显著的特征是：用户侧环路中的冷冻水流量显著增加，导致二级泵能耗的极大浪费，降低了整个空调系统的能效。当小温差情况比较严重时，用户侧环路（二级环路）中水流量将大于冷机侧环路（一级环路）的水流量，导致过多的用户侧回水沿盈亏管逆流并与冷冻水供水混合，使供水温度升高；而升温的供水反过来又会进一步导致用户侧环路需要更多的水量。这一持续循环恶化过程有点像核物理的链式反应：核反应产物之一又引起同类核反应继续发生，并逐代延续进行下去。

鉴于小温差综合征给冷冻水系统带来了显著的能耗影响，因此随之而来的问题是：当发生小温差综合征时，如何定量评估由此带来的对水泵能耗的影响？对能耗影响的定量评估有助于决策者决定是否采取措施及何时采取措施来对相关故障进行修正。

在工程实践中，常用来评估小温差综合征能耗影响的方法（Avery，1998；Taylor，2002）是：简单地将当前小温差工况下的水泵能耗与历史相似冷负荷工况下的能耗数据进行比较，二者的差值即当作能耗的影响净值。此方法在实际应用中足够简便，但缺乏足够的精度。主要原因是，中央空调系统是一个典型的非线性系统，所需要的冷冻水流量与所需满足的冷负荷曲线并非呈线性比例关系。在无故障情况下，即使两天的冷负荷曲线相似，二级泵所消耗的能耗也可能显著不同。特别是包含多个风柜末端的冷冻水系统，当系统总冷负荷一定而仅仅改变单个风柜末端的负荷率，系统正常运行所需的冷冻水流量也会出现较大变化，进而水泵的能耗也不同。因此，仅仅比较相似系统冷负荷工况下的水泵能耗，不足以精确地评估小温差所带来的水泵能耗损失。

本章提供一种定量评估模型，用于精确评估小温差综合征对系统二级泵能耗的影响程度。该评估方法基于测量数据，可以预测小温差发生时二级泵所应该消耗电量的正常基准值，通过比较实测水泵能耗，可以得出当前水泵因小温差综合征所消耗的过多电量。此处的水泵能耗正常基准值是指：在当前冷负荷工况下，没有小温差综合征发生时，冷冻水二级泵所应该消耗的电量。

本方法的特点主要体现在以下三个方面：

①当小温差综合征发生时，本方法可以随着系统冷负荷的变化实时定量评估由此所带来的二级泵的能耗损失；

②采用机器学习中的支持向量机（support vector machine，SVM）方法，用以提高系统冷冻水流量预测模型的预测精度，特别是考虑了大量末端个体随时间不断变化的负荷率（即末端个体当前冷负荷与额定负荷之比）这一重要影响因素；

③采用了自适应方法来实时更新压差预测模型的参数，用以提高对输配管网压差和水泵扬程的预测精度。

本方法基于一座真实超高层商业建筑的空调系统所搭建的仿真平台进行建模和验证。本方法不仅可以用于在线监测，也可以离线应用。本方法的直接用途是可以基于实测数据给出精确的小温差综合征所引起的水泵能耗损失，为是否对系统进行更新改造提供决策依据。

5.1　基于模型的小温差综合征能耗影响精确评估模型

本评估模型以香港某超高层建筑为案例，利用动态系统模拟软件 TRNSYS 建立全尺寸仿真平台。该案例建筑高约 490 m，建筑面积约 321 000 m^2，包括 4 层地下室、6 层裙房和 98 层塔楼。中央空调系统采用 6 台定速离心式冷机组，每台冷机组的额定制冷量和功率分别为 7 230 kW 和 1 270 kW。冷机组的冷冻水供水和回水温度分别为 5.5℃和 10.5℃。一级环路中，每台冷机组配备一台定速冷冻水泵。二级环路中，二级冷冻水系统分为 4 个区域，其中Ⅱ区直接连接末端用户；Ⅰ区、Ⅲ区和Ⅳ区则通过板式换热器进行竖向分区，以避免冷冻水管道和终端设备承受极高的静压。

选择Ⅲ区水系统作为方法应用的实施对象，该子系统是一个包含板式换热器的典型多级泵系统。Ⅲ区水系统的简化示意图见图 4.1。在板式换热器一次侧，二级泵（变速）（SCHWP-06-06～08）将冷冻水从冷机输送到板式换热器；板式换热器二次侧是一个次级的二级泵系统，每个换热器与一级泵（定速）联动，以确保每个换热器的二次侧流量恒定，而二级泵（变速）（SCHWP-42-01～03）则将板式换热器二次侧的出水输送到末端用户。

5.1.1　冷却盘管基本性能分析

所研究的冷冻水系统二级环路中包含板式换热器，以板式换热器为界分为换热器一次侧回路和换热器二次侧回路。因此，有两个关键的冷冻水子系统温差需要关注：换热器一次侧回路温差和换热器二次侧回路温差。

当小温差综合征发生在换热器一次侧时，意味着 Δt_1 小于正常基准值，相应的通过水泵（SCHWP-06-06～08）的水量也超过了正常基准值，水泵的能耗也增加了。当 Δt_1 极度小于正常值时，换热器一次侧水流量将大幅度增加，从而换热器一次侧水流量将大于冷机侧环路的水流量，触发了盈亏管中的水出现逆向流动（即由回水侧流向供水侧）。逆向流动的回水与供水相混合，致使干管供水温度升高。对于板式换热器一次侧而言，满足同样的换热量，过高的供水温度将使需要的水量进一步增加，这又进一步恶化了盈亏管内的逆向流动。这就形成了一个恶性循环。同样，对于板式换热器二次侧而言，小温差综合征发生时，Δt_2 将小于正常基准值，板式换热器二次侧通往末端风柜的水流量将大幅增加，相应水泵（SCHWP-42-01～03）的能耗也显著增加。

基于仿真平台的研究发现，盘管典型故障（如盘管内部结垢）将大幅降低单个风柜盘管的传热性能，降低单个盘管的进出水温差。研究所用盘管模型具有详细的物理过程描述，能够仿真盘管在不同工况下的动态特性。研究中通过改变盘管结垢的严重程度来观察不同负荷率下盘管水流量及所产生的进出水温差的变化情况。在不同进风量工况下（即不同负荷率），盘管进水温度、进风温度、进风含湿量都保持不变；通过调节盘管水流量使盘管出风温度保持在预定设定值。图 5.1 给出了在水侧结垢故障下（水侧管道热阻分别增加 20%和 40%）单个冷却盘管各项性能参数的变化情况。冷负荷率指当前换热量与额定换热量之比；水流量比率指当前水流量与额定水流量之比。

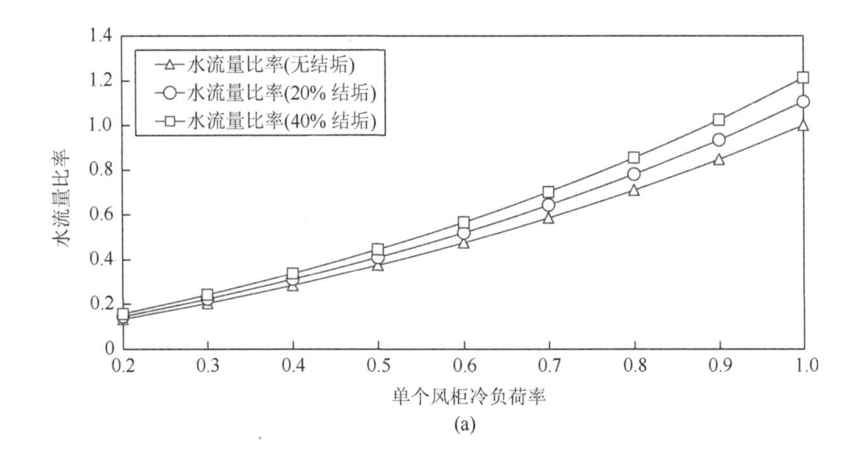

(a)

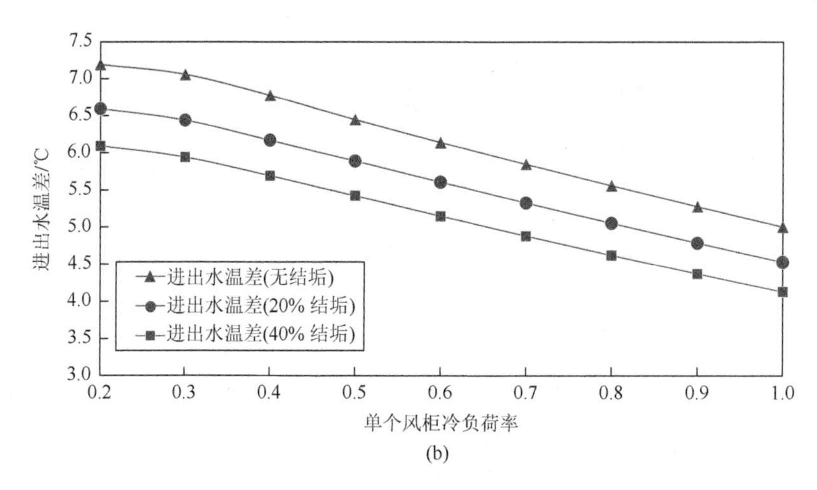

(b)

图 5.1　水侧结垢故障下冷却盘管的性能

由图 5.1 可以看出，在无结垢情况下，单个风柜冷却盘管的进出水温差、水流量比率与冷负荷率并非线性关系。“水流量比率”曲线的斜率随冷负荷率的增加逐渐变小，意味着单位水流量所产出的换热量逐渐减少。而“进出水温差”曲线表明：随着冷负荷率的增加，进出水温差逐渐减小，在额定负荷（负荷率 = 1）下，进出水温差达到设定值 5℃。当管内出现结垢的情况下，“水流量比率”曲线整体上移，“进出水温差”曲线整体下移，意味着实现同样的换热量所需要的冷冻水量增加，而产生的温差减小。并且，随着结垢故障程度的加深，两条曲线整体移动的幅度越来越大。因此，非常有必要对包含大量风柜的冷冻水系统的运行温差进行监测，并及时评估小温差综合征发生时所带来的对水泵能耗的负面影响。

5.1.2　小温差综合征能耗影响精确评估方法概述

根据上述盘管性能分析及管网输配的基本原理，当发生小温差综合征时，系统运行总水量、水泵或板式换热器运行数量、管网压差、水泵能耗等参数都将显著偏离其正常合理水平。同时根据能量守恒定律，在室内热舒适水平基本不变的情况下，即使发生小温差综合征，冷冻水系统所提供的冷量与平时相比并无明显偏离。因此系统瞬时冷负荷是一个相对稳定的参数，在评估小温差综合征所带来的用电损耗时，可以把系统冷负荷作为一个参照标准。本节所提出的方法，其主要技术路线就是以系统冷负荷为参照，通过建立预测模型来预测在不同冷负荷工况下的水泵能耗的合理预测值，通过将小温差工况下水泵测量能耗与相似冷负荷工况下水泵合理预测值相比较，从而获得小温差综合征对水泵能耗的定量化影响。此处，水泵能耗的合理预测值是指，在某定量冷负荷工况下，系统正常运行无小温差发生情况下，水泵所消耗的合理能耗。本方法所要解决的主要问题是：如何根据当前测量总冷负荷及当前各单个末端风柜负荷率，精准预测冷冻水总流量的合理预测值。如图 5.2 所示，所需要的系统测量参数包括温度、水流量、风量、压降、冷负荷和电功率。

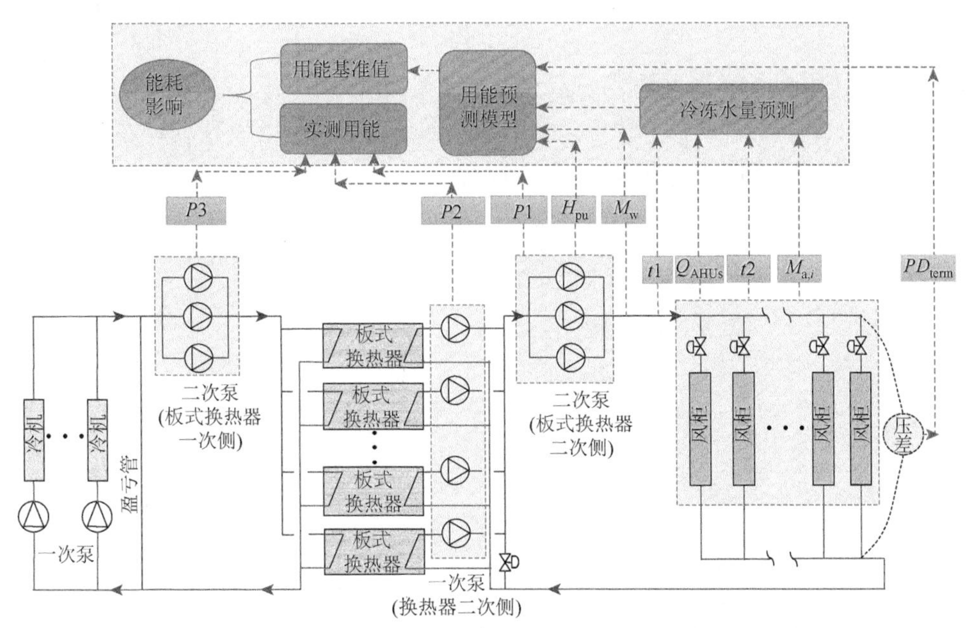

$t1$：换热器二次侧出水温度(末端供水温度)
$t2$：风柜组群平均进风温度
Q_{AHUs}：风柜组群总体冷负荷
$M_{a,i}$：第i个风柜实测风量
PD_{term}：最远端实测压降
H_{pu}：板式换热器二次侧二次泵实测扬程
M_w：实测冷冻水干管流量(换热器二次侧末端总流量)
$P1$：实测二次泵电功率(换热器二次侧)
$P2$：实测一次泵电功率(换热器二次侧)
$P3$：实测二次泵电功率(换热器一次侧)

图 5.2　小温差综合征能耗影响精确评估方法及所需的测量参数

如图 5.3 所示，本方法主要包括 4 个主要模块。

①实测数据处理模块。对来自空调系统的实测数据首先进行预处理，去除异常数据和偶然误差。

②冷冻水流量预测模块。基于当前实测系统冷负荷（Q_{zone}）和室内温度（$t_{a,\ indoor}$），利用开发的风柜组群聚合模型预测换热器二次侧所需的冷冻水总流量的合理基准值（$M^*_{w,AHUs}$）；利用板式换热器换热模型，可以进一步预测出换热器一次侧所需要的冷冻水流量的基准值（$M^*_{w,tot,bhx}$）；通过换热器运行时序预测，可以获得所需要的换热器运行数量（N_{hx}）。

③能耗预测模块。利用所开发的管网水力模型分别预测板式换热器一次侧/二次侧环路的压降（$PD^*_{tot,bhx}$ 和 $PD^*_{tot,ahx}$）及一次侧/二次侧水泵的运行数量

（$N_{pu, sec, bhx}$或$N_{pu, sec, ahx}$）；利用水泵能耗模型预测各组水泵的能耗：换热器一次侧变速水泵能耗（$P^*_{pu,sec,bhx}$）、换热器二次侧定速水泵能耗（$P^*_{pu,pri,ahx}$）、换热器二次侧变速水泵能耗（$P^*_{pu,sec,ahx}$），通过求和获得水泵总能耗的基准值（$P^*_{pu,tot}$）。

④能耗影响评估模块。通过比较当前实测水泵总能耗（$P_{pu, tot, mes}$）与所预测的水泵能耗的基准值（$P^*_{pu,tot}$），可以最终确定小温差综合征所导致的水泵能耗影响（$\Delta P_{pu, tot}$）。

本方法所涉及的预测模型：基于SVR预测的风柜组群聚合模型、自适应管网水力模型、板式换热器换热模型、水泵能耗模型，以及换热器和水泵运行数量的预测和方法的应用流程，详见后续介绍。

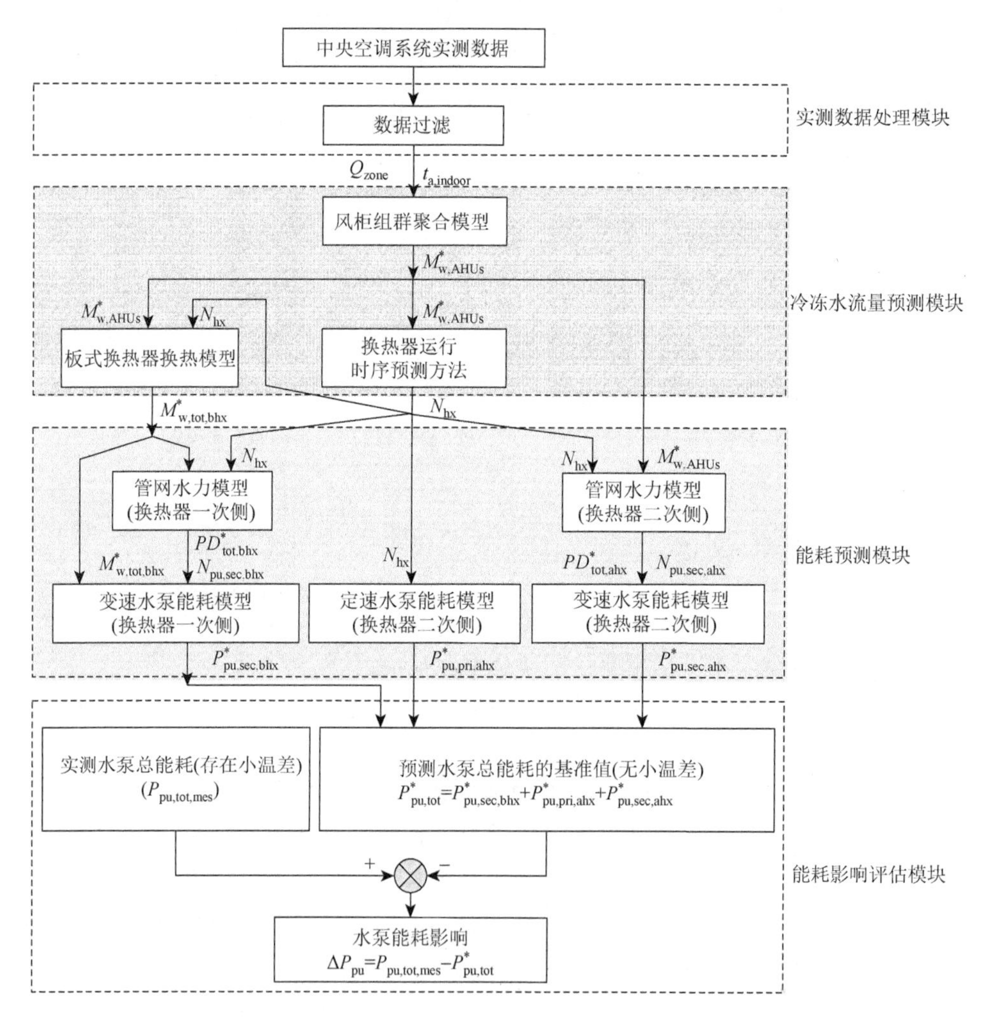

图5.3　小温差综合征能耗影响精确评估方法框架

5.1.3　预测模型

1. 基于 SVR 预测的风柜组群聚合模型

本能耗影响精确评估方法中利用风柜组群聚合模型预测在定量冷负荷工况下风柜组群所需的冷冻水总流量。本案例的中央空调风系统采用变风量（VAV）系统。对每一台风柜，通过自动调节水阀开度以调节冷冻水流量，使送风温度维持在预定设定值。单台风柜冷却盘管冷冻水流量与风柜冷负荷、进水温度及进风温度高度相关。然而，对包含多个风柜的系统而言，系统总冷冻水流量的预测要复杂很多，因为多风柜的系统水流量不仅取决于系统冷负荷、进水温度及进风温度，而且受各台风柜实际负荷率（即实际负荷除以额定负荷）的影响较大。这意味着当各单体风柜的负荷率发生变化时，即使整个系统的总冷负荷相同，系统所需的总冷冻水流量也可能有较大差别。

比如，通过仿真平台研究一个由两台风柜（AHU-1 和 AHU-2）组成的系统，观察当两个风柜的单体负荷率分别取不同值时系统总冷冻水流量的变化情况。模拟算例中，风柜的进风温度、进风湿度、进水温度均保持不变，系统总负荷也保持恒定（50%），仅改变单体风柜的负荷率。当风柜处于不同负荷率时，调节所需的水量使出风温度维持在固定设定值。研究结果详见表 5.1，共有 5 个算例（Case#1～Case#5），其中 Case#1（AHU-1 和 AHU-2 都为 50%负荷率）作为比较的参考标准。研究结果表明，在 Case#1 中，两台风柜都为 50%负荷率时，系统总流量为 10.58kg/s；在 Case#5 中，当 AHU-1 为 10%而 AHU-2 为 90%时，系统的总水量为 12.92kg/s，与 Case#1 相比偏差达到 22.1%。这说明，对于系统总水量而言，单体风柜的负荷率是一个较敏感的影响因素。

表 5.1　末端风柜组群内不同单体负荷率对系统总水量的影响

算例	风柜 AHU-1		风柜 AHU-2		系统		系统总水量的偏差（与 Case#1 相比）/%
	单台设备水流量/($kg \cdot s^{-1}$)	单台设备的负荷率/%	单台设备水流量/($kg \cdot s^{-1}$)	单台设备的负荷率/%	系统总水流量/($kg \cdot s^{-1}$)	系统总负荷率/%	
Case#1（参考标准）	5.29	50	5.29	50	10.58	50	—
Case#2	4.01	40	6.71	60	10.72	50	1.3
Case#3	2.88	30	8.26	70	11.14	50	5.3
Case#4	1.89	20	9.98	80	11.86	50	12.1
Case#5	1.03	10	11.89	90	12.92	50	22.1

现有文献中，在研究风柜组群总体性能时并没有考虑单台风柜负荷率的变化

所带来的影响（Ma，2009，2011）。本节将单台风柜负荷率（即 $\text{Rat}_1, \cdots, \text{Rat}_n$）作为重要指标纳入模型的搭建，多风柜系统冷冻水总水流量（$M^*_{\text{w, AHUs}}$）可由式（5.1）表示。实际应用中，测量单台风柜负荷率较好的方法是每台风柜安装冷量计进行实时测量。然而，由于冷量计成本较高，目前大多数项目中并没有实际安装。因此，本节提出近似估计的方法，利用对风柜风量的测量来近似估计负荷率[实测风量（M_{a}）除以额定风量（$M_{\text{a, des}}$）]，如式（5.2）所示。通过像毕托管这样的简单测量仪器可以较容易地测量空气流量。

$$M^*_{\text{w,AHUs}} = f(Q_{\text{AHUs}}, t_{\text{w,in,AHUs}}, t_{\text{a,in,AHUs}}, \text{Rat}_1, \cdots, \text{Rat}_n) \tag{5.1}$$

$$\text{Rat}_i = M_{\text{a},i} / M_{\text{a,des},i} \tag{5.2}$$

其中，Q_{AHUs} 为风柜组群总体冷负荷，$t_{\text{w, in, AHUs}}$ 为进水温度，$t_{\text{a, in, AHUs}}$ 为风柜组群平均进风温度，Rat_i 为单个风柜的负荷率，n 为风柜的数量，M_{a} 是测量的单个风柜的风量，下标 i 指第 i 个风柜。

鉴于风柜组群总水量与相关影响因素之间存在显著的非线性关系，为了实现式(5.1)所描述的定量关系，本节采用了机器学习中的支持向量回归(support vector regression，SVR）方法。该方法是一种基于统计学习理论的结构风险最小化的机器学习算法。SVR 方法的基本思想是通过引入核函数，通过非线性映射将输入空间映射到高维特征空间，而在这个高维特征空间内可以较容易实施线性回归。以其在有限样本学习中的优异性能、良好的泛化能力等突出优点，在建筑科学领域得到了广泛的应用（Vapnik，1998，2000；Xi et al.，2007；Che et al.，2012；Yang et al.，2013；Jain et al.，2014）。

给定一组成对训练集$(\boldsymbol{x}_i, \boldsymbol{y}_i)$, $i = 1, 2, \cdots, n$，其中向量 $\boldsymbol{x}_i$ 为输入向量 $\boldsymbol{x}$ 的第 i 个样本，$\boldsymbol{y}_i$ 为 $\boldsymbol{x}_i$ 对应的第 i 个目标值，n 为样本个数。首先，定义一个如式（5.3）所示的非线性映射 Φ，将输入向量 $\boldsymbol{x}$ 映射到一个高维特征空间。在此特征空间中，SVR 的目标是找到一个线性函数 $f(z)$，使计算的目标值与实际值的偏差处于预定义的误差范围内。

$$\Phi : \boldsymbol{z} = \varphi(x) \tag{5.3}$$

$$f(z) = \omega^{\text{T}} \boldsymbol{z} + b \tag{5.4}$$

$$\min \frac{1}{2}\omega^{\text{T}}\omega + C\sum_{i=1}^{n}(\xi_i + \xi_i^*) \tag{5.5}$$

$$\text{约束条件}\begin{cases} y_i - (\omega^{\text{T}}\boldsymbol{z} + b) \leqslant \varepsilon + \xi_i, \\ (\omega^{\text{T}}\boldsymbol{z} + b) - y_i \leqslant \varepsilon + \xi_i^*, \\ \xi_i, \xi_i^* \geqslant 0 \end{cases} \tag{5.6}$$

其中，$\boldsymbol{x}$ 是输入向量；$\boldsymbol{z}$ 是映射向量；ω 和 b 是待定系数；ε 是公差的最大值；ξ_i

和 ξ^*_i 分别是低于和高于 ε 时的训练误差；$C>0$ 是式（5.5）中误差项的惩罚参数。

在本节中，SVR 是利用 MATLAB 中的 LibSVM 工具箱搭建的。LibSVM（Chang et al.，2011）是一个支持向量机库，旨在将 SVM 或 SVR 作为一种方便的工具加以推广。它集成了 C-SVM 分类、nu-SVM 分类、单分类 SVM、epsilon-SVM 回归和 nu-SVM 回归。本节中使用 LibSVM 工具箱的步骤如下。首先，选取 70 个包含式（5.1）中变量的样本，将其转化为 LibSVM 训练的输入数据集。之后，对不同核函数进行尝试，并对相关参数进行优化；选用具有最佳预测结果的核函数及相关联的优化参数。最后，测试 SVR 模型，并作为在线预测模块集成到测试平台中。值得注意的是，由于支持向量机所固有的黑箱特性，风柜组群聚合模型[即式（5.1）]的具体表达将无法具体展现。

2. 自适应管网水力模型

本书所建立的管网水力模型是用来实现对换热器一次侧和二次侧输配管网压降基准值的精确预测。根据输配管网的基本理论，管网压降的计算需要已知管网流量和管网的阻抗。换热器二次侧管网的流量可以利用“风柜组群聚合模型”预测获得；换热器一次侧管网的流量可以利用后续的“换热器换热模型”预测获得。管网阻抗的预测要复杂一些，涉及的影响因素较多，特别是末端风柜的电动调节阀开度随时间和工况不断变化。本书引入了“自适应”的思想，在线应用时自动调节模型参数，以获得较好地吻合当前工况的管网阻抗。

如图 5.4 所示，以板式换热器二次侧管路为例来建立预测模型。整个管网是同程式，选择经过远端最不利支路的管路来建立模型，如式（5.7）所示，管网总

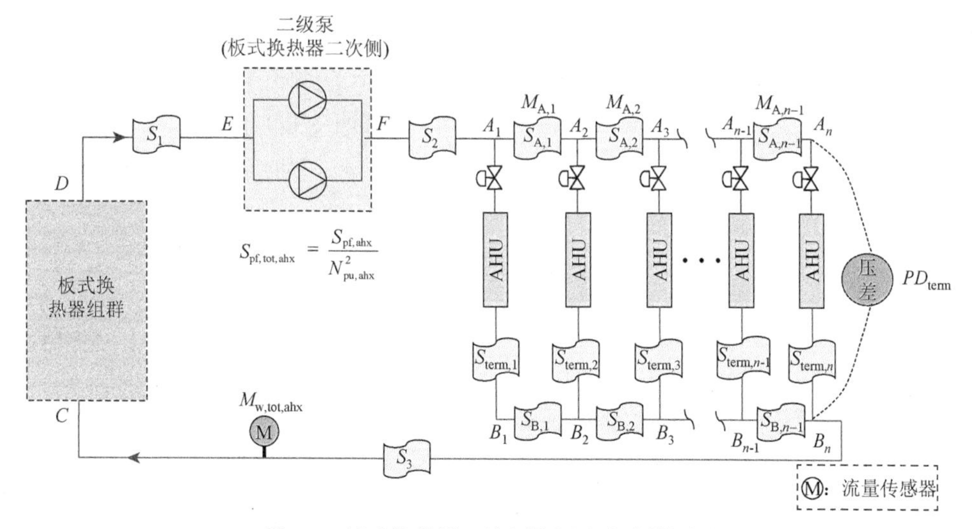

图 5.4　板式换热器二次侧管网水力建模图示

压降基准值（$PD^*_{tot,ahx}$）包括：水泵附件压降基准值（$PD^*_{pf,tot,ahx}$，即点 E 和 F 之间）、管路压降基准值（$PD^*_{pipe,tot,ahx}$，即管段 D～E、F～A_1、A_1～A_n 和 B_n～C 之和）、最远端支路压降基准值（PD^*_{term}，即管段 A_n～B_n）。板式换热器组群的压损由换热器二次侧一级泵克服，因此不被包括在这个模型中。

①水泵附件压降基准值（$PD^*_{pf,tot,ahx}$，即点 E 和 F 之间的压降）预测：由式（5.8）计算，公式右侧第一项根据单个水泵附件阻抗（$S_{pf,ahx}$）和水泵运行数量（$N_{pu,sec,ahx}$）来计算水泵组附件的总体阻抗。$S_{pf,ahx}$ 需要在方法应用前进行参数识别。$S_{pf,ahx}$ 基本可认为是一个常数，通过测量单个水泵前后的压降（即图 5.4 中 E 点和 F 点之间的压降）及其水流量，经计算可确定。

②管路压降基准值（$PD^*_{pipe,tot,ahx}$，即管段 D～E、F～A_1、A_1～A_n 和 B_n～C 压降之和）预测：由公式（5.9）计算，$S^k_{pipe,fic}$ 是一个复合参数代表 k 时刻环路全部管段的总阻抗。在理论上，$S^k_{pipe,fic}$ 可以由式（5.10）直接表示，式（5.10）是由式（5.11）～式（5.13）推导而来。可以观察到，$S^k_{pipe,fic}$ 实际上反映了 k 时刻管网中每一个单体风柜所分配到的流量比[即单个风柜流量（$M^k_{A,i}$）与总流量（$M^k_{w,AHUs}$）之比]。由于一般实际项目中单个风柜很少安装流量计，因此式（5.10）不能直接用来计算。本研究采用间接方法，通过引入自适应的思路，旨在在线持续更新调节此参数，以获得更加准确的预测结果。在 k 时刻，$S^k_{pipe,fic}$ 可以用式（5.14）计算，利用实测水泵扬程（$H^k_{pu,sec,ahx}$）减去水泵附件总压降及最远端支路压降（PD^k_{term}）从而获得管路总压降，根据实测总流量（$M^k_{w,AHUs}$）可以逆向计算出管路的总阻抗。总流量（$M^k_{w,AHUs}$）可以通过管路流量计获得。最远端支路压降（PD^k_{term}）可以通过安装相应压差计获得。

$$PD^*_{tot,ahx} = PD^*_{pf,tot,ahx} + PD^*_{pipe,tot,ahx} + PD^*_{term} \tag{5.7}$$

$$PD^*_{pf,tot,ahx} = (S_{pf,ahx} / N^2_{pu,sec,ahx})(M^*_{w,AHUs})^2 \tag{5.8}$$

$$PD^*_{pipe,tot,ahx} = S^k_{pipe,fic}(M^*_{w,AHUs})^2 \tag{5.9}$$

$$S^k_{pipe,fic} = S_1 + S_2 + S_3 + \sum_{i=1}^{n-1} S_{A,i}(M^k_{A,i} / M^k_{w,AHUs})^2 \tag{5.10}$$

$$PD^k_{pipe,tot,ahx} = (S_1 + S_2 + S_3)(M^k_{w,AHUs})^2 + \sum_{i=1}^{n-1} S_{A,i}(M^k_{A,i})^2 \tag{5.11}$$

$$PD^k_{pipe,tot,ahx} = (S_1 + S_2 + S_3)(M^k_{w,AHUs})^2 + \sum_{i=1}^{n-1} S_{A,i}\frac{(M^k_{A,i})^2}{(M^k_{w,AHUs})^2}(M^k_{w,AHUs})^2 \tag{5.12}$$

$$PD^k_{pipe,tot,ahx} = S^k_{pipe,fic}(M^k_{w,AHUs})^2 \tag{5.13}$$

$$S^k_{pipe,fic} = [H^k_{pu,sec,ahx} - S_{pf,ahx}(M^k_{w,AHUs})^2 / N^2_{pu,sec,ahx} - PD^k_{term}] / (M^k_{w,AHUs})^2 \tag{5.14}$$

式中，$S_1, S_2, S_3, S_{A,1} \cdots S_{A,n-1}$ 指相应管段的阻抗。板式换热器一次侧管网的结构可以看作二次侧管网的简化，具体建模省略。

③最远端支路压降基准值（PD^{*}_{term}，即管段 A_n～B_n）预测：研究案例中，变速泵的转速控制策略是变压差控制，持续改变压差设定值以使最远端支路的水阀接近全开。因此，最远端支路的压降基准值（PD^{*}_{term}，即 A_n～B_n之间的压降）在不同工况下是变化的值。根据流体管网理论，最远端支路压降可由式（5.15）计算。然而在实际应用中，绝大部分系统的末端设备没有安装流量计，因此最远端支路的水流量（M_{term}）实际很难获得。通过引入有流量计测量的环路总水流量（$M_{\text{w, AHUs}}$），式（5.15）可改写成式（5.16），其中参数 $S_{\text{term, fic}}$ 可由式（5.17）表示，其意义是以总水流量为基准的虚拟阻抗。式（5.17）依旧无法直接计算，可采用如下的间接方法。在 k 时刻，当前的 $S^{k}_{\text{term,fic}}$ 值可由式（5.18）基于当前实测的最远端支路压降（PD^{k}_{term}）和实测总水流量（$M^{k}_{\text{w,AHUs}}$）计算，则当前时刻的最远端支路压降基准值（PD^{*}_{term}）可通过式（5.19）最终获得。总水流量的基准值（$M^{*}_{\text{w,AHUs}}$）由前述“风柜组群聚合模型”预测（或后述“换热器换热模型”预测换热器一次侧水流量）。

$$PD_{\text{term}} = S_{\text{term}} M^{2}_{\text{term}} \tag{5.15}$$

$$PD_{\text{term}} = S_{\text{term,fic}} M^{2}_{\text{w,AHUs}} \tag{5.16}$$

$$S_{\text{term,fic}} = S_{\text{term}} (M_{\text{term}} / M_{\text{w,AHUs}})^{2} \tag{5.17}$$

$$S^{k}_{\text{term,fic}} = PD^{k}_{\text{term}} / (M^{k}_{\text{w,AHUs}})^{2} \tag{5.18}$$

$$PD^{*}_{\text{term}} = S^{k}_{\text{term,fic}} (M^{*}_{\text{w,AHUs}})^{2} \tag{5.19}$$

3. 板式换热器换热模型

板式换热器模型用于预测换热器一次总总水流量的基准值（$M^{*}_{\text{w,tot,bhx}}$）。该模型的输入数据为实测的总冷负荷（Q_{AHUs}）、末端风柜组群的总水流量基准值（$M^{*}_{\text{w,AHUs}}$）、换热器所需运行数量（N_{hx}）及换热器一次侧进水温度（$t_{\text{in, bhx}}$）。值得注意的是，使用的输入数据 $t_{\text{in, bhx}}$ 是换热器供水温度的设定值而不是测量值。

根据热力学基本原理，采用 ε-NTU 方法建立该模型。利用在许多教科书和手册中常见的式（5.20）～式（5.23），给出了单个换热器一次侧冷冻水流量的预测方法。首先，可以根据式（5.20）计算 KA 值（即传热系数 K 与换热面积 A 的乘积，kW/℃），该公式考虑了换热器两侧水流量变化对换热性能的影响。然后，使用式（5.21）和式（5.22）可以计算传输单元数（NTU）和传热效率（ε）。式（5.23）用来计算冷负荷。通过求解式（5.20）～式（5.23），可以确定单个换热器投入使用时一次侧水流量（$M_{\text{w, bhx}}$）。相应地，使用叠加的方法可以求出全部运行板式换热器一次侧总水流量的基准值（$M^{*}_{\text{w,tot,bhx}}$）。

$$KA = KA_{\text{des}} (M_{\text{w,bhx}})^{b_0} (M_{\text{w,ahx}})^{b_1} \tag{5.20}$$

$$\mathrm{NTU}=\frac{KA}{C_{\min}} \tag{5.21}$$

$$\varepsilon=\frac{1-\exp\left[-\mathrm{NTU}\left(1-\dfrac{C_{\min}}{C_{\max}}\right)\right]}{1-\dfrac{C_{\min}}{C_{\max}}\exp\left[-\mathrm{NTU}\left(1-\dfrac{C_{\min}}{C_{\max}}\right)\right]} \tag{5.22}$$

$$Q_{\mathrm{AHUs}}=\varepsilon\cdot C_{\min}(t_{\mathrm{in,ahx}}-t_{\mathrm{in,bhx}}) \tag{5.23}$$

$$M^{*}_{\mathrm{w,tot,bhx}}=M_{\mathrm{w,bhx}}N_{\mathrm{hx}} \tag{5.24}$$

式中，KA 为传热系数与传热面积的乘积；KA_{des} 为 KA 的设计值；$M_{\mathrm{w,\,bhx}}$ 为单个换热器一次侧水流量；$M_{\mathrm{w,\,ahx}}$ 为单个换热器二次侧水流量；NTU 是传输单元数；ε 是传热效率；$t_{\mathrm{in,\,bhx}}$ 为换热器一次侧进水温度；$t_{\mathrm{in,\,ahx}}$ 为换热器二次侧进水温度；C 为质量流量的热容量；N_{hx} 为板式换热器的运行数量。

4. 水泵能耗模型

在已知水泵总水流量和水泵扬程的情况下可利用水泵能耗模型预测水泵能耗的基准值。在本节中，采用一系列多项式逼近方法对变速泵的性能进行建模，包括扬程与流量、转速的多项式，以及效率与流量、转速的多项式。

式（5.25）将水泵扬程（H_{pu}）表示为水流量（M_{w}）和工作频率（f）的函数。式（5.26）用来计算一组给定泵效率（η_{pu}），电机效率（η_{m}）和可变频率驱动效率（η_{vfd}）的水泵电机变频调速输入功率。水泵、电机和变频器的效率可通过式（5.27）～式（5.29）表示。

$$H_{\mathrm{pu}}=c_0M_{\mathrm{w}}^2+c_1M_{\mathrm{w}}f+c_2f^2 \tag{5.25}$$

$$P_{\mathrm{pu}}=M_{\mathrm{w}}H_{\mathrm{pu}}/(1000\eta_{\mathrm{pu}}\eta_{\mathrm{vfd}}\eta_{\mathrm{m}}) \tag{5.26}$$

$$\eta_{\mathrm{pu}}=d_0+d_1M_{\mathrm{w}}f+d_2M_{\mathrm{w}}^2f^2 \tag{5.27}$$

$$\eta_{\mathrm{m}}=e_0(1-\mathrm{e}^{e_1f}) \tag{5.28}$$

$$\eta_{\mathrm{vfd}}=f_0+f_1f+f_2f^2+f_3f^3 \tag{5.29}$$

5.1.4　换热器、水泵数量预测及方法应用流程

1. 换热器和水泵运行数量的预测

由于换热器和水泵的运行数量都对泵能耗有很大的影响，因此对所需运行数量准确预测至关重要。建立预测方法，根据研究案例的空调系统换热器和水泵的时序控制策略，预测换热器和水泵所需运行数量。

对变速泵，当运行泵的频率超过其额定值的 90%（相当于 45 Hz）时，额外开启一台水泵。当工作泵的频率低于额定容量的 60%（相当于 30 Hz）时，其中一个工作泵被关闭。

换热器所需运行数量根据换热器后二级泵运行数量确定，前者是后者的两倍。换热器二次侧一级定速泵运行数量与换热器的运行数量相同。

2. *方法的应用流程*

详细应用过程说明如下。所需的主要测量参数包括有关分区的冷负荷、室内空气温度、分区总水流量、板式换热器两侧水泵的扬程和最远端支路的供回水压差。

①使用数据预处理对测量值进行校验，剔除不合理值；

②利用风柜组群聚合模型[式（5.1）和式（5.2）]计算分区所需总水流量基准值；

③根据所采用的数量控制策略确定换热器所需运行数量；

④利用换热器模型[式（5.20）～式（5.24）]计算换热器一次侧所需总水流量；

⑤利用管网水力模型分别计算换热器一次侧、二级环路的总水力压降[式（5.7）、式（5.8）、式（5.9）和式（5.14）]；

⑥分别计算三组泵的功率，即换热器一次侧和二次侧的变速泵及与换热器相关联的定速泵[式（5.25）～式（5.29）]；

⑦对比测量水泵总功率与预测的基准值，定量确定对水泵能耗的影响。

5.2　评估方法的验证

5.2.1　测试仿真平台

利用动态系统模拟软件 TRNSYS 建立案例中央空调系统的全尺寸仿真平台，如图 4.1 所示。该系统是一个包含板式换热器的典型多级泵系统。该仿真平台所涉及的中央空调主要设备（如冷机、风柜冷却盘管、板式换热器、水泵、输配管网等）的模型均采用详细的动态物理模型，可以较好地反映空调系统在不同冷负荷率下的动态热过程和能量传递转化过程。

仿真平台中，冷机出水温度为 5.5℃。板式换热器一次侧水泵采用变频控制，确保板式换热器二次侧出水温度维持在设定值（6.3℃）。各末端风柜的阀开度采用反馈控制，通过自动调节使风柜的出风温度维持在设定值（13℃）；风柜的风机采用变频控制以使末端房间的温度维持在设定值（23℃）。模拟采用香港的典型天气数据。

5.2.2 预测模型验证

1. 单个预测模型的准确性验证

在测试平台上针对系统在不同工况下，对所建立的预测模型的准确性分别进行了测试。用测试平台产生的“实测”无故障运行数据对模型进行训练。图 5.5 为测试平台采集的测量值与模型预测值的对比结果。

在验证“风柜组群聚合模型”时，在同一系统总冷负荷工况下，对单个风柜设置不同负荷率进行组合。由图 5.5（a）可以看出，大部分点都处于相对误差为 10%的范围内，尤其是在系统冷负荷率不低于 20%时。当系统冷负荷率低于 20%时，相对误差逐渐增大。这是因为流量变小，管内流动趋向层流，冷却盘管的性能在低负荷率下会发生极度非线性变化。由图 5.5（c）可以看出，板式换热器换热模型的最大相对误差为 6%，且发生在低流速时。由图 5.5（b）和图 5.5（d）可

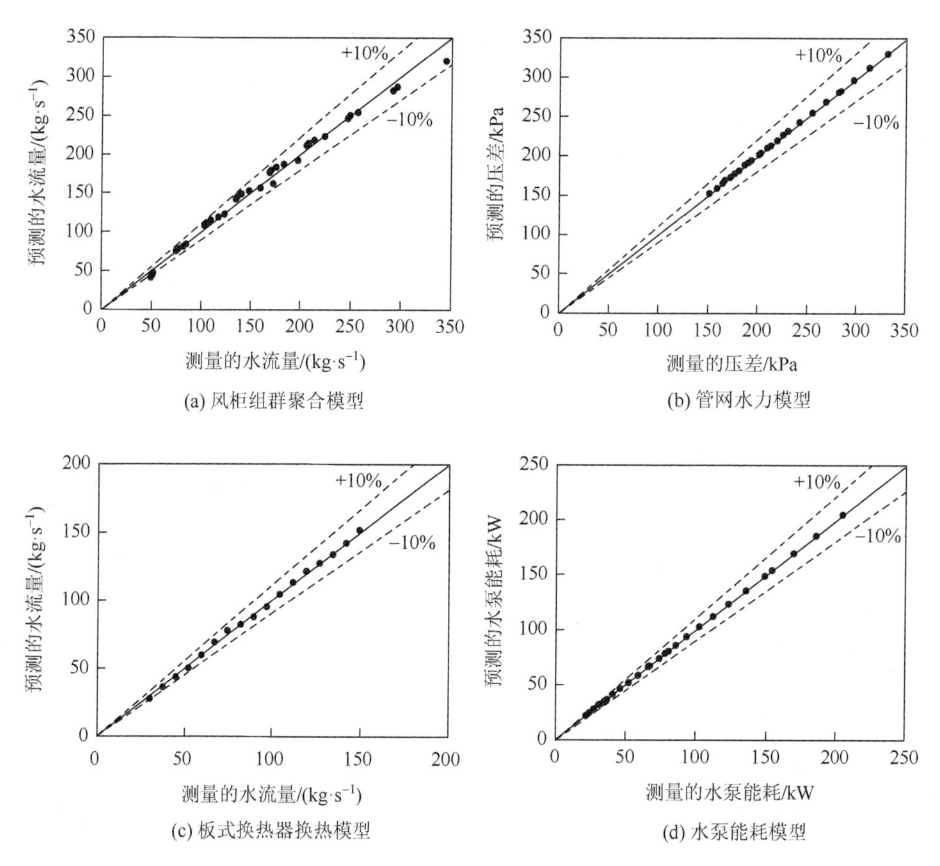

图 5.5 单模型预测准确性验证

以看出，水泵能耗模型和管网水力模型的最大相对误差分别为 2.1%和 1.5%。验证结果表明，所开发的预测模型具有较高的准确度。

2. 评估方法总体准确性验证

小温差综合征能耗影响精确评估方法由上述已建立的预测模型组成，当各个预测模型集成到一起时，对方法的总体预测准确性在仿真平台上进行了三种典型天气条件下的测试，代表空调系统在春季、温和夏季和炎热夏季天气条件下的工况。

在测试过程中，系统中没有故障存在，也没有小温差综合征产生，在正常运行模式下检验评估方法是否能够准确预测不同冷负荷工况下的水泵总能耗。测试过程中各主要控制参数均维持在预设设定值：风柜送风温度 13℃、换热器一次侧进水温度 5.5℃、换热器二次侧供水温度 6.3℃。

如表 5.2 所示，评估方法的预测结果（预测值）与仿真平台“实测”结果（测量值）进行了对比，给出了三种典型冷负荷工况下的结果。可以看出，该方法预测的泵的总电耗与相应工况下的测量值非常接近。最大的相对误差仅为 2.74%左右。同时，该方法预测的泵和换热器的运行数量与试验结果一致。

表 5.2　评估方法的预测结果与“实测”结果的比较

测量项	工况					
	春季		温和夏季		炎热夏季	
冷负荷/MW·h	4 646.48		7 350.88		10 149.52	
冷机运行数量/台	1		2		2	
冷机出水温度/℃	5.50		5.50		5.50	
	结果比较					
	预测结果	“实测”结果	预测结果	“实测”结果	预测结果	“实测”结果
总水量/($L·s^{-1}$)	170.89	166.76	301.62	300.76	461.32	465.08
换热器一次侧水泵数量/台	1	1	1	1	2	2
换热器二次侧二级泵数量/台	1	1	2	2	2	2
换热器二次侧一级泵数量/台	2	2	3	3	4	4
换热器数量/台	2	2	3	3	4	4
换热器一次侧水泵电耗/kW	15.6	14.82	61.99	60.79	85.06	88.47
换热器二次侧二级泵电耗/kW	40.48	37.38	83.08	79.55	168.44	172.29
换热器二次侧一级泵电耗/kW	89.40	89.40	134.10	134.10	178.80	178.80
总电耗/kW	145.48	141.60	279.17	274.44	432.30	439.56
偏差*/kW	3.88（2.74%）	—	4.73（1.72%）	—	−7.26（−1.65%）	—

*括号内的百分比指预测结果偏离实测结果的百分比。

5.3 应 用 案 例

通过案例研究，进一步评估本书建立的小温差综合征能耗影响精确评估方法。试验在仿真平台上进行，时长为3d，时间为8:00～18:00，分别在春季、温和夏季和炎热夏季天气条件下进行。三个典型日的冷负荷分布如图4.5所示。

5.3.1 故障引入

在案例应用过程中，人为引入了两种典型故障，即风柜盘管性能退化和板式换热器盘管性能退化，作为导致小温差综合征的典型故障实例。当冷却盘管性能退化时，如盘管结垢，进风与进水之间的传热效果将明显变差。处理相同的冷负荷时需要更多的冷冻水，大大降低了冷冻水流经盘管后所产生的温差。

对风柜，冷却盘管的性能退化通过将水侧热阻在原基础上提高两个数量等级（即水侧热阻力增加 40%和 80%）来实现。对板式换热器，其性能下降通过将换热器的*KA*值降低来实现，分别降低两个数量等级（即*KA*值分别减少20%和30%）。

5.3.2 案例结果分析

图5.6～图5.8分别比较了春季、温和夏季和炎热夏季不同故障水平下的水泵总能耗。以所建立的评估方法预测的能耗基准值作为基准进行比较。当空气处理

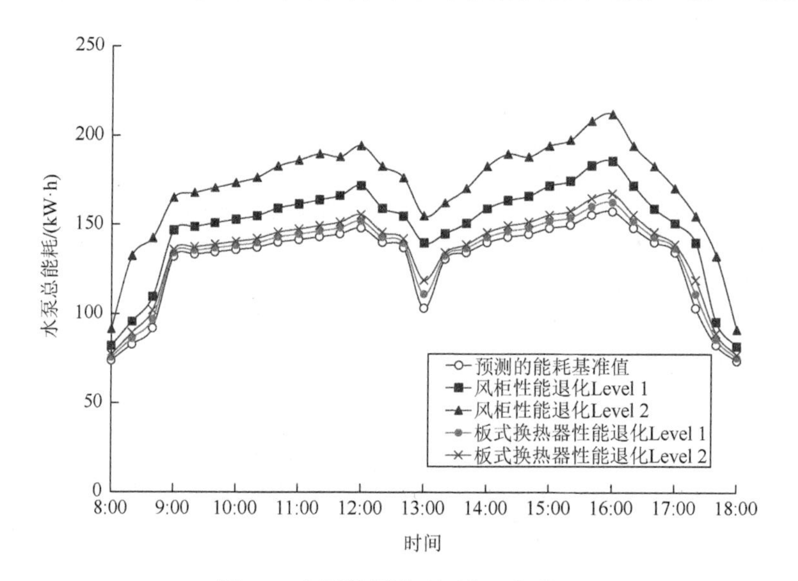

图5.6 水泵能耗影响评估（春季）

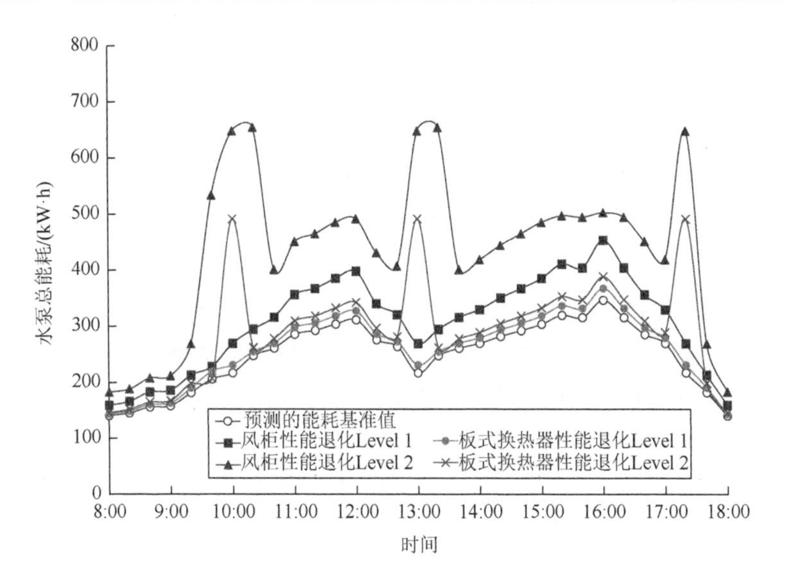

图 5.7　水泵能耗影响评估（温和夏季）

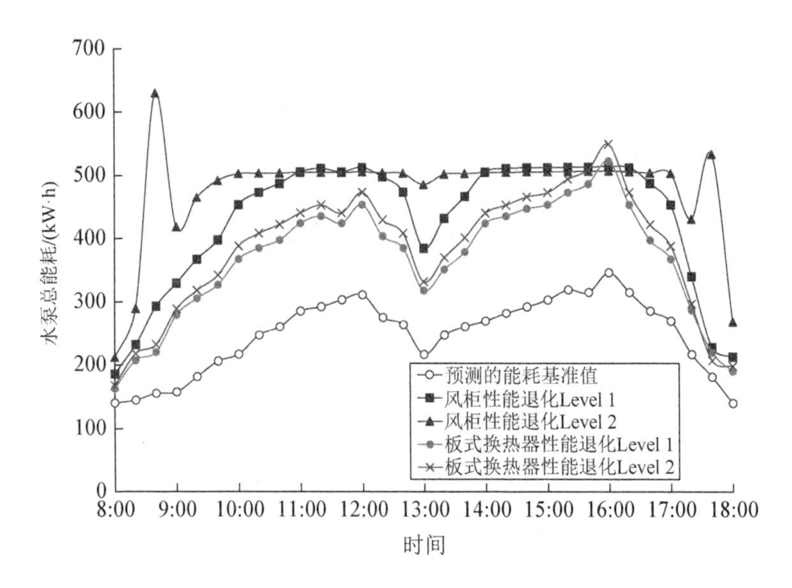

图 5.8　水泵能耗影响评估（炎热夏季）

机组和板式换热器的性能下降时，泵的能耗浪费程度明显严重。当故障严重程度增加时，消耗的能量更多。另外还发现，与“板式换热器性能退化”故障相比，“风柜性能退化”故障对能耗的影响更大。

值得注意的是，在温和夏季和炎热夏季的案例中，出现了几次水泵功率突然增加的情况，如图 5.7 中的 10:00、13:00 和 17:20 附近及图 5.8 中的 8:40 和 17:40

附近。特别是，虽然在温和夏季情况下，13:00 的冷负荷低于其他情况，但泵的能耗却极高。原因是盈亏管内的逆向流动在这些工况点下被触发。逆向流动的发生，表明管网的水量大大超过了实际需求。实际上，即使是在管内结垢造成换热性能严重下降的管网中，盈亏管逆流并非一直发生。只有当二级环路（换热器一次侧）的水流量接近冷机一级环路时，才会触发盈亏管逆流。在这些时刻，由于故障（如盘管结垢）的存在，为了使板式换热器二次侧出水温度维持在设定值，需要额外大量的冷冻水。而增加的冷冻水量又会触发盈亏管逆流，进而提高换热器前的供水温度，从而又反过来阻碍换热器二次侧的出水温度达到设定值。当发生严重的恶性循环时，换热器一次侧的水泵不断加速，与正常工况有很大的偏离。因此，消耗了更多的泵能量。

表 5.3 给出了三个典型日内不同故障等级下泵每天（8:00～18:00）的能量损失情况。泵的最大能量损失发生在温和夏季天气条件下，当风柜性能退化到 Level 2 时。与参考基准相比，大约有 75.22%的水泵总能量被浪费。案例还表明，“换热器性能退化”引起的能耗损失主要来自换热器一次侧的二级泵。而“风柜机组性能退化”引起的能耗损失主要来自换热器二次侧的二级泵，特别是在低故障水平时。

相应地，换热器组群一次侧的系统温差（即 Δt_1）和全部末端风柜机组的系统温差（即 Δt_2）的结果如图 5.9 所示。以温和夏季天气条件为例，说明不同故障下小温差综合征的严重程度。对 Δt_1 而言，与基准值相比，“风柜机组性能退化”和“板式换热器性能退化”使 Δt_1 大幅度减少。有些点的温差比基准低很多，比如接近 10:00、13:00、17:20 的点。这是由于换热器一次侧供水量过多引发了之前讨论过的盈亏管逆流。

对 Δt_2 而言，可以观察到“风柜机组性能退化”导致温差显著降低，因为当盘管结垢时，风柜机组需要更多的水将送风温度保持在相同的设定点。“换热器性能退化”对 Δt_2 几乎没有影响。在大部分时间内，换热器结垢下的温差与基准值保持一致。只有几个点的温差与基准值相差较大，这也是发生在换热器一次侧盈亏管出现逆流时。出现逆流时，风柜的供水温度高于预定义的设定值。因此，风柜机组需要更多的冷冻水，从而降低了风柜机组的温差。

值得注意的是，即使风柜机组盘管结垢或换热器结垢，许多工况点下的系统温差（Δt_1 和 Δt_2）仍保持在 5℃以上。工程应用中，通常以 5℃温差来判断系统是否正常运行，实质上并不十分精确。这是由变水量系统所固有的特性决定的。变水量系统的设计温差（例如，本系统为 5℃）是在系统冷负荷达到额定负荷时所达到的温差，而且随系统冷负荷的降低温差将逐渐增大。即无故障情况下，部分负荷下的系统温差理应明显高于 5℃。而在有故障情况下（比如盘管结垢），系统温差将被降低，但降低幅度不大的情况下仍然有可能高于 5℃。

表 5.3　不同故障水平对典型日水泵能耗影响的评估

工况	故障水平		换热器一次侧水泵能耗 $P_{pu, sec, bhx}$/(kW·h)	换热器二次侧一级泵能耗 $P_{pu, pri, ahx}$/(kW·h)	换热器二次侧二级泵能耗 $P_{pu, sec, ahx}$/(kW·h)	合计/(kW·h)	$P_{pu, sec, bhx}$影响/(kW·h)	$P_{pu, sec, bhx}$影响/%	$P_{pu, pri, ahx}$影响/(kW·h)	$P_{pu, pri, ahx}$影响/%	$P_{pu, sec, ahx}$影响/(kW·h)	$P_{pu, sec, ahx}$影响/%	能耗影响合计/(kW·h)	能耗影响合计/%
春季	预测的能耗基准值		152.58	819.50	363.66	1 335.74	—	—	—	—	—	—	—	—
	风柜性能退化	Level 1	219.34	849.30	471.00	1 539.64	66.76	43.75	29.80	3.64	107.34	29.52	203.9	15.26
		Level 2	292.00	894.00	583.26	1 769.26	139.42	91.38	74.50	9.09	219.60	60.39	433.52	32.46
	板式换热器性能退化	Level 1	187.27	819.50	363.66	1 370.43	34.69	22.74	0	0	0	0	34.69	2.60
		Level 2	220.77	819.50	363.67	1 403.94	68.19	44.69	0	0	0.10	0	68.20	5.11
温和夏季	预测的能耗基准值		449.75	1 221.80	897.80	2 569.35	—	—	—	—	—	—	—	—
	风柜性能退化	Level 1	648.99	1 235.63	1 281.40	3 166.02	199.24	44.30	13.83	1.13	383.60	42.73	596.67	23.22
		Level 2	1 116.01	1 653.90	1 732.01	4 501.92	666.26	148.14	432.10	35.37	834.21	92.92	1 932.57	75.22
	板式换热器性能退化	Level 1	563.45	1 221.80	897.80	2 683.05	113.70	25.28	0	0	0	0	113.70	4.43
		Level 2	839.19	1 266.50	926.04	3 031.73	389.44	86.59	44.70	3.66	28.24	3.15	462.38	18.00
炎热夏季	预测的能耗基准值		747.97	1490.00	1 379.40	3 617.37	—	—	—	—	—	—	—	—
	风柜性能退化	Level 1	970.39	1 624.10	1 849.63	4 444.12	222.42	29.74	134.10	9.00	470.23	34.09	826.75	22.86
		Level 2	1 103.02	1 773.10	2 065.30	4 941.42	355.05	47.47	283.10	19.00	685.90	49.72	1 324.05	36.60
	板式换热器性能退化	Level 1	926.01	1 490.00	1 379.40	3 795.41	178.04	23.80	0	0	0	0	178.04	4.92
		Level 2	1 099.96	1 490.00	1 379.41	3 969.37	351.99	47.06	0	0	0	0	351.99	9.73

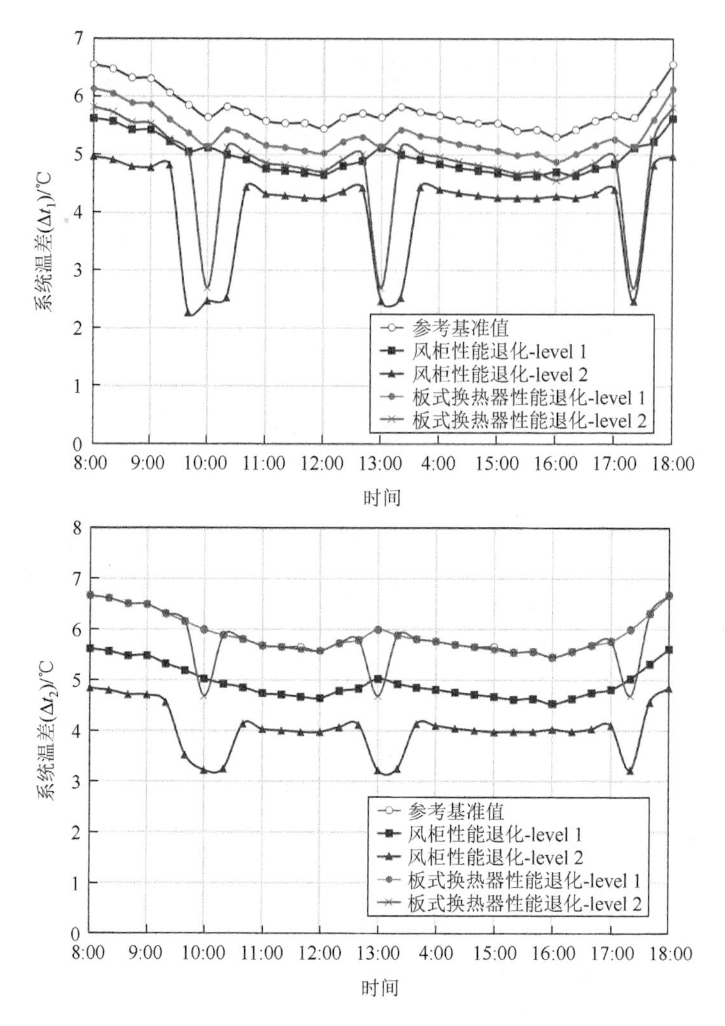

图 5.9　系统温差影响评估（温和夏季）

5.4　本 章 小 结

本章提出了一种用于评估复杂空调系统中小温差综合征对冷冻水泵能耗影响的定量精确评估方法。该方法能够依据当前实测冷负荷及系统运行参数设定值（比如风柜送风温度、冷冻水供水温度等）对输配管网中的冷冻水泵（换热器一次侧变速水泵、换热器二次侧变速水泵等）的合理能耗基准值进行预测。基于预测的能耗基准值，对比当前实测的水泵能耗，即可定量评估小温差综合征对水泵能耗的影响。

评估方法基于一系列预测模型。其中，风柜组群聚合模型采用了机器学习中的支持向量机方法，考虑了单个风柜负荷率的影响，用以提高系统冷冻水流量预测模型的预测精度。管网水力模型采用了模型参数自适应调节，实现了对管网压降和水泵扬程的精准预测。

该方法在一个基于真实的复杂空调系统的动态仿真平台上进行了测试和验证。结果表明，所提出的定量评估方法能够准确地预测不同工况下冷冻水泵能耗的参考基准。因此，当小温差综合征发生时，可以通过将实测泵能耗与参考基准值进行比较来定量确定对泵的能耗影响，具有实用价值。

参 考 文 献

AVERY G，1998. Controlling chillers in variable flow systems[J]. ASHRAE Journal，40（2）：42-45.

CHANG C C，LIN C J，2011. LIBSVM：a library for support vector machines[J]. ACM Trans. Intell. Syst. Technol.，2：27.

CHE J X，WANG J Z，WANG G F，2012. An adaptive fuzzy combination model based on self-organizing map and support vector regression for electric load forecasting[J]. Energy，37：657-664.

JAIN R K，SMITH K M，CULLIGAN P J，et al.，2014. Forecasting energy consumption of multi-family residential buildings using support vector regression：Investigating the impact of temporal and spatial monitoring granularity on performance accuracy[J]. Applied Energy，123：168-178.

MA Z J，WANG S W，2009. An optimal control strategy for complex building central chilled water systems for practical and real-time applications[J]. Building and Environment，44（6）：1188-1198.

MA Z J，WANG S W，2011. Supervisory and optimal control of central chiller plants using simplified adaptive models and genetic algorithm[J]. Applied Energy，88（1）：198-211.

TAYLOR S T，2002. Degrading chilled water plant delta-T：causes and mitigation[J]. ASHRAE Transactions，108（1）：641-653.

VAPNIK V N，1998. Statistical learning theory[M]. New York：Wiley-Interscience.

VAPNIK V N，2000. The nature of statistical learning theory[M]. New York：Springer.

XI X C，POO A N，CHOU S K，2007. Support vector regression model predictive control on a HVAC plant[J]. Control Engineering Practice，15（8）：897-908.

YANG X B，JIN X Q，DU Z M，et al.，2013. A hybrid model based fault detection strategy for air handling unit sensors[J]. Energy and Buildings，57：132-143.

第六章　二级泵冷冻水系统主动容错节能控制策略

二级泵冷冻水系统是当前常采用的冷冻水输配管网的结构形式之一，尤其在高层建筑中应用较广，主要原因是高层建筑冷冻水系统末端支路较多且阻力相差较大。二级泵冷冻水系统的主要特点是：一级泵为定速泵，与冷机组联锁运行，保障蒸发器流量恒定；二级泵变速运行，根据末端用户负荷的变化进行实时变速调节，实现冷冻水流量按需供应，从而达到节能的效果。据统计，二级泵系统的水泵全年电耗可达到冷机全年电耗的30%～50%。

在实际应用中，二级泵冷冻水系统常常出现盈亏管（旁通管）逆流问题，即二级环路用户侧流量过大（即二级环路流量超过一级环路流量），过多的二级环路回水逆向流经盈亏管，并与干管冷冻水供水混合，导致供应给末端用户的水温度升高，并降低二级环路的总体温差（Kirsner，1996，1998；Avery，1998；Waltz，2000）。现有的研究表明，二级泵冷冻水系统普遍存在小温差综合征和盈亏管逆流问题，解决这一问题可以提高冷冻水系统的综合能效。然而，大多数研究都更注重从设计和调试的角度分析这一问题的可能原因和解决方法。实际上，即使空调系统设计合理、调试良好，但由于在运行过程中缺乏有效的水泵变速控制策略，在一些扰动（如负荷骤增）的作用下，传统水泵控制策略（McCormick et al.，2003；Ma et al.，2008，2009）将失去对水泵的有效控制，无法达到水流量按需供应的目的。而且，一旦发生盈亏管逆流问题，将是一个恶性循环的过程，传统二级泵控制策略无法对这一问题进行主动矫正。因此，需要对二级泵的控制策略进行针对性改进。

本章提供一种二级泵主动容错节能控制策略，在发生盈亏管逆流问题时，通过主动感知并矫正、消除盈亏管逆流，可以确保二级泵在合理范围内正常稳定运行。同时将此容错控制策略与水泵节能运行策略有机结合，在提高控制稳健性的基础上实现节能运行。

6.1　二级泵主动容错节能控制策略

6.1.1　主动容错节能控制策略概述

所开发的二级泵主动容错节能控制策略，旨在主动感知并解决盈亏管逆流问题，同时集成水泵节能优化控制。该策略提供了一种基于限流的控制方法，可以避免盈亏管出现逆流，确保盈亏管水流量为正值（负值代表逆流）。如图 6.1 所示，该控制策略包括限流控制器、远端压差设定值重设控制器（*DP*2 设定值重设）、近端压差重设控制器（*DP*1 设定值重设）和水泵转速控制器。

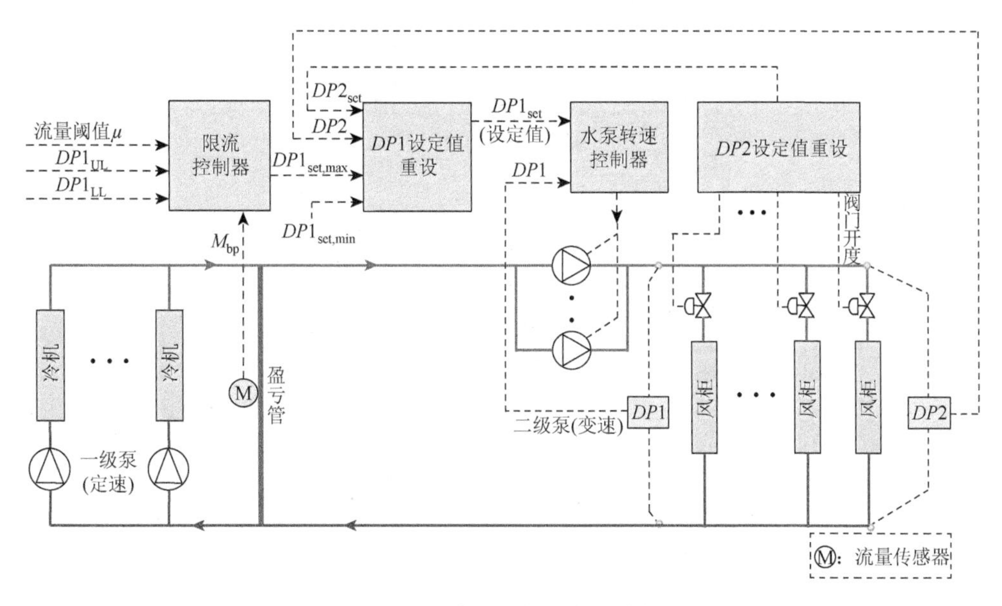

图 6.1　主动容错节能控制策略简图

在该策略中，通过控制二级泵转速主要来实现两个目标：一是消除盈亏管内的逆流，二是在满足末端风柜冷量需求的前提下尽量降低水泵的扬程，实现节能运行。该控制策略的工作原理如图 6.2 所示，采用改进的串级控制，包含内、外两个控制回路，实现了稳健控制和快速响应的均衡。

在外控制回路中，“*DP*1 设定值重设”采用 PID（比例-积分-微分）控制器“PID-2”对实测远端压差 *DP*2 和其设定值 $DP2_{set}$ 进行比较，输出值经 Rescale-2 重整后得到压差设定值 $DP1_{set}$。在内控制回路中，“水泵控制器”使用 PID 控制器“PID-1”比较实测近端压差 *DP*1 和其设定值 $DP1_{set}$，输出值经 Rescale-1 重整后得到水泵转速。

其中，$DP1_{set,\ max}$ 作为外控制回路中 $DP1_{set}$ 的最大值，由“限流控制器”确定。引入 $DP1_{set,\ max}$ 的主要功能是用来消除盈亏管逆流，由“限流控制器”通过感知盈亏管内的流量（M_{by}）并与预设的流量阈值（μ）进行比较后输出。$DP1_{set,\ max}$ 是一个浮动的值，当盈亏管发生逆流时，输出的 $DP1_{set,\ max}$ 的值将逐渐减小，从而逐渐降低水泵转速，直至达到消除逆流的目的。另外，需要指出的是，远端压差设定值 $DP2_{set}$ 是基于全体末端风柜阀门开启情况而确定的优化设定值。

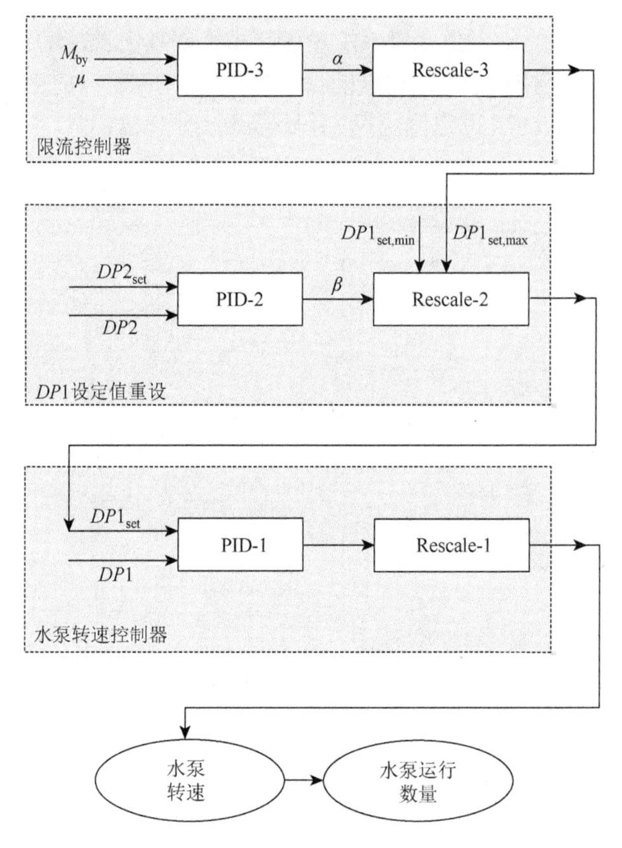

图 6.2 主动容错节能控制策略控制原理图

6.1.2 控制器模型详细介绍

1. 限流控制器

“限流控制器”的主要目的是限制二级环路的流量不大于一级环路的流量，确保盈亏管内不出现逆流。如图 6.2 所示，“限流控制器”使用了反馈控制的方法，采用 PID（比例-积分-微分）控制器“PID-3”感知盈亏管水流量（M_{by}）并与预设的流量阈值（μ）进行比较。流量阈值（μ）是期望的盈亏管最小非负流量（负值流量意味着逆流），可以由用户具体设置。流量阈值（μ）可根据系统设计情况或实际需求进行设置，一般设置为稍大于零。如果设置为零，控制过程固有的波动会导致实际运行中有可能出现负值情况。因此，此处流量阈值（μ）设置为冷机额定流量的 3%。PID 控制器“PID-3”通过比较后产生一个介于 0 与 1 之间的控制信号（α）。在“Rescale-3”中通过式（6.1）进一步重整生成 $DP1_{set,\max}$（即为 $DP1_{set}$ 的最大值）。

$$DP1_{\text{set,max}} = DP1_{\text{LL}} + \alpha(DP1_{\text{UL}} - DP1_{\text{LL}}), \alpha \in (0,1) \tag{6.1}$$

其中，α 是 PID-3 的输出，$DP1_{\text{LL}}$ 和 $DP1_{\text{UL}}$ 分别是 $DP1_{\text{set, max}}$ 的下限和上限。在考虑运行安全性和稳健性的基础上，可以根据实际的冷冻水系统设计数据确定。

$DP1_{\text{set, max}}$ 是一个浮动的变量，作为 $DP1_{\text{set}}$ 的最大值用来控制水泵的转速。当盈亏管水流量（M_{by}）小于流量阈值（μ）时，控制器"PID-3"产生的控制信号（α）逐渐减小，从而导致 $DP1_{\text{set, max}}$ 逐渐变小（直至可达到最小值 $DP1_{\text{LL}}$），进而导致控制水泵转速的设定值 $DP1_{\text{set}}$ 变小，最终降低水泵的转速实现对流量的限制。与此相反，当盈亏管水流量（M_{by}）逐渐大于流量阈值（μ）时，控制器"PID-3"产生的控制信号（α）逐渐变大，$DP1_{\text{set, max}}$ 逐渐变大（直至可达到最大值 $DP1_{\text{UL}}$），水泵的转速会逐渐增大，从而解除对流量的限制。

2. *DP*1 设定值重设

"*DP*1 设定值重设"主要用来计算近端压差设定值（$DP1_{\text{set}}$），该设定值将在水泵控制器中用来控制水泵转速。重设过程中，采用 PID（比例-积分-微分）控制器"PID-2"通过比较实测的远端压差 $DP2$ 和其设定值 $DP2_{\text{set}}$ 的接近程度，生成介于 0 和 1 之间的控制信号 β。β 在"Rescale-2"中经重新换算，最终生成近端压差设定值（$DP1_{\text{set}}$）。图 6.3 给出了近端压差设定值（$DP1_{\text{set}}$）的确定方法：在已知控制信号 β 的情况下，根据曲线可确定相对应的近端压差设定值（$DP1_{\text{set}}$）。其中，$DP1_{\text{set, max}}$ 为变化值，来自"限流控制器"；$DP1_{\text{set, min}}$ 为用户预设固定值，设定时需考虑系统运行的稳定性。$DP1_{\text{set, max}}$ 在此处发挥了盈亏管逆流调节的作用。当盈亏管逆流发生时，$DP1_{\text{set, max}}$ 将逐渐变小，由图 6.3 可知，近端压差设定值（$DP1_{\text{set}}$）也将相应变小，有利于水泵降速，实现流量削减。

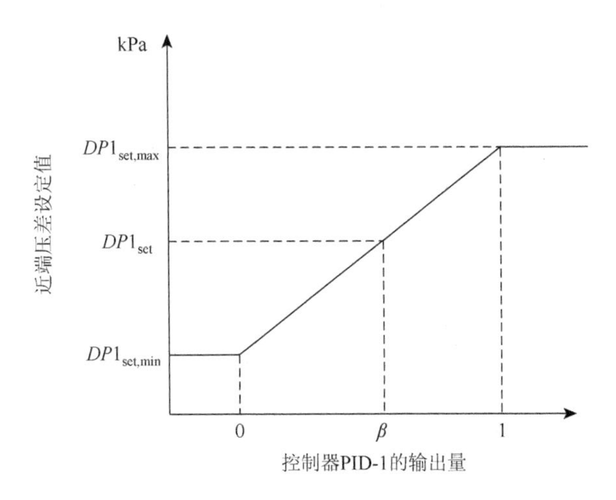

图 6.3　近端压差设定值（$DP1_{\text{set}}$）确定方法

3. *DP*2 设定值重设

“*DP*2 设定值重设”主要用来确定优化的远端压差设定值（$DP2_{set}$），此处优化设定值是指在满足末端流量需求的前提下尽量减小风柜水阀所带来的阻力。具体思路是，动态调节远端压差设定值（$DP2_{set}$），使所有末端用户中最不利用户的水阀开度接近全开并且冷量能够满足需求。如图 6.4 所示，在 k 时刻，首先校核全部风柜中水阀最大的开度是否达到 100%；其次，统计水阀开度 100%的风柜的数量；若水阀开度 100%的风柜只有一个，则进一步检查其送风温度是否达到设定值，即送风温度（$t_{a,sup}$）与其设定值（$t_{a,set}$）的距离是否小于阈值 ε。通过判断以上三个条件，可以对当前远端压差设定值（$DP2_{set,k}$）进行微调：增加或减少一个预定义的固定差值（ΔP）。在各种实际系统中，预定义的固定差值（ΔP）是不同的，应满足保持控制过程的稳定性和灵活性为基本要求。在本节中，在满负荷条件下，ΔP 等于远程回路所需压降的 1.5%。

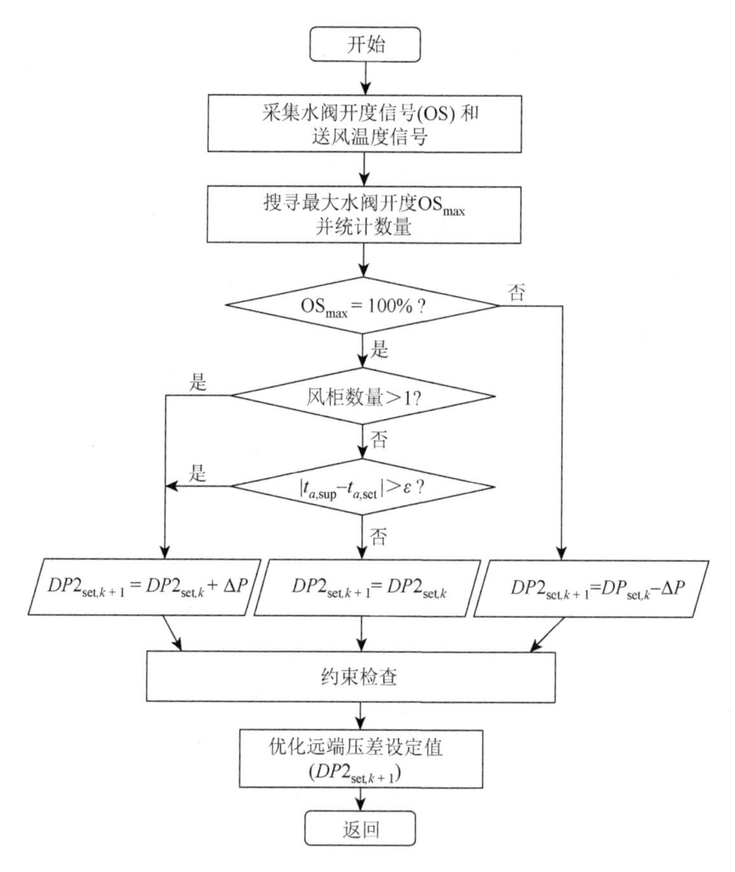

图 6.4　优化远端压差设定值（$DP2_{set}$）确定方法

在变风量系统中，风柜水阀的开度采用反馈控制，调节水阀开度使出风温度维持在设定值。当某风柜出风温度显著高于设定值，其水阀开度将被增大以获取更多的冷冻水。反之，如果某风柜出风温度显著低于设定值，其水阀开度将被减小。当全部风柜中只有一个风柜的水阀的开度是100%，这意味着这个风柜位于水力最不利环路上。因此，只要恰好满足最不利环路所需水量且此环路末端风柜的水阀接近全开，此时二级泵环路的阻力最小。

4. 水泵转速控制器

水泵转速控制器通过反馈控制生成转速信号用来控制二级泵的转速。控制器采用PID（比例-积分-微分）控制器“PID-1”将实测近端压差与其设定值（$DP1_{set}$）进行比较，输出控制信号。

水泵的运行数量则根据运行频率进行确定。当水泵运行频率大于45 Hz时，增加一台水泵；当水泵运行频率低于30 Hz时，减少一台水泵。另外，为了保障运行的稳定性，两次运行数量调节的时间间隔可设置最小时长（如10 min）。

6.1.3 具体实施步骤

实际应用时，盈亏管上应安装流量计，用来监测盈亏管内冷冻水的流量和方向。所开发的二级泵容错节能控制策略按照以下步骤实施，如图6.5所示。

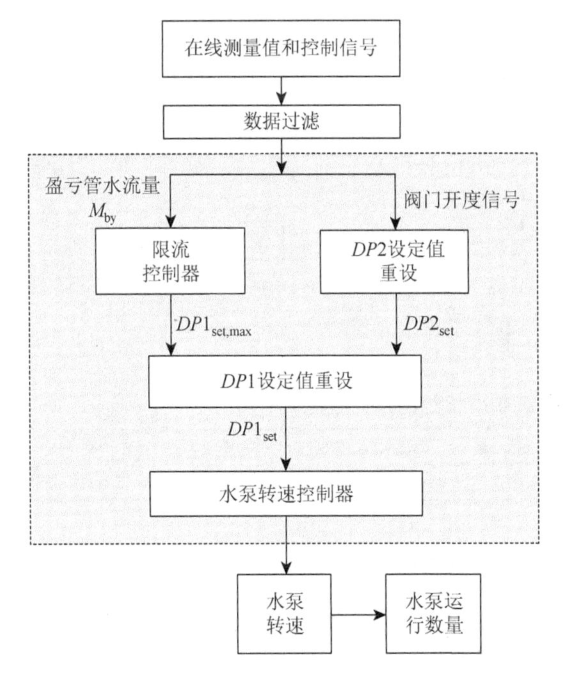

图6.5　具体实施步骤

①检查水阀控制信号及盈亏管水流量；

②在限流控制器中，通过比较实测盈亏管水流量与流量阈值（μ），生成$DP1_{set,max}$，送往“DP1设定值重设”，作为近端压差设定值$DP1_{set}$的最大值；

③在“DP2设定值重设”中确定最优的远端差压设定值（$DP2_{set}$）；

④在“DP1设定值重设”中根据图6.3确定近端差压设定值（$DP1_{set}$）；

⑤在“水泵转速控制”中对水泵转速和运行数量进行控制。

6.2 测试平台

由于实际空调系统极具复杂性，很难在实际空调系统中全面比较各种控制策略。使用代表典型建筑物冷冻水系统的动态仿真平台 TRNSYS 16，可以对所提出的容错节能控制策略进行全面验证和评估。

如图 6.6 所示，这是一个典型的二级泵冷冻水系统，在该系统中包括两台额定制冷量为 7 230 kW 的水冷离心式冷机组，在设计工况下提供 7℃的冷冻水。每个冷机组都与一个一级泵（定速）相连。在二级环路中，有三台（两用一备）相同型号的二级泵（变速）将冷冻水输配到末端设备。所有的二级泵（变速）都配备变频器（VFD），可根据末端流量需求控制水泵转速。冷机组和水泵的详细参数见表 6.1 和表 6.2。在空气侧系统中，末端空气处理设备采用风柜为室内提供冷却空气以达到热舒适目的。对风柜冷却盘管的水阀进行反馈控制，调节水阀开度以保持出风温度维持在设定值（本书中送风设定值为 13℃）。风柜风机配备变频器变风量运行，通过调节风量大小使室内空气温度保持在预设的设定值（本书中为 23℃）。冷机组、冷却塔、泵和风柜冷却盘管的模型采用详细物理模型，可以模拟冷冻水系统的动态性。

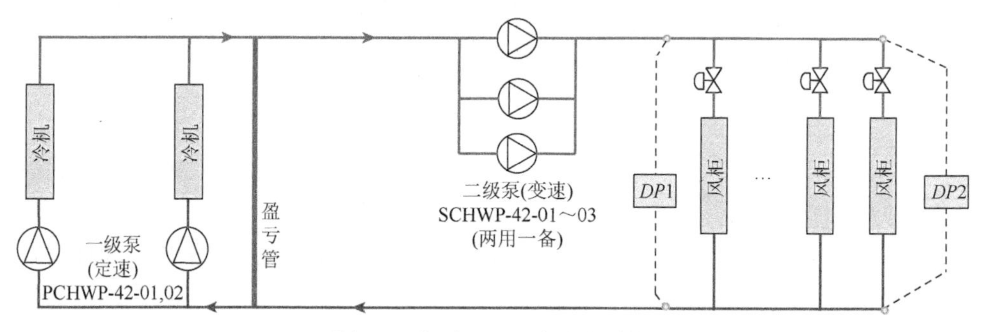

图 6.6　典型二级泵冷冻水系统

表 6.1　冷冻水系统中冷机组的设计规范

	数量	制冷量/kW	蒸发器流量/(L·s^{-1})	冷凝器流量/(L·s^{-1})	功率/kW	合计功率/kW
冷机	2	7 230	345	410.1	1 346	2 692

表 6.2　冷冻水系统中泵的设计规范

	数量	流量/(L·s^{-1})	扬程/m	效率/%	功率/kW	合计功率/kW
一级泵（PCHWP-42-01，02）	2	345	31.6	84.5	126	256
二级泵（SCHWP-42-01～03）	3	345	41.4	85.7	163	323

输配管网采用用户自建水力模型，对冷机或水泵的局部阻力、管道的沿程或局部阻力、阀门随开度的阻力变化进行了水力建模，同时采用数值迭代的方法求解管网阻力与变频水泵压力之间的动态平衡，达到管网流量按阻力进行分配的目的。

建筑模型采用 TRNSYS 16 建筑多区域模块（TYPE 56），对 75 层的建筑物进行了仿真。窗户与墙壁的面积比为 0.5。在仿真中，来自人员、设备和照明系统及天气数据的热负荷被视为输入文件。所使用的天气状况是香港典型年份的数据。

6.3　不同应用案例的控制性能及能效评估

为了评估所提出的容错节能控制策略（Strategy #3）对二级泵冷冻水系统的控制性能和节能效果，选用了另外两种传统控制策略（Strategy #1 和 Strategy #2）进行比较，如表 6.3 所示。在第一个传统控制策略（Strategy #1）中，二级泵转速采用定压差控制，保持远端最不利回路的差压恒定，该固定差压是 Strategy #3 中采用的变压差设定值的上限。第二个传统控制策略（Strategy #2）使用了变远端压差优化设定值，可确保末端最不利用户的阀门接近全开。本书所提出的容错节能控制策略（Strategy #3），则是在 Strategy #2 的基础上又额外采用了流量限制控制，主要目的是感知盈亏管内的逆流并加以调控改善。

表 6.3　不同控制策略说明

控制策略	描述
Strategy #1	采用定远端压差设定值
Strategy #2	采用变远端压差优化设定值
Strategy #3	容错节能控制策略：采用变远端压差优化设定值＋流量限制控制

盈亏管水流量理论上同时受一级环路和二级环路的影响，但一级环路水流量只与冷机及其关联的一级定流量水泵开启数量有关。在本应用案例中，冷机组及关联一级泵的运行数量仅根据末端冷负荷进行确定。当实测冷负荷超过当前冷机组的额定冷却能力 10 min 时，将额外增加一台冷机组及其关联的一级泵。

设计两个不同案例对所提出的容错节能控制策略进行评估。案例 1 中的空调系统处于健康状态，即没有会导致盈亏管逆流的硬件故障（如末端盘管结垢等）；案例 2 中的空调系统存在会导致盈亏管逆流的硬件故障（如末端盘管结垢等）。

典型的空调系统通常会经历两种典型的工作模式，即早晨启动期和正常运行期。在启动期，在人员上班到达前对房间进行预冷，将室温冷却到舒适水平。在正常运行期，已达到室内热舒适性条件，根据末端的冷量需求控制二级水流量。一般来说，在设计和调试得当的冷冻水系统中，正常运行期间不会发生盈亏管逆流现象。然而，大量的实地调查和测试表明，在无明显硬件故障的健康空调系统中，在清晨启动期间盈亏管逆流不可避免会发生，特别是当冷机组没有全部开启只运行部分数量时。例如，图 6.7 显示了某中央空调系统在三个工作日（2010 年 9 月 28 日 0:00～2010 年 9 月 30 日 18:00）内实测的盈亏管水流量。可以发现，在这三天的早晨启动期间都发生了盈亏管逆流现象。这表明，该冷冻水系统的控制策略在限制盈亏管逆流方面有明显不足。

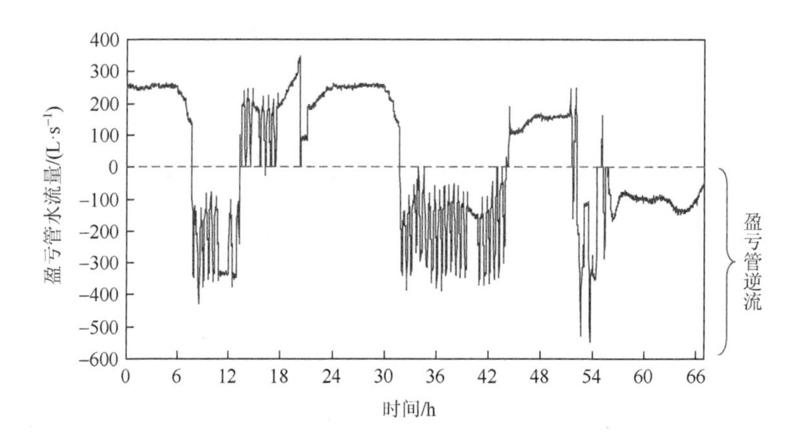

图 6.7　实际建筑空调系统实测盈亏管水流量

6.3.1　容错节能控制在无硬故障空调系统中的性能评估

在无硬故障空调系统中，通过仿真模拟，在三个典型天气条件下（即春季、温和夏季和炎热夏季）的工作日（从 7:00～19:00）内，对容错节能控制策略的性能进行了测试和评估。在早晨启动阶段，理论上冷机运行数量可以全部开启也可以部分开启，不同的运行数量对应着不同的预冷时间及所消耗的电量。研究表明，早晨启动期间开启全部冷机在节能方面并不是最佳选择（Sun et al.，2010）。因此，本案例中早晨启动阶段开启 2 台中的 1 台冷机及其关联的一级泵。而在启动阶段之后的正常运行期，冷机及联锁一级泵的运行数量按实际冷量需求进行控制。以下只提供炎热夏季工况下的详细性能数据作为例证，包括盈亏管水流量比较、室温冷却效果比较和能耗情况比较。

图 6.8 展示了在炎热夏季使用三种不同的控制策略时盈亏管水流量的变化情况。可以看出，在容错节能控制策略（Strategy #3）下，盈亏管内在整个运行期间没有出现逆流现象。而另外两种常规策略（Strategy #1 和 Strategy #2）在 7:00～

9:00 的启动期，出现了明显的逆流，最高可达–340 L/s。这是因为，在使用策略 Strategy #1 和 Strategy #2 时，在早晨启动期全部的二级泵都被开启并且高速工作，而冷机组及关联的一级泵并没有全部开启（2 台冷机开启了其中 1 台）。这可从常规水泵控制逻辑进行进一步解释，常规二级泵转速控制一般是对最不利末端的压差进行控制，压差设定值为固定值或者优化的变量。在启动期，室内空气温度高于设定值，相应风柜的出风温度也达不到其设定值，导致风柜的水阀全部开启。完全打开的水阀减小了所有末端的水流阻力，最不利末端的压差也降低，传统水泵控制逻辑会不断增加二级泵的转速和运行数量，以提供更多的流量，从而保持最不利末端的压差维持在其设定值。最终导致二级环路的水流量大于一级环路。

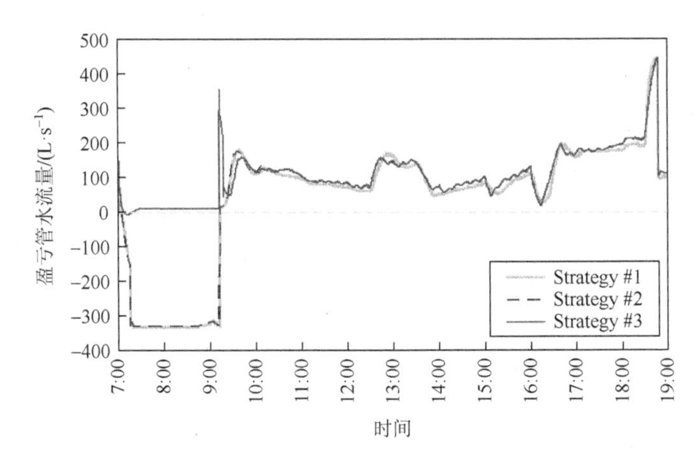

图 6.8　不同控制策略的盈亏管水流量比较（健康系统，炎热夏季）

所提出的容错节能控制策略（Strategy #3）由于使用了限流控制器技术，用于控制水泵转速的压差设定值不仅取决于阀门的开度，而且兼顾了盈亏管水流量。当检测到盈亏管出现逆流时，限流控制器通过反馈控制会迅速减小压差设定值（通过降低压差设定值的最大值），从而限制二级泵的转速，确保二级环路的流量不超过一级环路流量。因此，容错节能控制策略可以有效消除盈亏管逆流现象，从而减少二级泵的能耗。

上述结果表明，容错节能控制策略（Strategy #3）可以有效消除盈亏管逆流现象，以下对最不利环路末端室温的冷却情况进行比较。如图 6.9 所示，在早晨启动期（9:00 前），三种控制策略下室温的变化情况基本一致。三种控制策略虽然实现了相似的室温冷却效果，但所提供的二级环路的流量和供水温度却不尽相同。图 6.10 比较了三种控制策略下二级环路冷冻水总流量：传统控制策略（Strategy #1 和 Strategy #2）在早晨启动期的流量平均值接近 700 L/s；容错节能控制策略

（Strategy #3）在早晨启动期的流量平均值接近 340 L/s，只有前者的一半左右。同时，图 6.11 比较了三种控制策略下末端供水温度的情况，容错节能控制策略（Strategy #3）比其他两种传统控制策略供水温度更低，平均低 5℃左右。结合供水温度、供水流量及室温情况，可以发现：在早晨启动阶段，容错节能控制策略（Strategy #3）提供了更低的供水温度、更少的二级环路流量，但却实现了与传统控制策略相同的室温冷却效果。

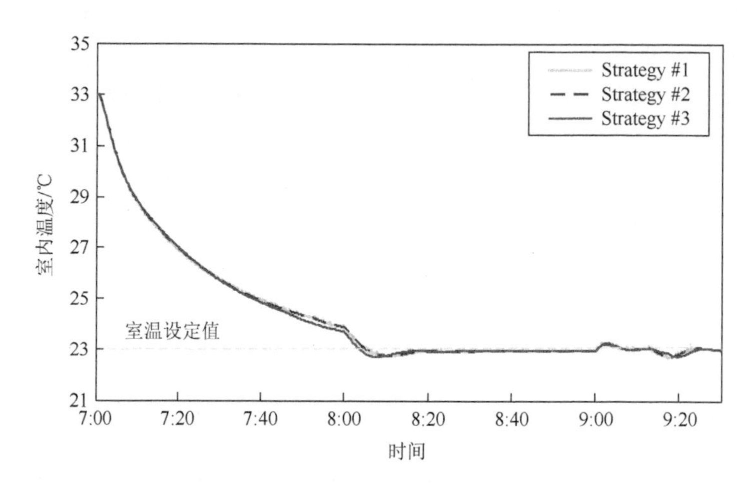

图 6.9　最不利房间室温变化情况（健康系统，炎热夏季）

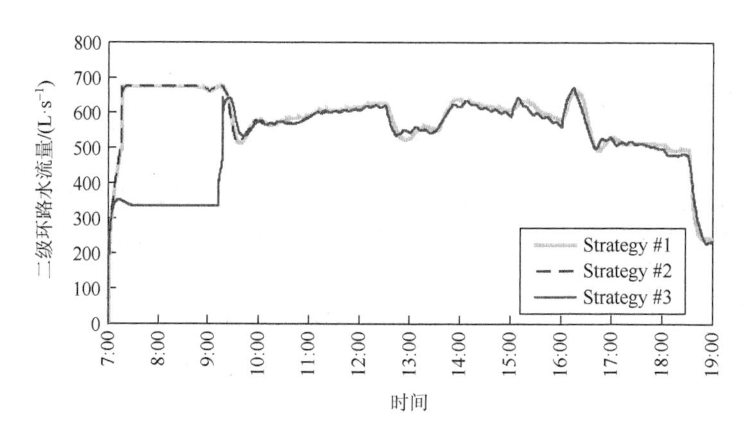

图 6.10　二级环路冷冻水总流量（健康系统，炎热夏季）

表 6.4～表 6.6 分别汇总了三种策略下的二级泵和冷机组在启动期、正常运行期和全天的能源消耗和节能情况，Strategy #1 作为比较的基准。可以看出，三种策略下冷机在不同天气条件下的能耗非常接近，但二级泵的能耗差异较大。

表 6.4 对启动期三种控制策略下泵和冷机组的耗电量进行了比较。很明显，

在三个典型日启动期，与 Strategy #1 相比，Strategy #3 节省了 69.27%～77.25%的二级泵能耗，这占水泵和冷机总能耗的 10.57%～16.11%。采用 Strategy #1 和 Strategy #2 时，水泵和冷机组的能耗非常接近。这意味着，与使用固定压差设定值的 Strategy #1 相比，使用优化压差设定值的 Strategy #2 未能在启动期表现出明显的优势。因此，Strategy #3 在启动期的节能效应主要得益于限流技术。测试结果还发现，在启动期，Strategy #3 在炎热夏季案例中减少的能耗比在其他两个案例（春季和温和夏季）中要多。

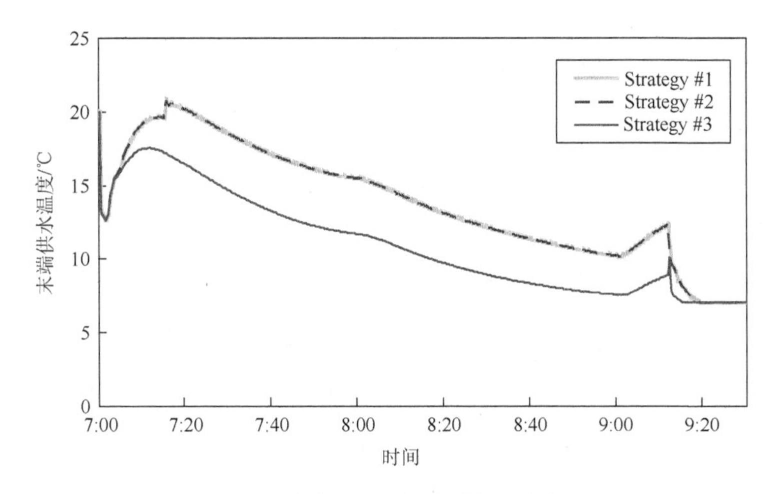

图 6.11　末端供水温度（健康系统，炎热夏季）

表 6.4　启动期（7:00～9:00）不同控制策略下的能耗情况

工况	控制策略	二级泵耗电量/(kW·h)	冷机耗电量/(kW·h)	二级泵+冷机耗电量/(kW·h)	二级泵耗电量节能/(kW·h)	二级泵耗电量节能/%	冷机耗电量节能/(kW·h)	冷机耗电量节能/%	合计节能/(kW·h)	合计节能/%
春季	Strategy #1	437.6	2 517.0	2 954.6	—	—	—	—	—	—
	Strategy #2	432.7	2 515.7	2 948.4	4.9	1.12	1.3	0.05	6.2	0.21
	Strategy #3	134.5	2 507.8	2 642.3	303.1	69.26	9.2	0.37	312.3	10.57
温和夏季	Strategy #1	546.8	2 613.2	3 160.0	—	—	—	—	—	—
	Strategy #2	546.8	2 613.3	3 160.1	0	0	–0.1	0	–0.1	0
	Strategy #3	155.7	2 606.1	2 761.8	391.1	71.53	7.1	0.27	398.2	12.60
炎热夏季	Strategy #1	679.5	2 671.5	3 351.0	—	—	—	—	—	—
	Strategy #2	679.3	2 671.3	3 350.6	0.2	0.03	0.2	0.01	0.4	0.01
	Strategy #3	154.6	2 656.5	2 811.1	524.9	77.25	15	0.56	539.9	16.11

表 6.5 正常运行期（9:00～19:00）不同控制策略下的能耗情况

工况	控制策略	二级泵耗电量/(kW·h)	冷机耗电量/(kW·h)	二级泵+冷机耗电量/(kW·h)	二级泵耗电量节能/(kW·h)	二级泵耗电量节能/%	冷机耗电量节能/(kW·h)	冷机耗电量节能/%	合计节能/(kW·h)	合计节能/%
春季	Strategy #1	681.5	13 282.0	13 963.5	—	—	—	—	—	—
	Strategy #2	430.6	13 277.2	13 707.8	250.9	36.82	4.8	0.04	255.7	1.83
	Strategy #3	430.4	13 261.2	13 691.6	251.1	36.84	20.8	0.16	271.9	1.95
温和夏季	Strategy #1	983.7	17 906.0	18 889.7	—	—	—	—	—	—
	Strategy #2	718.1	17 888.0	18 606.1	265.5	27.00	18.0	0.10	283.6	1.50
	Strategy #3	727.8	17 851.9	18 579.7	255.9	26.01	54.1	0.30	310	1.64
炎热夏季	Strategy #1	2 414.0	23 342.3	25 756.3	—	—	—	—	—	—
	Strategy #2	2 131.1	23 339.2	25 470.3	282.9	11.72	3.1	0.01	286.0	1.11
	Strategy #3	2 113.8	23 337.7	25 451.5	300.2	12.44	4.6	0.02	304.8	1.18

表 6.6 整个典型日（7:00～19:00）不同控制策略下的能耗情况

工况	控制策略	二级泵耗电量/(kW·h)	冷机耗电量/(kW·h)	二级泵+冷机耗电量/(kW·h)	二级泵耗电量节能/(kW·h)	二级泵耗电量节能/%	冷机耗电量节能/(kW·h)	冷机耗电量节能/%	合计节能/(kW·h)	合计节能/%
春季	Strategy #1	1 119.0	15 799.0	16 918.0	—	—	—	—	—	—
	Strategy #2	863.3	15 792.9	16 656.2	255.7	22.85	6.1	0.04	261.8	1.55
	Strategy #3	564.8	15 769.0	16 333.8	554.2	49.53	30	0.19	584.2	3.45
温和夏季	Strategy #1	1 530.5	20 519.2	22 049.7	—	—	—	—	—	—
	Strategy #2	1 264.9	20 501.3	21 766.2	265.6	17.35	17.9	0.09	283.5	1.29
	Strategy #3	883.5	20 458	21 341.5	647.0	42.27	61.2	0.30	708.2	3.21
炎热夏季	Strategy #1	3 093.5	26 013.8	29 107.3	—	—	—	—	—	—
	Strategy #2	2 810.4	26 010.5	28 820.9	283.1	9.15	3.3	0.01	286.4	0.98
	Strategy #3	2 268.4	25 994.2	28 262.6	825.1	26.67	19.6	0.08	844.7	2.90

表 6.6 总结了典型日 7:00～19:00 水泵和冷机组的能耗情况。与 Strategy #1 相比，容错节能控制策略（Strategy #3）因为限流技术和优化压差设定值的应用，分别节省了26.67%～49.53%的二级泵能耗和2.90%～3.45%的总能耗(泵和冷机组)。若单独评估流量限制技术的节能贡献，通过比较 Strategy #3 和 Strategy #2，可发现流量限制技术的使用分别实现了 17.52%～26.68%的水泵能耗降低和 1.9%～1.92%的总能耗（泵和冷机组）降低。需要指出的是，与其他两个案例相比，Strategy #3 在春季案例中节省了更多的能耗。图 6.12 详细比较了在炎热夏季案例中三种策略下二级泵的能耗情况。

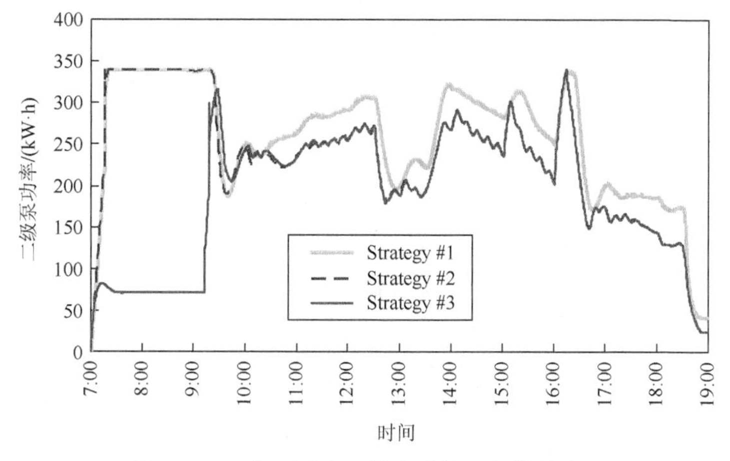

图 6.12　二级泵功率（健康系统，炎热夏季）

以上分析可以得出，由于采用限流技术，提出的二级泵容错节能控制策略可以有效消除启动期的盈亏管逆流现象。此外，与另外两种分别采用固定差压设定值和优化压差设定值的常规策略相比，所提出的容错节能控制策略可节省大量二级泵能耗。

6.3.2　容错节能控制在有硬故障空调系统中的性能评估

在一个无硬故障的健康空调系统中，盈亏管逆流大多出现在早晨启动期，特别是当冷机组没有全部开启的时候。而在一个存在硬故障的不健康系统中，如水系统结垢或控制不当，任何运行阶段都有可能出现盈亏管逆流。当盈亏管逆流出现时，末端用户的供水温度会升高，二级泵将消耗更多的能量。因此有必要对存在硬故障的不健康空调系统实施容错控制，实现系统在有硬故障的情况下依旧能保持较高能效运行。

在实践中，许多故障原因会导致盈亏管逆流问题。为了评价所提出的容错节能控制策略是否能够解决缺陷流问题，本节人为引入了控制不当故障：将末端风柜的送风温度设定值从 13℃（设计工况）降低到 10℃（实际运行中比较常见租户或操作人员为了实现更低的室内空气温度通常会设置不正确的供气温度值）。实际上，一个比设计值低得多的送风温度设定值，会迫使末端风柜机组需要更多的冷冻水。当需要的二级环路总水流量超过一级环路时，就会引发盈亏管逆流。本研究对所提出的容错节能控制策略在三种典型天气工况下（春季、温和夏季、炎热夏季）的控制性能和能效情况进行了全面评估，每一种天气工况持续 5 d，下面提供春季工况下的详细数据。

如图 6.13（a）所示，在常规策略（Strategy #1 和 Strategy #2）下春季的 5 d 内，

盈亏管逆流频繁发生。这是因为末端风柜机组需要比正常工况更多的冷冻水来达到更低的送风温度。当送风设定值太低而无法达到时，风柜水阀处于全开状态，泵必须全速工作以提供更多的冷冻水流量，导致盈亏管逆流及运行性能下降。与传统控制策略相比，所提出的容错节能控制策略（Strategy #3）可以通过使用限流技术来消除盈亏管逆流现象：通过反馈控制侦测盈亏管水流量并自动限制二级泵的频率，从而限制二级环路水流量，直至消除盈亏管逆流。与 Strategy #1 和 Strategy #2 相比，Strategy #3 提供了较少量的冷冻水[图 6.13（b）]，并且由于消除了盈亏管逆流从而保证了较低的供水温度[图 6.13（c）]，而较低的供水温度有利于风柜中空气和盘管之间的传热，最终较少量低温供水实现了与较大量高温供水相似的风柜换热效果。

表 6.7 汇总了在三种典型天气条件下，采用三种控制策略的不健康空调系统中二级泵和冷机组的耗电量情况。在三种典型天气条件下，与使用固定压差设定值的常规策略（Strategy #1）相比，所提出的容错节能控制策略（Strategy #3）采用了优化差压设定值和限流技术，在二级泵能耗方面分别减少了约 5 369.70 kW·h（54.30%）、3 987.20 kW·h（34.48%）和 4 714.10 kW·h（30.97%）的耗电量；在总能耗（泵和冷机组）方面分别节省了 5 544.20 kW·h（4.45%）、4 930.90 kW·h（3.22%）、5 515.50 kW·h（3.18%）的耗电量。而在冷机组的能耗方面，采用这三种策略则非常接近。因此，本节提出的容错节能控制策略所节省的能源主要得益于二级泵能耗的减少。

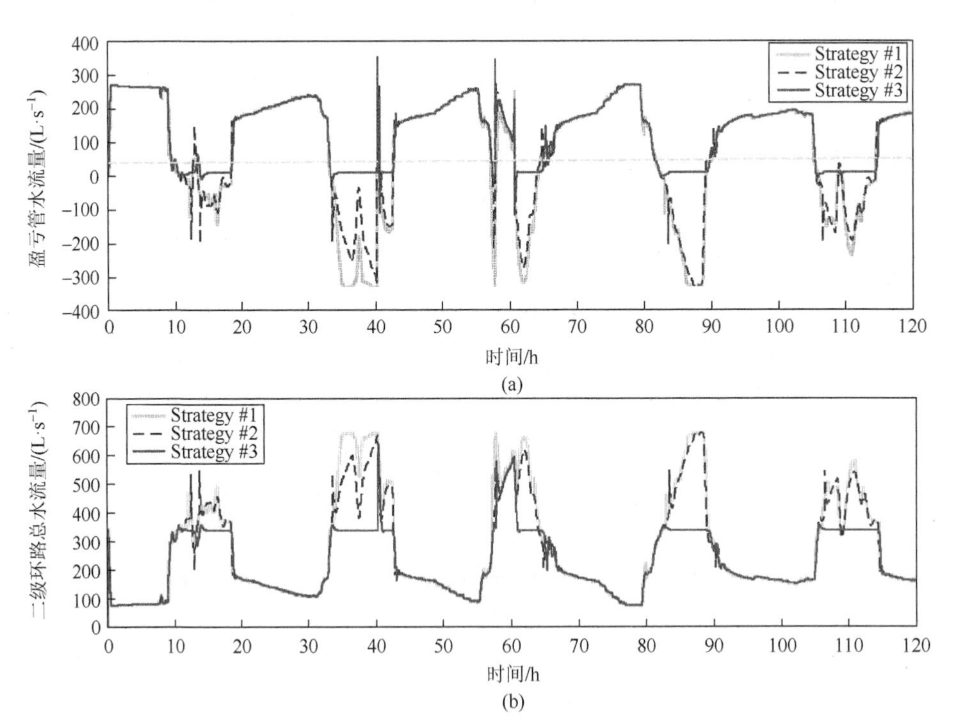

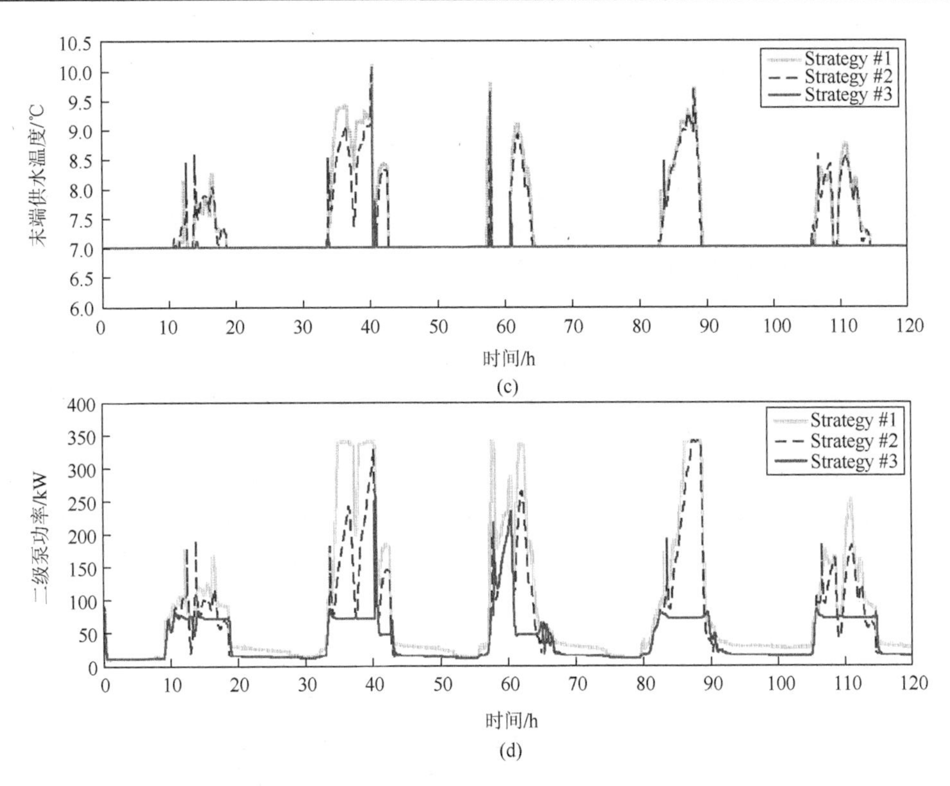

图 6.13　不同控制策略性能评估（硬故障系统，春季）

表 6.7　在不同控制策略下的三种典型天气的能耗情况（不健康系统）

季节	控制策略	二级泵耗电量/(kW·h)	冷机耗电量/(kW·h)	二级泵+冷机耗电量/(kW·h)	二级泵耗电量节能/(kW·h)	二级泵耗电量节能/%	冷机耗电量节能/(kW·h)	冷机耗电量节能/%	合计节能/(kW·h)	合计节能/%
春季	Strategy #1	9 889.00	114 643.10	124 532.10	—	—	—	—	—	—
	Strategy #2	6 965.00	114 523.10	121 488.10	2 924.00	29.57	120.00	0.10	3 044.00	2.44
	Strategy #3	4 519.30	114 468.60	118 987.90	5 369.70	54.30	174.50	0.15	5 544.20	4.45
温和夏季	Strategy#1	11 565.40	141 349.50	152 914.90	—	—	—	—	—	—
	Strategy #2	8 192.10	141 911.70	150 103.80	3 373.30	29.17	−562.20	−0.40	2 811.10	1.84
	Strategy #3	7 578.20	140 405.80	147 984.00	3 987.20	34.48	943.70	0.67	4 930.90	3.22
炎热夏季	Strategy#1	15 222.50	158 030.00	173 252.50	—	—	—	—	—	—
	Strategy #2	11 115.50	157 765.80	168 881.30	4 107.00	26.98	264.20	0.17	4 371.20	2.52
	Strategy #3	10 508.40	157 228.60	167 737.00	4 714.10	30.97	801.40	0.51	5 515.50	3.18

从表 6.6 中还可以发现，与使用固定设置点的 Strategy #1 相比，使用优化压差设定值的 Strategy #2 可节省 26.98%～29.57%的二级泵能耗，节能主要得益于二级环路阻力的减小。另一方面，与 Strategy #1 相比，Strategy #3 可节省 30.97%～54.30%的水泵能耗，这是因为 Strategy #3 同时采用了优化压差设定值和限流技术。因此，仅使用限流技术而不使用优化压差设定值，就可节省约 3.99%～24.73%的水泵能耗。图 6.13（d）提供了在春季试验日中三种策略下的二级泵能耗的详细比较。

以上结果表明，无论采用固定压差设定值还是优化的变压差设定值，在使用传统控制策略（Strategy #1 和 Strategy #2）时，在有硬故障的不健康空调系统中，都存在盈亏管逆流现象且对冷冻水系统的运行稳定性和能耗性能产生了极大地影响。所提出的容错节能控制策略（Strategy #3）能够完全消除盈亏管逆流现象，虽然无法诊断和完全矫正造成盈亏管逆流的直接故障，却可以尽可能减少因盈亏管逆流而造成的水泵能源浪费，同时仍可基本满足末端冷量需求。

6.4 本 章 小 结

本章提出一种二级泵的容错节能控制策略，用于感知并主动消除盈亏管逆流现象，增大冷冻水输配管网运行温差及提高能效。该容错策略采用基于反馈控制的限流技术，当检测到盈亏管逆流时，限流控制被激活，并通过在线调整用于控制水泵转速的压差设定值来调控水泵转速，进而逐步消除盈亏管逆流现象。该策略还集成了优化压差设定值，在满足末端冷量需求的同时，最大限度地减小输配管网的阻力，实现了稳健控制和节能控制的有机结合。

通过仿真试验，在一个典型高层建筑的二级泵冷冻水系统中对该容错节能控制策略的运行特性和节能性进行了评估。当空调系统处于无硬故障的健康状态时，所提出的容错节能控制策略可以避免早晨启动期间的盈亏管逆流（特别是在只有部分冷组开启的情况下）。与两种常规的控制策略相比，由于采用限流技术，容错节能可在启动期间减少 69.27%～77.25%的二级泵能耗，这占泵和冷机组总能耗的 10.57%～16.11%。与采用固定压差设定值的策略相比，在一个工作日内减少 26.67%～49.52%的二级泵能耗。

当空调系统处于有硬故障的状态时，本书提出的容错节能控制策略同样可以消除盈亏管逆流现象，提高水泵的能效。与采用固定压差设定值的常规策略相比，该容错节能控制策略可减少 30.97%～54.30%的二级泵能耗。若不使用优化压差设定值仅使用限流技术，可实现 3.99%～24.73%的二级泵能耗节省。

参考文献

AVERY G，1998. Controlling chillers in variable flow systems[J]. ASHRAE Journal，40（2）：42-45.

KIRSNER W，1996. Demise of the primary-secondary pumping paradigm for chilled water plant design[J]. HPAC，68（11）：73-78.

KIRSNER W，1998. Rectifying the primary-secondary paradigm for chilled water plant design to deal with low ΔT central plant syndrome[J]. HPAC Engineering，70（1）：128-131.

MA Z J，WANG S W，2009. Energy efficient control of variable speed pumps in complex building central air-conditioning systems[J]. Energy and Buildings，41（2）：197-205.

MA Z J，WANG S W，PAU W K，2008. Secondary loop chilled water in super high-rise[J]. ASHRAE Journal，50（5）：42-52.

MCCORMIC G K，POWELL R S，2003. Optimal pump scheduling in water supply systems with maximum demand charges[J]. Journal of Water Resources Planning and Management，129（3）：372-379.

SUN Y J，WANG S W，HUANG G S，2010. Model-based optimal start control strategy for multi-chiller plants in commercial buildings[J]. Building Services Engineering Research and Technology，31（2）：113-129.

WALTZ J P，2000. Variable flow chilled water or how I learned to love my VFD[J]. Energy Engineering，97（6）：5-32.

第七章　竖向分区冷冻水系统在线自适应优化控制策略

在大型公共建筑中，中央空调系统大多采用二级泵冷冻水系统。一级泵定速运行，满足一级环路定流量需求；二级泵变速运行，将冷冻水输配给二级环路中的末端用户，一级环路与二级环路通过盈亏管连接。据统计，在大型公共建筑中央空调系统中，空调冷/热水输配系统的运行能耗占总能耗的15%～20%。目前大量研究通过各种优化控制方法来提高冷冻水系统的运行可靠性和能效。

一些研究（Rishel，1991；Tillack et al.，1998；Moor et al.，2003；Ma et al.，2009a；Wang et al.，2010）着眼于冷冻水系统中变速泵的局部节能控制。在现有研究中，Moore 等（2003）的研究表明，在部分冷负荷条件下，合理控制二级泵转速，使最不利末端的冷冻水阀门保持 90%的开度，可以节约泵的能耗。Ma 等（2009a）提出了复杂建筑空调系统中不同配置的变速泵的最优控制策略，在此基础上，提出了一种最优泵序列控制策略，以确定最优的运行数量。Wang 等（2010）还提出了一种超高层建筑中换热器一次侧变速泵转速控制策略，采用串级控制的方法减小水阀开度过小带来的阻力，结果表明该控制策略可帮助水泵节能高达16.01%。

另外一些研究更加关注冷冻水系统的全局优化（Braun et al.，1989a，1989b；Austin，1993；Cascia，2000；Lu et al.，2005a，2005b；Fong et al.，2006；Hydeman et al.，2007；Jin et al.，2007；Ma et al.，2009b）。Braun 等（1989a，1989b）提出了两种无蓄能冷冻水系统的最优控制方法。一种方法是部件级别的非线性优化算法，它是研究最优系统性能的仿真工具。另一种方法是系统级别的更简化的近似最优控制方法，易于在线应用。Lu 等（2005a，2005b）提出一个基于模型的整体空调系统的全局优化方法，该方法以冷机、水泵和风机的数学模型为基础建立，采用改进的遗传算法求解冷冻水供水温度、设备运行数量、压差设定值等最优控制参数。仿真结果表明，与常规方法相比其能耗明显降低。Ma 等（2009b）提出了一种面向在线应用的复杂建筑中央冷冻水系统的最优控制策略，该最优控制策略可以确定冷冻水机组最优供水温度和最优压差设定值，使冷冻水机组和水泵的总运行成本降至最低，可节省系统总能耗的1.28%～2.63%。

上述研究表明，在典型的冷冻水系统中，通过应用优化控制策略可实现显著的节能效果。然而，大多数的控制策略仅适用于结构较简单的典型冷冻水系统，很少研究涉及复杂冷冻水系统的在线优化控制。比如，在高层建筑中央空调系统中，常采用竖向水力分区的方法来避免竖向高度引起的高静压对冷冻水输配管网及设备造成损坏。竖向分区指将整个冷冻水输配管网沿高度方向分成不少于两个的子系统，两个子系统之间一般采用换热器（如板式换热器）进行冷量交换和传递，而换热器的两侧分别设置一次侧和二次侧冷冻水泵。换热器一次侧水泵和二次侧水泵一般均采用变速运行。对换热器一次侧水泵，通常采用的控制方法是：对每一台换热器采用温度控制器[一般采用 PID（比例-积分-微分）控制器]通过比较换热器二次侧出水温度测量值与其设定值来调节换热器一次侧回水阀门的开度，阀门的开度会影响换热器一次侧的供水管和回水管之间的压差，采用压差控制器（一般采用 PID 控制器）通过比较换热器一次侧的供水管和回水管之间的压差测量值和其预设定值来达到控制换热器一次侧水泵转速的目的。其中，换热器二次侧出水温度是一个重要的控制变量，对换热器一次侧水泵的运行稳定性有显著的影响。传统控制方法中换热器二次侧出水温度的设定值通常采用固定值。在实际运行中，由于运行工况中一些扰动的存在，比如冷机组出水温度未达到其设定值或者换热器换热性能下降，在某些情况下会造成换热器二次侧出水温度的测量值达不到其设定值。这种情况发生时，在传统控制方法下，换热器一次侧水泵将不断提高转速，直至增加运行数量，这将造成换热器一次侧冷冻水流量过度增加。而换热器一次侧管路与冷机组侧管路通过旁通管相互耦合，当换热器一次侧管路水流量大于冷机组侧水流量时，在旁通管中将会出现“逆流”现象，即旁通管中水从回水干管流向供水干管，提高了供水干管中的供水温度；供水温度的升高，导致更多的回水混入供水，形成恶性循环。当恶性循环发生时，传统水泵转速控制方法缺乏进行主动矫正的有效措施，水泵超速运行，增加了水泵的能耗，影响了中央空调系统的整体能效。

为提高竖向分区复杂冷冻水系统的能效，本章提出了一种竖向分区冷冻水系统在线自适应优化控制策略。提出了不同工况下泵能耗的简化预测模型，采用自适应方法对模型参数进行在线更新，以实现准确的预测。采用穷举搜索法，确定了换热器二次侧出水温度和换热器运行数量的最优控制设定值，使换热器组两侧水泵的总运行能耗最小化。

7.1　在线自适应优化控制策略

本控制策略以香港某超高层建筑为案例，该建筑高约 490 m，建筑面积约 321 000 m^2，包括 4 层地下室、6 层楼裙房和 98 层塔楼。中央空调系统采用 6 台定速离心式冷机组，每台冷机组的额定制冷量和功耗分别为 7 230 kW 和 1 270 kW。冷机组的冷冻水供水和回水温度分别为 5.5℃和 10.5℃。一级环路中，每台冷机组配备一台定速冷冻水泵。二级环路中，冷冻水系统分为四个区域，其中Ⅱ区直接连接末端用户；Ⅰ区、Ⅲ区和Ⅳ区则通过板式换热器进行竖向分区，以避免冷冻水管道和终端设备承受极高的静压。

选择Ⅲ区水系统作为方法应用的实施对象，该子系统是一个包含板式换热器的典型多级泵系统。Ⅲ区水系统的简化示意图如图 7.1 所示。在板式换热器一次侧，二级泵（变速）（SCHWP-06-06～08）将冷冻水从冷机输送到板式换热器；在板式换热器二次侧是一个“次级的二级泵系统”，每个换热器与一级泵（定速）联动，以确保每个换热器的二次侧流量恒定，而二级泵（变速）（SCHWP-42-01～03）则将换热器二次侧的出水输送到末端用户。

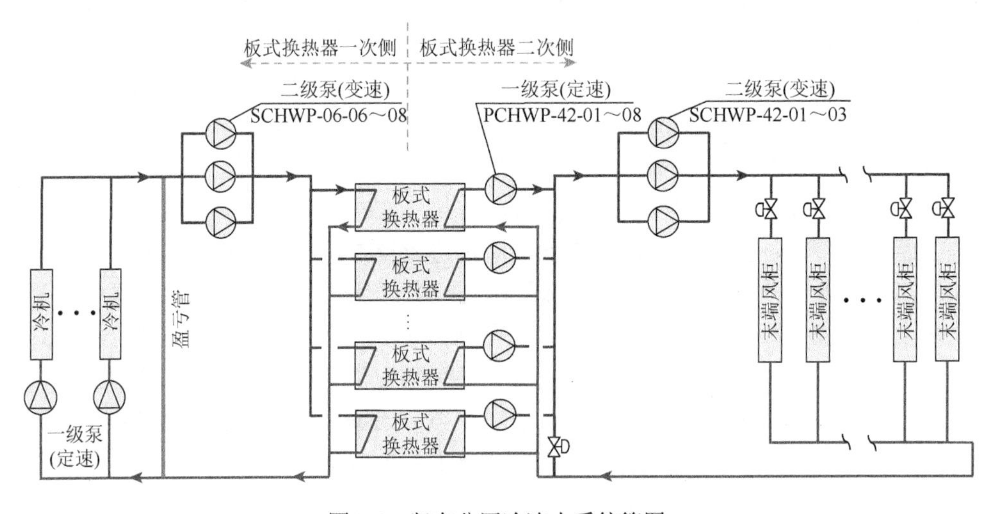

图 7.1　竖向分区冷冻水系统简图

7.1.1　在线自适应优化控制策略概述

在线自适应优化控制策略旨在利用基于模型的预测控制算法对复杂建筑冷冻水系统的运行进行优化控制。如图 7.2 所示，该优化控制策略主要包括：在线数据采集、数据预处理、优化算法（各预测模型、优化算法和局部控制策略）。在不同工况下，通过在线优化以下参数：换热器二次侧出水温度设定值（$t_{set, out, ahx}$）、换热器运行数量（N_{hx}）、换热器一次侧水泵运行数量（$N_{pu, bhx}$）及换热器二次侧水泵运行数量（$N_{pu, ahx}$），使换热器两侧（即一次侧和二次侧）变速泵和定速泵的总能耗达到最小。

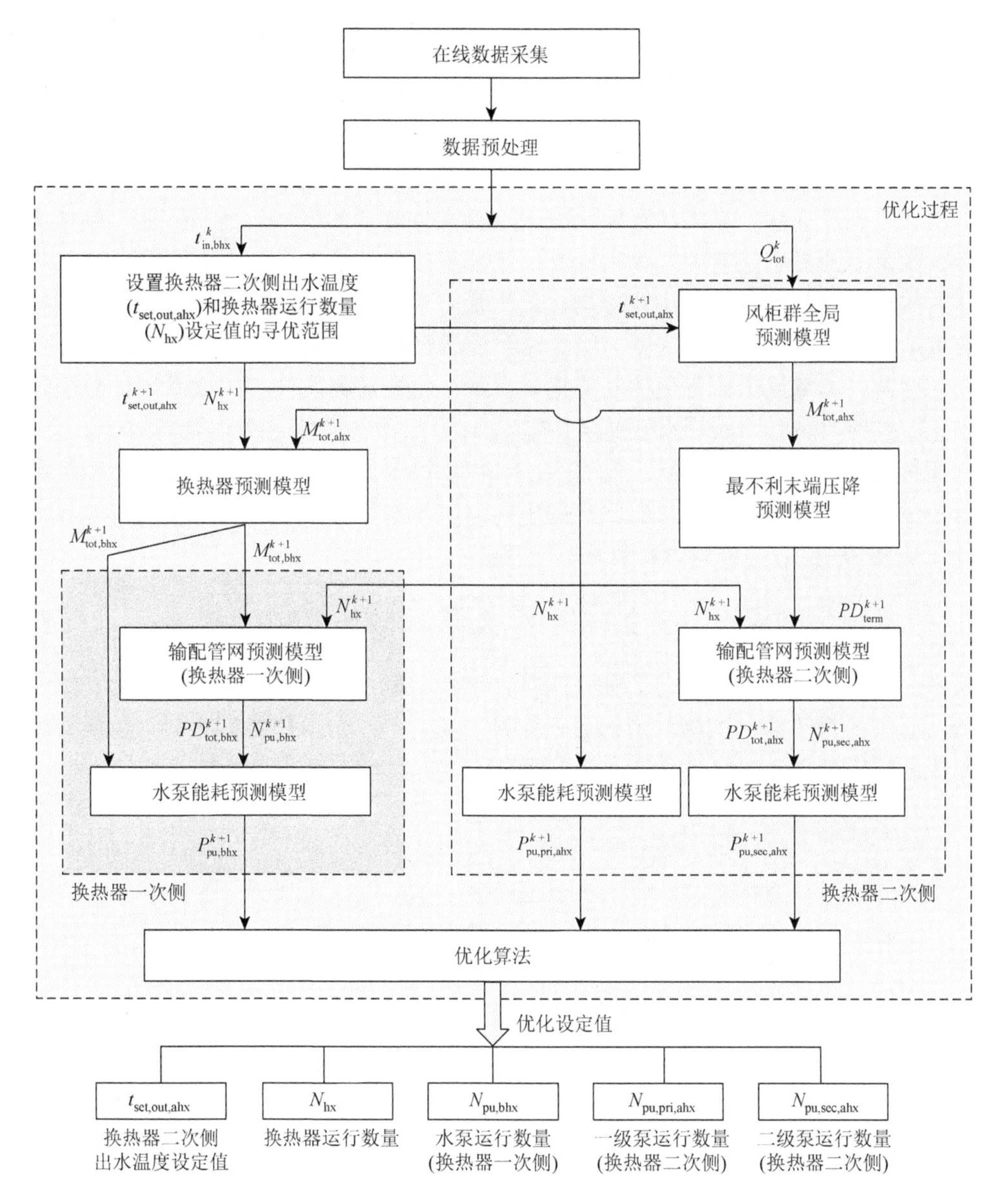

图 7.2　优化控制策略框图

7.1.2　优化控制策略的目标函数及约束条件

1. 目标函数

在实际运行中，中央空调系统大部分时间处于不断变化的部分负荷工况下，有必要根据实际工况不断优化运行参数以提高系统整体能效。在含有换热器的竖向分区冷冻水系统中，换热器二次侧出水温度的设定值（$t_{set, out, ahx}$）对换热器两侧冷冻水泵的能耗都有显著影响。当末端用户冷负荷不变时，较低的换热器二次侧出水温度设定值（$t_{set, out, ahx}$）可以减少换热器二次侧的冷冻水需求量，这有利于降低换热器二次侧水泵的能耗；同时，为了实现较低的 $t_{set, out, ahx}$ 需要换热器一次侧提供更多的冷冻水，这将导致换热器一次侧水泵能耗的增加。另一方面，换热器运行数量对两侧水泵的能耗也有影响：增加换热器的运行数量，有利于改善换热器的传热效果从而减少一次侧冷冻水的流量需求及降低一次侧水泵能耗，但同时会增加换热器所关联的二次侧一级定速泵的运行数量和能耗。反之亦然。

因此，本章提出的优化控制策略旨在最小化换热器两侧相关联水泵的总能耗（P_{tot}），包括换热器一次侧水泵能耗（$P_{pu, bhx}$）、换热器二次侧一级泵能耗（$P_{pu, pri, ahx}$）和换热器二次侧二级泵能耗（$P_{pu, sec, bhx}$）。优化控制策略的目标函数如式（7.1）所示，优化的变量包括：换热器二次侧出水温度设定值（$t_{set, out, ahx}$）、换热器运行数量（N_{hx}）及各组水泵运行数量。

$$\min_{t_{set,out,ahx} \times N_{hx}} (P_{tot}) = \sum_{i=1}^{N_{pu,sec,bhx}} P_{pu,bhx,i} + \sum_{j=1}^{N_{pu,pri,ahx}} P_{pu,pri,ahx,j} + \sum_{k=1}^{N_{pu,sec,ahx}} P_{pu,sec,ahx,k} \tag{7.1}$$

式中，$t_{set, out, ahx}$ 为换热器二次侧出水温度设定值，N_{hx} 为换热器的运行数量，$N_{pu, sec, bhx}$ 为换热器一次侧水泵的运行数量，$N_{pu, pri, ahx}$ 为换热器二次侧一级泵的运行数量，$N_{pu, sec, ahx}$ 为换热器二次侧二级泵的运行数量。

2. 约束条件

该优化控制策略考虑了能量平衡、质量平衡、机械限制等运行约束。

①假定由冷机产生的冷量与提供给建筑物的冷量近似相等；

②由于冷机、泵和换热器等在每一个组群内部并联安装，因此假定水均匀地分配给运行中的各设备；

③对终端设备，供水水温过高不能满足室内湿度的要求，因此换热器二次侧出水温度设定值（$t_{set, out, ahx}$）是有界的，具体如式（7.2）基于换热器一次侧进水温度（$t_{in, bhx}$）进行约束；

$$t_{in,bhx} + 0.1℃ \leqslant t_{set,out,ahx} \leqslant 9℃ \tag{7.2}$$

④由于过低的频率会导致泵运行不稳定，所以变速泵的工作频率下限设置为 20 Hz；

⑤该优化策略还考虑了运行中避免盈亏管逆流问题，将可能导致盈亏管逆流的取值舍弃；

⑥为避免层流对换热的影响，通过换热器两侧任意一侧的最小流量取值为其设计工况的 20%。

7.1.3　预测模型

本优化控制策略建立了中央空调冷冻水系统各个部件的预测模型，包括：基于自适应的风柜群全局预测模型、基于自适应的输配管网预测模型、基于自适应的最不利末端压降预测模型、水泵能耗预测模型、换热器预测模型。这些预测模型可以实现对不同工况下的相应设备的性能进行预测。部分预测模型采用了自适应方法对模型中的一些关键参数进行在线识别和更新，以保证模型在不同工况下的预测精度。

1. 基于自适应的风柜群全局预测模型

风柜群全局预测模型用于预测在不同冷冻水进水温度、不同冷负荷工况下，本分区全部末端风柜所需的冷冻水流量。一般对单个风柜而言，风柜所需冷冻水流量很大程度上与以下 4 个参数高度相关：供水温度、进风温度、风量、冷负荷。在本节所涉及的空调系统中采用了变风量系统，风柜的出风温度被控制在一个固定的设定值。对变风量空调系统中具有恒定出风温度的单体风柜，风柜的风量基本与送风区域的冷负荷成正比，因此风量和冷负荷两个参数可以二选一用来作为预测模型的输入变量。此外，风柜进风温度等于室内空气温度，而室内空气温度也是一个受控参数（建筑室温设定值为 23℃）。因此，在给定室温（23℃）下，单体风柜所需冷冻水流量（$M_{\text{w, indi}}$）的预测模型可以简化为由两个主要变量确定：冷冻水供水温度（$t_{\text{w, in}}$）和冷负荷（Q_{indi}），如式（7.3）所示。其中，$t_{\text{w, des}}$ 和 Q_{des} 表示设计进水温度和设计冷负荷，为常量；a_0，a_1，a_2 为常量系数。在由多个相同风柜并联组成的风柜组群系统中，风柜群需要的总水流量（$M_{\text{w, tot}}$）可由式（7.4）表示。若全部风柜组群总冷负荷用式（7.5）中的 Q_{tot} 表示，则式（7.4）可改写成式（7.6）。若令式（7.6）右侧括号内的累加多项式由式（7.7）表示，则式（7.6）可进一步表示为式（7.8）。可以发现，式（7.7）中 β 实际上体现了所有单台风柜的实际运行所占的负荷比率（即单台实际负荷与总负荷之比）之和。因为每个单独的末端风柜的冷负荷都会随时间而改变，因此 β 可以看作一个时变因子。

$$M_{\text{w,indi}} = a_0 \cdot \left(\frac{t_{\text{w,in}}}{t_{\text{w,des}}}\right)^{a_1} \cdot \left(\frac{Q_{\text{indi}}}{Q_{\text{des}}}\right)^{a_2} \tag{7.3}$$

$$M_{\text{w,tot}} = \sum_{i=1}^{n} M_{\text{w,indi},i} = a_0 \cdot \left(\frac{t_{\text{w,in}}}{t_{\text{w,des}}}\right)^{a_1} \cdot \left[\left(\frac{Q_{\text{indi},1}}{Q_{\text{des}}}\right)^{a_2} + \left(\frac{Q_{\text{indi},2}}{Q_{\text{des}}}\right)^{a_2} + \cdots + \left(\frac{Q_{\text{indi},n}}{Q_{\text{des}}}\right)^{a_2}\right] \tag{7.4}$$

$$Q_{\text{tot}} = \sum_{i=1}^{n} Q_{\text{indi},i} \tag{7.5}$$

$$M_{\mathrm{w,tot}}=a_0\cdot\left(\frac{t_{\mathrm{w,in}}}{t_{\mathrm{w,des}}}\right)^{a_1}\cdot\left(\frac{Q_{\mathrm{tot}}}{Q_{\mathrm{des}}}\right)^{a_2}\cdot\left[\left(\frac{Q_{\mathrm{indi},1}}{Q_{\mathrm{tot}}}\right)^{a_2}+\left(\frac{Q_{\mathrm{indi},2}}{Q_{\mathrm{tot}}}\right)^{a_2}+\cdots+\left(\frac{Q_{\mathrm{indi},n}}{Q_{\mathrm{tot}}}\right)^{a_2}\right]\quad(7.6)$$

$$\beta=\left(\frac{Q_{\mathrm{indi},1}}{Q_{\mathrm{tot}}}\right)^{a_2}+\left(\frac{Q_{\mathrm{indi},2}}{Q_{\mathrm{tot}}}\right)^{a_2}+\cdots+\left(\frac{Q_{\mathrm{indi},n}}{Q_{\mathrm{tot}}}\right)^{a_2}\quad(7.7)$$

$$M_{\mathrm{w,tot}}=\beta\cdot a_0\cdot\left(\frac{t_{\mathrm{w,in}}}{t_{\mathrm{w,des}}}\right)^{a_1}\cdot\left(\frac{Q_{\mathrm{tot}}}{Q_{\mathrm{des}}}\right)^{a_2}\quad(7.8)$$

对比式（7.3）和式（7.8）可知，预测多个风柜总体的冷冻水流量不仅与供水温度、总冷负荷有关，还与表征单个风柜实际运行负荷率的时变因子 β 有关。然而，大量实际项目中单台风柜很少具备测量冷负荷的条件（主要是没有安装流量计），根据式（7.7）无法直接计算 β 值。为了解决这个问题，本书提出自适应的方法来在线准确估计 β 值。如图 7.3 所示，在当前 k 时刻，可以在线测量或计算系统各运行参数，包括系统的总水流量（$M_{\mathrm{w,tot}}^{k}$），进水温度（$t_{\mathrm{w,in}}^{k}$），以及系统的总冷负荷（Q_{tot}^{k}），在此基础上可根据式（7.8）反向计算 k 时刻的 β^k 值。根据空调系统负荷的固有特性，认为各末端风柜在极短时间内的负荷基本保持稳定，因此在 k 时刻计算出的 β^k 值可以用来计算 $k+1$ 时刻所需的流量。对在线应用，该模型中的三个参数（a_0、a_1、a_2）需要利用历史数据通过回归方法来预先确定。

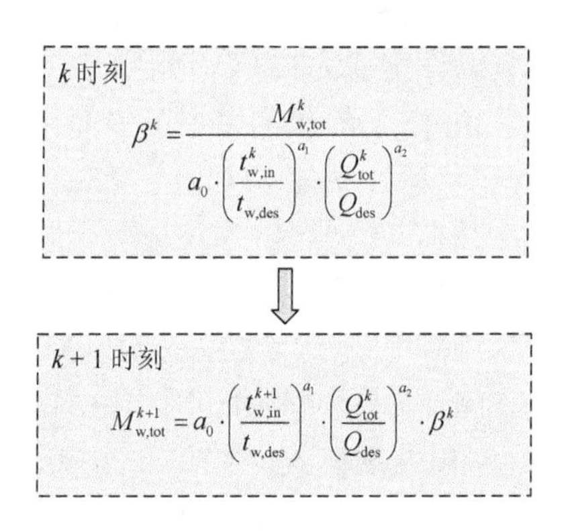

图 7.3　基于自适应方法的冷冻水流量预测

2. 基于自适应的输配管网预测模型（换热器二次侧、一次侧）

输配管网预测模型（换热器二次侧）用来预测换热器二次侧管网的压降。换热器二次侧管网用来将冷冻水从换热器输送到末端设备，整个环路包括换热器、水泵、末端风柜和相关的输配管网。不同系统的输配管网会有所不同，但预测模型是根据最不利环路建立的，因此该预测模型具有一定的通用性。此处以所研究的冷冻水系统的III区为对象建立预测模型。

如图 7.4 所示，这是一种典型同程式输配管网，理论上每个末端回路都有近似相等的长度。选择通过最远端实测的环路来建立预测模型。该管网系统的总压降 $PD_{\mathrm{tot,ahx}}$（即本回路所需的二次泵压降）包括水泵关联附件压降 $PD_{\mathrm{pf,tot,ahx}}$（即 E 点与 F 点之间的压降）、主供水管和回水管道（包括管道段 $D \sim E$、$F \sim A_1$ 和 $B_n \sim C$）及支路（即 $A_1 \sim A_n$）的管道压降 $PD_{\mathrm{pipe,tot,ahx}}$、最远端实测（即 $A_n \sim B_n$）压降 PD_{term}，可以用等式（7.9）表示。整个换热器组的压降由换热器二次侧的一级定速泵克服，不包括在此模型中。以下为水泵关联附件压降（$PD_{\mathrm{pf,tot,ahx}}$）和管道压降 $PD_{\mathrm{pipe,tot,ahx}}$ 的计算方法。最远端实测压降 PD_{term} 的计算方法在下文中做详细介绍。

$$PD_{\mathrm{tot,ahx}} = PD_{\mathrm{pf,tot,ahx}} + PD_{\mathrm{pipe,tot,ahx}} + PD_{\mathrm{term}} \tag{7.9}$$

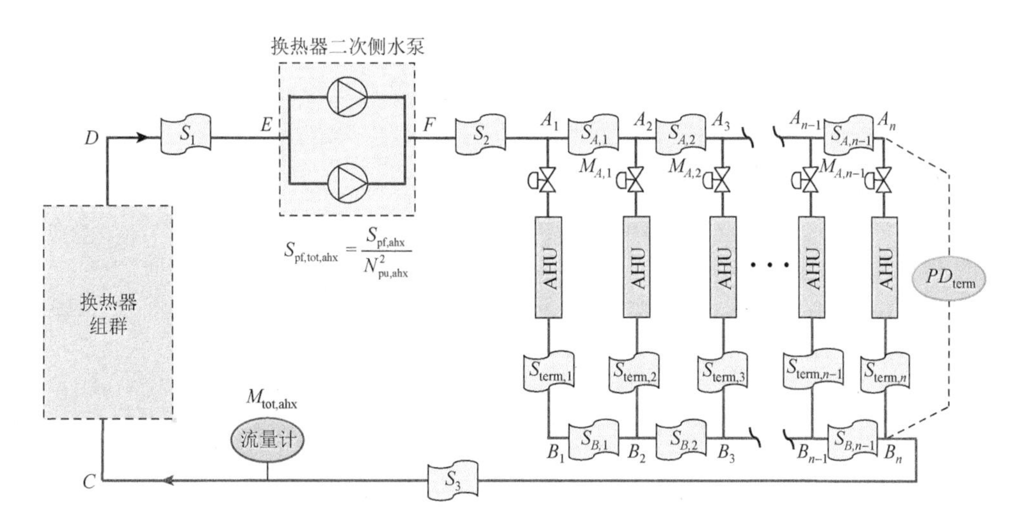

图 7.4　换热器二次侧输配管网简图

水泵关联附件压降（$PD_{\mathrm{pf,tot,ahx}}$）可以用式（7.10）来计算，它与单台水泵附件的阻抗和流量的平方成正比，与并联运行数量的平方成反比。管道压降（$PD_{\mathrm{pipe,tot,ahx}}$）（包括管段 $D \sim E$、$F \sim A_1$、$B_n \sim C$ 和 $A_1 \sim A_n$）可以用式（7.11）表示。鉴于各管段流量实际中很难获取，通过将各支路的流量转化为关于系统总流量（$M_{\mathrm{tot,ahx}}$）的函数，将式（7.11）进一步改写为式（7.12）。式（7.12）右侧第一项可以作为一个单独因子（$S_{\mathrm{pipe,tot,ahx}}$）由式（7.13）表示，它代表了所研究回路中所有管道的虚拟总阻抗。很明显，$S_{\mathrm{pipe,tot,ahx}}$ 反映了单个风柜流量比率（即单台风柜流量与系统总流量之比）平方之和。当任何一个风柜的流量发生变化时，该虚拟总阻抗都会发生变化。但在相对较短的时间内，可以假设每个风柜所处理的冷负荷接近不变，这意味着每个风柜所需冷冻水流量与系统总水量的比率大致保持不变。由于实际项目中单台风柜没有安装流量计，根据式（7.12）无法直接计算 $S_{pipe, tot, ahx}$ 的值。因此，可以用一种自适应的方法来确定当前 k 时刻的 $S^k_{pipe,tot,ahx}$，并将 k 时刻的值用于预测下一时刻（$k+1$）时所有管道的压降。如图 7.5 所示，在当前 k 时刻，可以用测量的水泵扬程（$H^k_{pu,sec,ahx}$）、计算出的水泵关联附件压降（$PD^k_{pf,tot,ahx}$）、测量的最不利末端压降（PD^k_{term}）及测量的系统总水流量（$M^k_{tot,ahx}$）来计算 k 时刻的 $S^k_{pipe,tot,ahx}$。然后，利用 k 时刻的 $S^k_{pipe,tot,ahx}$ 预测 $k+1$ 时刻系统中所有管道的压降。其中，$k+1$ 时刻的冷冻水流量由前述“风柜群全局预测模型”预测获得。

对在线应用，只有一个参数（即水泵关联附件阻抗 $S_{pf, ahx}$）需要提前进行参数识别。$S_{pf, ahx}$ 可以看作一个常数，可通过测量换热器后单次泵上的压降（即图 7.4 中 E 点和 F 点之间的压降）及它的流量来确定。管道的虚拟阻抗（$S_{pipe, tot, ahx}$）不需要预先识别，因为它是一个变量，在不同的工作条件下会发生变化。$S_{pipe, tot, ahx}$ 可在模型的每一个时间步长内自动计算。

另外，输配管网预测模型（换热器一次侧）由于原理与输配管网预测模型（换热器二次侧）一致，且换热器一次侧输配管网没有二次侧复杂，可以看作二次侧管网的简化，因此此处不再赘述。

$$PD_{pf,tot,ahx} = \frac{S_{pf,ahx}}{N^2_{pu,sec,ahx}} M^2_{tot,ahx} \tag{7.10}$$

$$PD_{pipe,tot,ahx} = (S_1 + S_2 + S_3) M^2_{tot,ahx} + S_{A,1} M^2_{A,1} + S_{A,2} M^2_{A,2} + \cdots + S_{A,n-1} M^2_{A,n-1} \tag{7.11}$$

$$PD_{pipe,tot,ahx} = \left(S_1 + S_2 + S_3 + S_{A,1} \frac{M^2_{A,1}}{M^2_{tot,ahx}} + S_{A,2} \frac{M^2_{A,2}}{M^2_{tot,ahx}} + \cdots + S_{A,n-1} \frac{M^2_{A,n-1}}{M^2_{tot,ahx}}\right) M^2_{tot,ahx} \tag{7.12}$$

$$S_{pipe,tot,ahx} = S_1 + S_2 + S_3 + S_{A,1} \frac{M^2_{A,1}}{M^2_{tot,ahx}} + S_{A,2} \frac{M^2_{A,2}}{M^2_{tot,ahx}} + \cdots + S_{A,n-1} \frac{M^2_{A,n-1}}{M^2_{tot,ahx}} \tag{7.13}$$

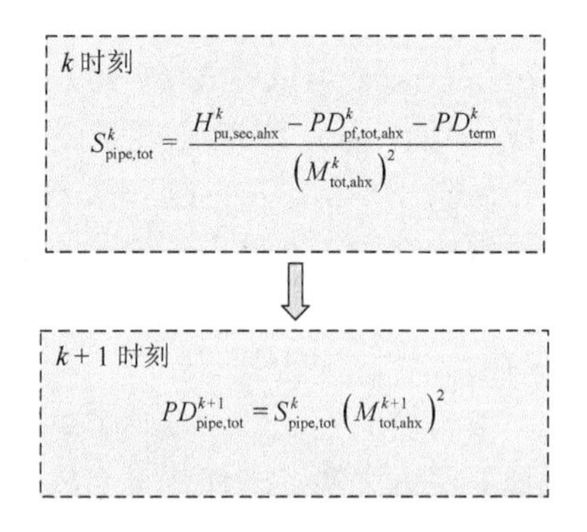

图 7.5　基于自适应的管路压降预测

3. 基于自适应的最不利末端压降预测模型

最不利末端压降（最远端实测压降）预测模型用来预测不同进水温度下最不利末端支路的压降。传统水泵转速控制方法是通过控制最不利末端压降达到一个固定的压差设定值，这种情况下末端压降是基本固定不变的，无须预测。当采用变压差方法控制水泵转速时，最不利末端的水阀基本保持近乎全开状态，因此支路的阻抗基本变化不大；而当供水温度出现变化时，相同冷负荷下支路需要的冷冻水量是变化的，因此阻力也是变化的，需要在不同条件下预测。

对最不利末端压降（PD_{term}）（即图 7.4 中 A_n～B_n 上的压降），可以利用最不利末端支路的阻抗（S_{term}）和支路水流量（M_{term}）计算用式（7.14）表示。鉴于每个支路水流量的测量值在实际应用中很难获得，故引入可测量的干管总水流量（$M_{tot, ahx}$）。式（7.14）因此可改写为式（7.15）。$S_{term, fic}$ 可以看作虚拟阻力因子，由最不利末端支路阻抗 S_{term}、支路流量比率（即支路流量与总流量之比）决定。在最不利末端水阀保持近似全开的情况下，S_{term} 基本不变，而在较短时间内，支路流量比率也可以近似看作变化不大，因此可以合理假设虚拟阻力因子（$S_{term, fic}$）在较短时间间隔内保持稳定。故采用前述的自适应方法，如图 7.6 所示，在 k 时刻利用测量的最不利末端压降（PD_{term}^k）和测量的干管总水流量（$M_{tot,ahx}^k$）计算 k 时刻的虚拟阻力因子（$S_{term,fic}^k$），并利用它预测 $k+1$ 时刻的最不利末端压降$\left(PD_{term}^{k+1}\right)$。

$$PD_{term} = S_{term} M_{term}^2 \tag{7.14}$$

$$PD_{term} = \left(S_{term} \frac{M_{term}^2}{M_{tot,ahx}^2} \right) M_{tot,ahx}^2 = S_{term,fic} M_{tot,ahx}^2 \tag{7.15}$$

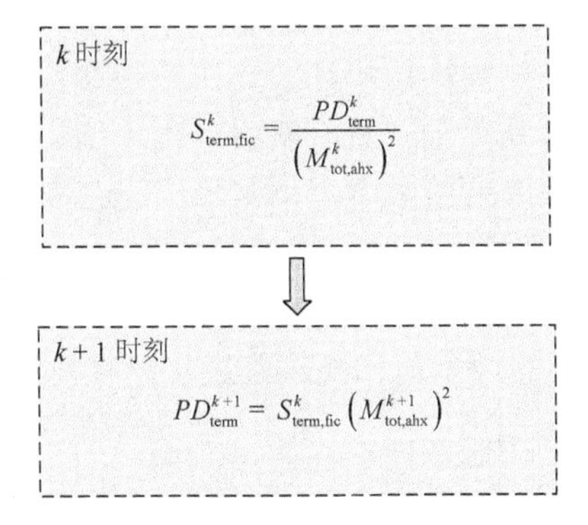

图 7.6　基于自适应的最不利末端压差预测

4. 水泵能耗预测模型

在已知水泵总水流量的情况下，利用水泵能耗预测模型可以预测泵的功率，该模型基于已有的模型进行了改进（Bahnfleuth et al.，2001，2006）。在供应商提供的性能数据基础上，用多项式逼近法对泵的性能进行了数学描述。水泵的功率由式（7.16）进行计算，其中水泵扬程（H_{pu}）可以描述为水流量（M_w）和工作频率（f）的函数，如式（7.17）所示。泵、电机和变频器的效率分别可以用式（7.18）～式（7.20）来描述。对在线应用，可以根据泵的性能数据或泵、电机和变频器的效率曲线来识别模型中的系数（b_0～b_2，c_0～c_2，d_0～d_1，e_0～e_3），这些数据可由生产商提供。

$$P_{pu}=\frac{M_w H_{pu}}{3600\eta_{pu}\eta_{vfd}\eta_m} \tag{7.16}$$

$$H_{pu}=b_0 M_w^2+b_1 M_w f+b_2 f^2 \tag{7.17}$$

$$\eta_{pu}=c_0+c_1 M_w f+c_2 M_w^2 f^2 \tag{7.18}$$

$$\eta_m=d_0(1-e^{d_1 f}) \tag{7.19}$$

$$\eta_{vfd}=e_0+e_1 f+e_2 f^2+e_3 f^3 \tag{7.20}$$

式中，P_{pu} 为水泵的能耗（kW·h）；H_{pu} 为水泵扬程（m）；η_{pu}、η_m、η_{vfd} 分别为水泵效率、电机效率、变频器效率；M_w 为水泵水流量（m^3/h）；f 为运行频率（Hz）。

5. 换热器预测模型

换热器预测模型用来预测换热器的换热过程，当已知换热器二次侧流量、冷负荷及换热器两侧的进水温度时，可以预测出换热器一次侧的水流量。

在已知换热器二次侧的水流量（$M_{tot,ahx}$）时，本节采用了基于热力学基本原理的 ε-NTU 方法来预测换热器（$M_{tot,ahx(bhx)}$）前所需水流量。利用该模型首先估计换热器之前的流量初始值，然后使用方程（7.21）计算总传热系数（KA）。再用式（7.22）定义传递单元的总数目（NTU）。逆流换热器的传热效能（ε）可用式（7.23）表示。采用式（7.24），根据换热器一次侧的流量计算换热器一次侧的进水温度，并与测量值进行比较，直到两个结果之间的差值在预定限度内。当给出换热器二次侧系统的冷负荷、换热器进水温度及换热器后的流量时，可确定换热器前所需的流量。对在线应用，式（7.21）中的两个参数（即 m，n）需要用回归方法来得出。

$$KA=KA_{des}\cdot\left(\frac{M_{tot,bhx}}{M_{bhx,des}}\right)^m\cdot\left(\frac{M_{tot,ahx}}{M_{ahx,des}}\right)^n \tag{7.21}$$

$$\mathrm{NTU}=\frac{KA}{c_{\min}} \tag{7.22}$$

$$\varepsilon=\frac{1-\exp\left[-\mathrm{NTU}\left(1-\frac{c_{\min}}{c_{\max}}\right)\right]}{1-\frac{c_{\min}}{c_{\max}}\exp\left[-\mathrm{NTU}\left(1-\frac{c_{\min}}{c_{\max}}\right)\right]} \tag{7.23}$$

$$t_{\text{in, bhx}}=t_{\text{in, ahx}}-\frac{Q_{\text{tot,ahx}}}{\varepsilon\cdot c_{\min}} \tag{7.24}$$

式中，KA 为换热器传热系数和换热面积的乘积（kW/℃），KA_{des} 为换热器额定工况下传热系数和换热面积的乘积（kW/℃）；$M_{\text{tot, bhx}}$ 为单台换热器一次侧冷冻水质量流量（kg/s）；$M_{\text{tot, ahx}}$ 为单台换热器二次侧冷冻水质量流量（kg/s），$M_{\text{bhx, des}}$ 为单台换热器额定工况下一次侧冷冻水质量流量（kg/s），$M_{\text{ahx, des}}$ 为单台换热器额定工况下二次侧冷冻水质量流量（kg/s）；NTU 为传热单元数；$c_{\min}$ 为换热器两侧流体中最小热容量（kW/℃），$c_{\max}$ 为换热器两侧流体中最大热容量（kW/℃）；ε 为换热器的有效度；$Q_{\text{tot, ahx}}$ 为单台换热器的换热量（kW）；$t_{\text{in, bhx}}$ 为换热器一次侧进水温度（℃），$t_{\text{in, ahx}}$ 为换热器二次侧进水温度（℃）。

7.1.4　局部控制策略

在优化控制策略中采用的局部控制策略主要包括水泵数量及转速控制、换热器运行数量控制。

1. 水泵运行数量控制

水泵运行数量控制策略主要用于控制换热器两侧水泵的运行数量。对二级变速泵，采用常规策略，当运行水泵的频率超过其全容量的 90%（相当于 45 Hz）时，额外的水泵将被开启。当运行水泵的频率低于全容量的 60%（相当于 30 Hz）时，其中一个运行中的水泵将被关闭。对换热器后的一级定速泵，其运行数量与换热器的运行数量相同。

2. 换热器一次侧水泵转速优化控制

换热器一次侧变速泵将冷冻水从冷源输送到换热器。采用反馈控制，调节水泵转速，将换热器二次侧的平均出水温度维持在设定值。具体可使用串级控制方法，它包含两个循环：内回路和外回路，如图 7.7 所示。在外回路中，利用温度控制器，通过比较换热器二次侧测得的出水温度与其设定值的接近程度来产生内回路的压差设定值。在内回路中，通过将在换热器一次侧主供、回水管之间的测量得到的压差与在外回路中产生的设定值进行比较，采用压差控制器对换热器前的泵速进行控制。本节将对换热器二次侧的温度设定值进行优化以达到节能的目的，换热器前的压差设定值是过程中产生的中间变量。

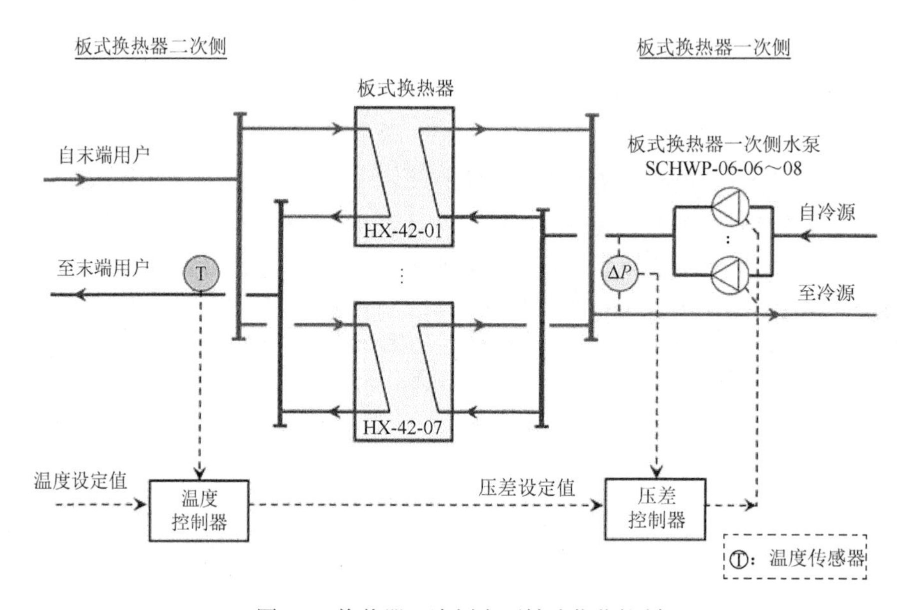

图 7.7　换热器一次侧水泵转速优化控制

3. 换热器二次侧水泵转速控制

换热器二次侧二级变速泵将冷冻水从换热器分配到末端风柜。通过控制水泵转速将最不利末端的压差保持在设定值。这个压力设定值是一个变量，它被不断重置以保持最不利末端的水阀近乎全开，从而减小所需的扬程，同时仍能使风柜提供的冷量满足室内舒适度。

7.2　测试平台及在线应用流程

7.2.1　测试平台

为了验证和评估所提出的自适应优化控制策略，利用动态系统模拟软件TRNSYS 建立复杂冷冻水系统的仿真平台。该仿真平台基于香港某超高层建筑，选取其中一个包含换热器的竖向分区（Ⅲ区）为对象进行搭建。

如图 7.1 所示，是一个典型的二级泵冷冻水系统，冷源为两台额定制冷量为 7 230 kW 的水冷离心式冷冻水机组，提供 5.5℃的冷冻水。每台冷冻水机组与一台定速一级泵联锁运行。在二级环路中，使用换热器作为中转站将冷量从冷源传递到末端设备。换热器一次侧为变速泵；换热器二次侧为“次级二级泵系统”：每台换热器二次侧与一台一级定速泵联锁运行，以确保通过各换热器的流量恒定，同时换热器二次侧变速二级泵负责将冷冻水输配到末端用户。末端风柜采用变速控制，根据室内温度设定值（23℃）控制风机转速；风柜出风温度采用定温控制，通过调节水阀开度使送风温度维持在设定值（13℃）。冷机、冷却塔、泵和风柜盘管的模型都是复杂物理模型，可以模拟真冷冻水系统换热和流动的动态特性。整个仿真平台基于 TRNSYS 开发，所使用的天气状况是香港典型年份的数据。

7.2.2　自适应优化控制策略在线应用步骤

对在线应用，所提出的自适应优化控制策略在线采集系统运行参数并利用预测模型自动搜索最优控制设定值，包括换热器二次侧出水温度的最优设定值、所需的换热器和泵的运行数量。详细的在线优化过程如下。

①对测量数据进行预处理，过滤不合理值。

②根据给定的换热器一次侧进水温度，定义换热器二次侧出水温度设定值（$t_{set,\ out,\ ahx}$）的设定范围，并确定换热器所需运行数量的设定范围。

③在给定的 $t_{set,\ out,\ ahx}$ 下，利用“风柜群全局预测模型”计算换热器二次侧全部末端所需总冷冻水流量。

④基于预测的换热器二次侧总冷冻水流量，利用“最不利末端压降预测模型”计算换热器二次侧最不利末端的压降；利用“输配管网预测模型（换热器二次侧）”预测换热器二次侧管网的总压降和换热器后泵所需的运行数量；利用“水泵能耗预测模型”计算换热器二次侧二级变速泵的能耗。

⑤基于预测的换热器二次侧总冷冻水量和给定的换热器二次侧出水温度，利用“换热器预测模型”计算换热器一次侧所需的水流量；利用“输配管网预测模型（换热器一次侧）”计算换热器一次侧管网的总压降、换热器一次侧水泵所需的运行数量；利用“水泵能耗预测模型”计算换热器一次侧二级变速泵的能耗。

⑥利用“水泵能耗预测模型”计算换热器二次侧一级变速泵的能耗。

⑦采用优化算法确定设定的换热器二次侧出水温度（即 $t_{set,\ out,\ ahx}$）、换热器的运行数量和水泵的运行数量，使得换热器两侧的水泵的总能耗最低。

7.3　自适应优化控制策略的性能测试和评估

7.3.1　预测模型及优化控制策略准确度评估

1. 预测模型准确度评估

本节开发的自适应优化控制策略包括以下预测模型：基于自适应的风柜群全局预测模型、基于自适应的输配管网预测模型（换热器一、二次侧）、基于自适应的最不利末端压降预测模型、换热器预测模型、水泵能耗预测模型。这些预测模型的准确度对优化控制策略整体性能有直接影响，因此首先需要对各预测模型的预测准确度进行验证和评估；其次，对优化控制策略的整体寻优性能进行测试，以验证其能否在不同的工况下找到最优的设定值。

利用仿真平台运行产生不同工况的测量值对预测模型进行预先训练。图 7.8 对比了不同工况下的测量值和在线模型预测值，实心点表示当前工作条件下的测量值，而空心点是在相同条件下的预测值。可以观察到 4 个预测模型中，测量值与模型预测值之间的相对误差在大多数情况下大大低于 10%，这表明在线自适应模型于在线应用中具有可接受的精度。值得注意的是，当在当前值附近预测时，预测的结果与测量值更加接近，预测结果将更加准确。因为中央空调系统的工况是连续变化的，优化也是逐步地、连续地进行，所以即使新工况与当前工况相差较大，在不断逼近新工况的过程中，预测值也会不断被更新而接近实际值。

2. 优化控制策略寻优准确度评估

为了验证所提出的优化控制策略寻优结果的准确性，在模拟平台上进行了“理想试验”。即通过在相同的冷负荷条件下，重置不同的换热器二次侧出水温度设定值（$t_{set, out, ahx}$），选择与换热器两侧水泵功耗最小所对应的设定值作为理想试验的结果，并以此为参考基准，与优化控制策略的预测结果进行比较。选取三种典型工况（春季、温和夏季和炎热夏季），重置 $t_{set, out, ahx}$ 的增量为 0.1℃，冷机组的供水水温固定在 5.5℃。

表 7.1 和表 7.2 分别给出了三种典型天气工况下“理想试验”测得的优化结果和使用所开发的优化控制策略预测的优化结果，包括：换热器二次侧出水温度的设定值（$t_{set, out, ahx}$）、换热器一次侧水泵能耗（$P_{pu, bhx}$）、换热器二次侧二级泵能耗（$P_{pu, sec, ahx}$）、换热器二次侧一级泵能耗（$P_{pu, pri, bhx}$）、水泵总能耗。经对比可发现，在三种天气工况下，优化控制策略可以找到与理想实验结果相同的换热器二次

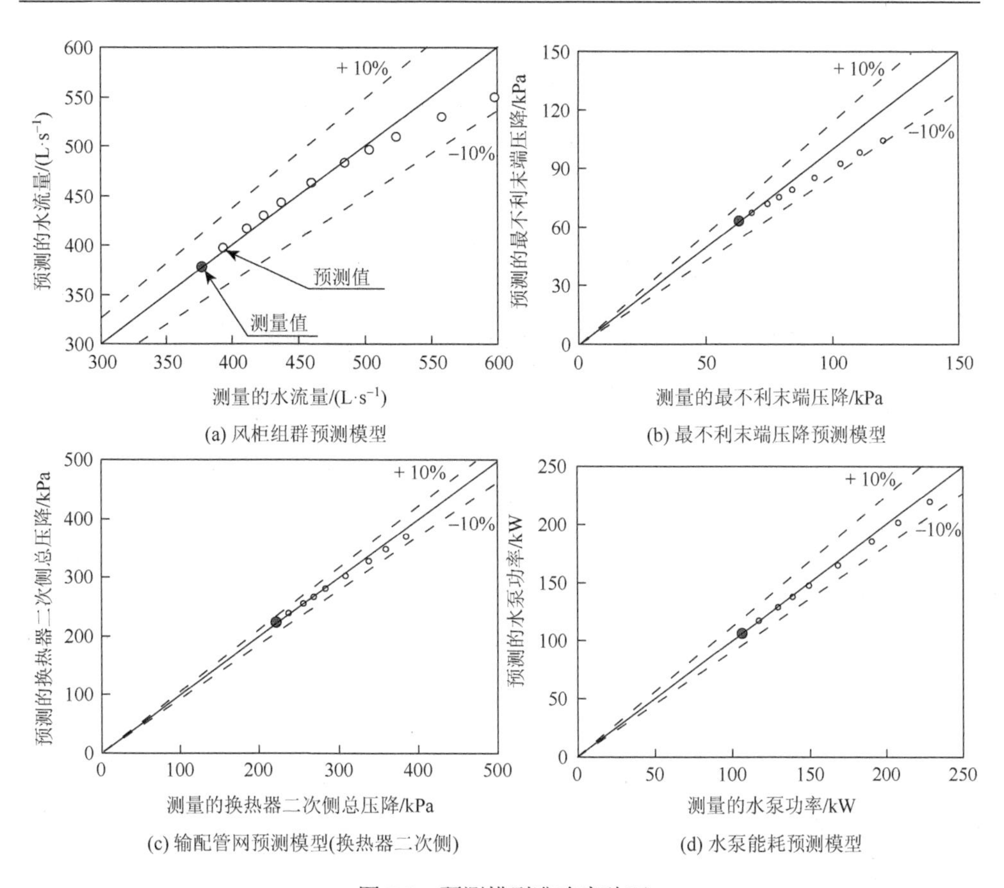

(a) 风柜组群预测模型　(b) 最不利末端压降预测模型

(c) 输配管网预测模型(换热器二次侧)　(d) 水泵能耗预测模型

图 7.8　预测模型准确度验证

侧出水温度的设定值（$t_{set, out, ahx}$）。优化控制策略所预测的优化设定值下的水泵总能耗与“理想试验”相比最大相对误差仅为 0.18%。用该方法确定的水泵和换热器的运行数量也与“理想试验”结果吻合较好。

图 7.9 给出了温和夏季工况下，当换热器的运行数量保持不变时优化控制策略寻优的详细过程和结果。在 5.7～8.0℃的区间内对换热器二次侧出水温度搜索，并针对不同的温度预测相关水泵的功率。结果表明，换热器二次侧二级泵的功率随换热器出水温度的升高而增大。相反，换热后出水温度越低，换热器一次侧水泵能耗越大。还可以观察到，在这种情况下，由于换热器的运行数量是固定的，所以换热器二次侧一级泵的功率保持不变。因此，水泵的总能耗的最小值出现在换热器一次侧水泵能耗下降率等于换热器二次侧二级泵的能耗增长率时。以总能耗最小时对应的温度值作为最优的换热器二次侧出水温度设定值。

表 7.1　三种典型工况下优化策略预测结果验证

测量项	工况		
	春季	温和夏季	炎热夏季
冷负荷/(MW·h)	4 938.09	7 825.85	10 180.13
冷机运行数量/台	1.00	2.00	2.00
冷机出水温度/℃	5.50	5.50	5.50

表 7.2　三种典型工况下优化策略的预测结果和"测量结果"

测量项	春季		温和夏季		炎热夏季	
	优化策略预测结果	理想试验（"测量"结果）	优化策略预测结果	理想试验（"测量"结果）	优化策略预测结果	理想试验（"测量"结果）
$t_{set, out, ahx}$	6.90	6.90	6.60	6.60	6.60	6.60
$P_{pu, bhx}$	35.54	35.87	57.13	57.67	93.42	94.62
$P_{pu, sec, ahx}$	55.09	54.51	97.95	97.62	180.37	179.76
$P_{pu, pri, bhx}$	44.70	44.70	89.40	89.40	134.10	134.10
$P_{pu, bhx} + P_{pu, sec, ahx} + P_{pu, pri, bhx}$	135.33	135.09	244.48	244.69	407.89	408.48
$N_{pu, bhx}$	1	1	2	2	2	2
$N_{pu, sec, ahx}$	1	1	2	2	2	4
$N_{pu, pri, bhx}$	1	1	2	2	3	3
N_{hx}	1	1	2	2	3	3

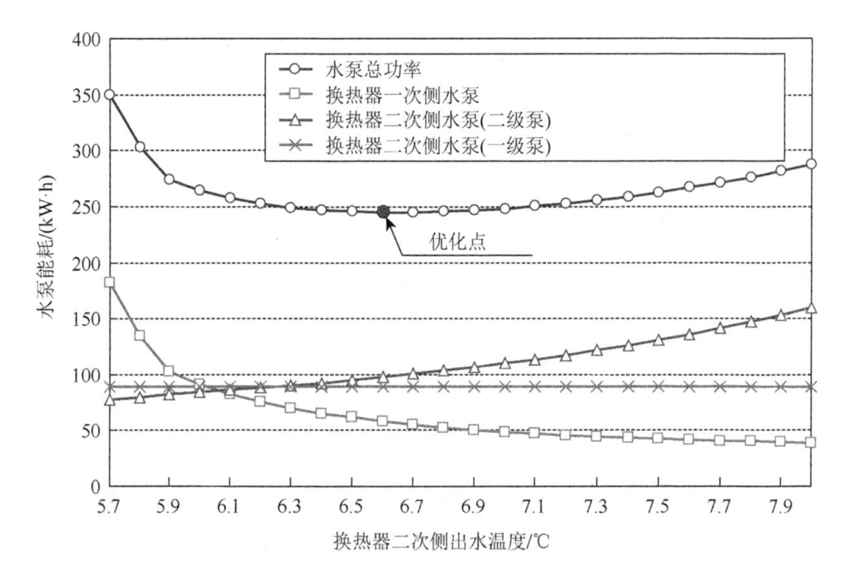

图 7.9　优化控制策略温度设定值寻优结果（温和夏季）

换热器的运行数量对水泵能耗的寻优结果也有影响。对给定的换热器二次侧出水温度设定值（$t_{set, out, ahx}$），存在一个换热器最少运行数量以确保提供足够换热面积。大于此最少换热器运行数量也满足要求，但不同的换热器运行数量，虽然 $t_{set, out, ahx}$ 保持不变，却会导致换热器两侧水泵的功耗不同。表 7.3 显示了在温和夏季的情况下对给定的 $t_{set, out, ahx}$（即 6.6℃）对换热器数量的寻优过程。虽然换热器运行数量的增加可以降低换热器一次侧水泵的能耗，但更多的换热器也需要关联启动换热器二次侧更多的一级定速泵，这里一级定速泵所消耗的额外能耗超过了换热器一次侧水泵所节约的能耗。通过预测，所提出的优化控制策略成功搜寻到能使水泵总能耗最小的换热器的最优运行数量。

表 7.3　换热器在给定出水温度下的运行数量及能耗情况（$t_{out, ahx} = 6.6℃$）

换热器运行数量 N_{hx}/台	换热器一次侧水泵能耗 $P_{pu, bhx}$/(kW·h)	换热器二次侧一级泵能耗 $P_{pu, pri, ahx}$/(kW·h)	换热器二次侧二级泵能耗 $P_{pu, sec, ahx}$/(kW·h)	合计能耗/(kW·h)
2	57.67	89.40	97.62	244.69
3	32.39	134.10	97.62	264.11
4	24.81	178.80	97.62	301.23
5	21.45	223.50	97.62	342.57

7.3.2　优化控制策略的节能性和稳健性评估

1. 优化控制策略节能性评估

如表 7.4 所示，为了评估所提出的优化控制策略的节能性和稳健性，将所提出的最优控制策略（Strategy #3）与另外两种常规控制策略（Strategy #1 和 Strategy #2）在同一仿真平台上进行比较。Strategy #1 和 Strategy #2 中换热器二次侧出水温度设定值（$t_{set, out, ahx}$）采用固定温差设定，在冷机出水温度的基础上增加固定温差（即冷机出水温度 + 0.8℃），换热器运行数量与换热器二次侧二级泵运行数量关联，前者为后者运行数量的两倍。另外，Strategy #1 与 Strategy #2 相比，换热器一次侧水泵转速采用定压差控制，如图 7.10 所示，通过调节水泵转速使整个换热器组群之前压差保持在一个固定的设定值。换热器一次侧的水阀开度根据换热器二次侧出水温度进行调节，如果当阀门完全打开而换热器二次侧出水温度无法达到其设定值时，将增加换热器运行数量。Strategy #2 和 Strategy #3 采用了所提出的优化变压差设定值，使调节阀在换热器一次侧保持近乎全开，如 7.1.4 节所述。Strategy #3 则同时采用了优化的换热器二次侧出水温度设定值（$t_{set, out, ahx}$）和变压差设定值。

表 7.4　不同控制策略说明

控制策略	描述
Strategy #1	换热器二次侧出水温度设定值（$t_{set, out, ahx}$）采用固定温差设定；换热器一次侧水泵转速采用定压差控制
Strategy #2	换热器二次侧出水温度设定值（$t_{set, out, ahx}$）采用固定温差设定；换热器一次侧水泵转速采用优化压差控制
Strategy #3	换热器二次侧出水温度设定值（$t_{set, out, ahx}$）采用预测的优化设定值；换热器一次侧水泵转速采用优化压差控制

在采用三种控制策略时，冷机供水水温固定在 5.5℃。在典型的春季、温和夏季和炎热夏季工况下各选取一天（8:00～18:00），分别对该系统进行测试。以 Strategy #1 为基准，对系统的能耗性进行比较。值得注意的是，采用这三种控制策略时，冷机的能耗在每个测试案例上都是相同的。

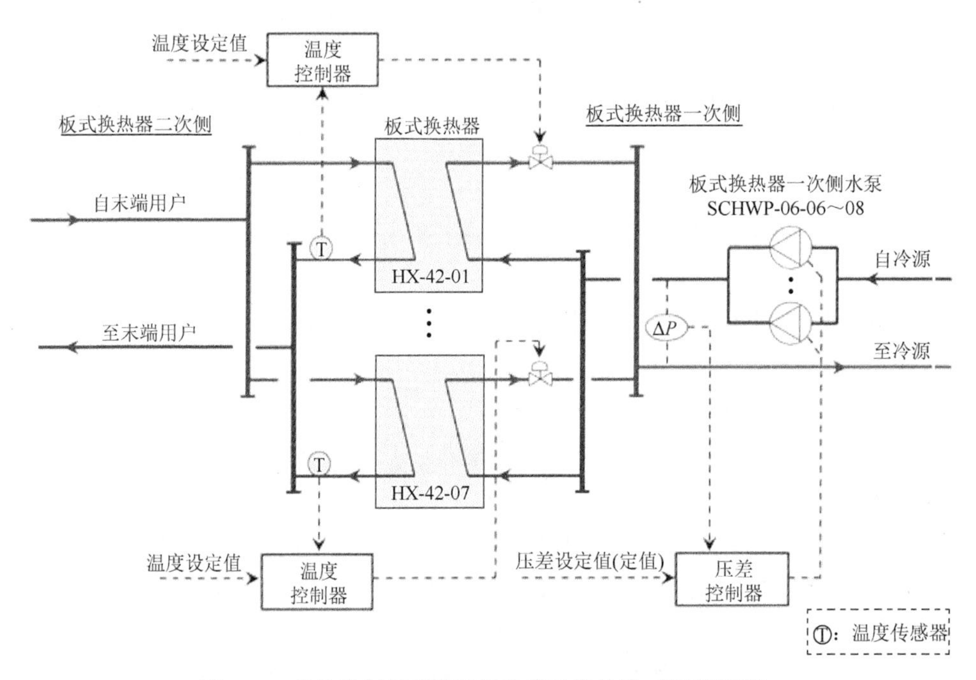

图 7.10　优化控制策略温度设定值寻优结果（温和夏季）

图 7.11 显示了在典型春季、温和夏季和炎热夏季采用三种控制策略时，换热器两侧水泵的总能耗，包括换热器一次侧水泵、换热器二次侧的一级泵和二级泵。在三种天气工况下，使用所提出的优化控制策略（Strategy #3）可以明显地节省水泵能耗。使用 Strategy #3 时，在典型的春季、温和夏季和炎热夏季，当与 Strategy #1 相比时，最大的逐时节能耗分别为 39.50 kW·h、85.46 kW·h 和 42.98 kW·h。另外，在某些工况下（特别是炎热夏季）使用此三种控制策略时，水泵的总能耗是非常

相似的，原因是在这些工况下，三种控制策略恰好采用了相近的换热器二次侧出水温度设定值（$t_{set, out, ahx}$）和相同的换热器运行数量。

表 7.5 详细汇总了不同控制策略在三个不同季节工况下水泵能耗情况。与 Strategy #1（固定温差设定值 + 固定压差设定值）相比，所提出的最优控制策略（Strategy #3）在典型的春季、温和夏季和炎热夏季，分别节省约 234 kW·h（14.69%）、427.48 kW·h（13.58%）和 216.18 kW·h（5.26%）的水泵能耗。节能的主要原因是 Strategy #3 采用了基于预测的换热器二次侧优化出水温度设定值和优化的变压差设定值。

在表 7.5 中可以发现，与 Strategy #1（固定温差设定值 + 固定压差设定值）相比，Strategy #2（固定温差设定值 + 优化压差设定值）节省了大量水泵能耗。在这三种典型日内，与 Strategy #1 相比，使用 Strategy #2 可节省泵的总能耗分别为 79.98 kW·h（5.02%）、119.98 kW·h（3.81%）和 94.68 kW·h（2.3%）。Strategy #2 的节能主要来源于实施优化压差设定值来控制水泵转速，这有助于降低换热器一次侧水泵的能耗。对比 Strategy #2 和 Strategy #1，换热器二次侧一、二级泵能耗基本保持一致。

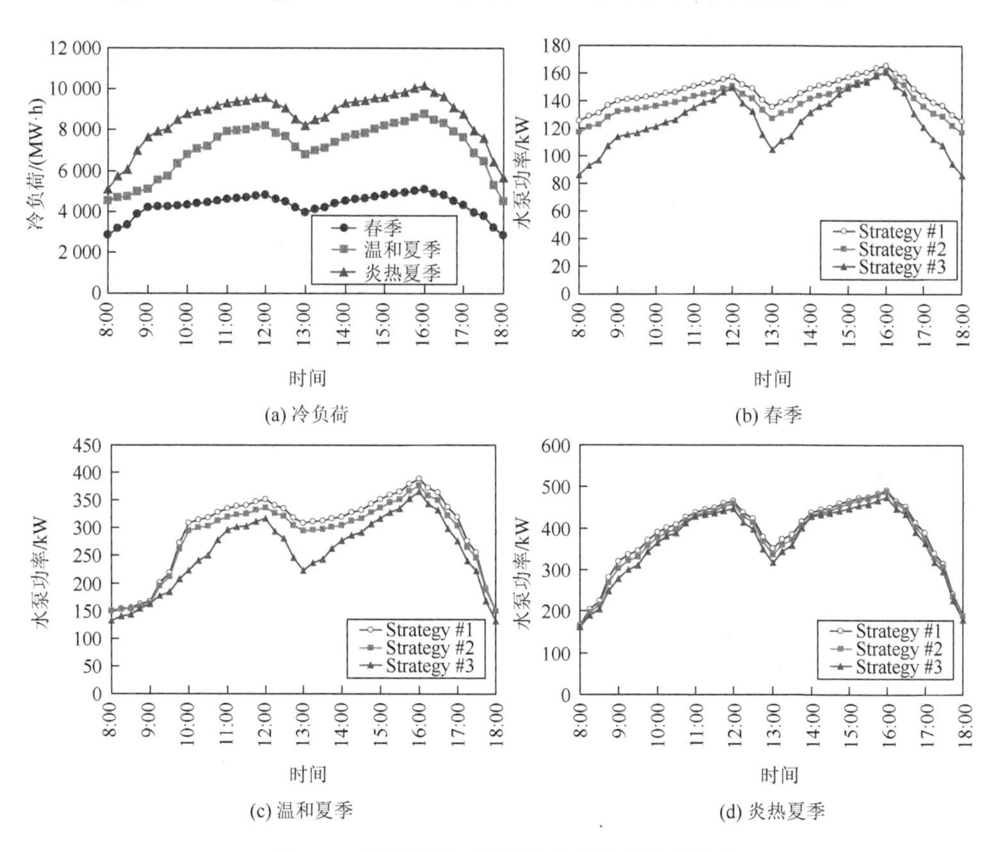

(a) 冷负荷　(b) 春季　(c) 温和夏季　(d) 炎热夏季

图 7.11　不同季节工况下冷负荷及水泵总能耗

表 7.5　不同天气工况不同控制策略下的水泵能耗

工况	控制策略	换热器一次侧水泵能耗 $P_{pu,bhx}$/(kW·h)	换热器二次侧一级泵能耗 $P_{pu,pri,ahx}$/(kW·h)	换热器二次侧二级泵能耗 $P_{pu,sec,ahx}$/(kW·h)	水泵能耗合计/(kW·h)	$P_{pu,bhx}$节能/(kW·h)	$P_{pu,bhx}$节能/%	$P_{pu,pri,ahx}$节能/(kW·h)	$P_{pu,pri,ahx}$节能/%	$P_{pu,sec,ahx}$节能/(kW·h)	$P_{pu,sec,ahx}$节能/%	合计节能/(kW·h)	合计节能/%
春季	Strategy #1	248.29	983.40	361.70	1 593.39	—	—	—	—	—	—	—	—
	Strategy #2	166.49	983.40	363.52	1 513.41	81.80	32.96	0.00	0.00	−1.82	−0.50	79.98	5.02
	Strategy #3	319.08	536.40	503.91	1 359.39	−70.79	−28.51	447.00	45.45	−142.21	−39.32	234.00	14.69
温和夏季	Strategy #1	582.70	1 698.60	865.76	3 147.06	—	—	—	—	—	—	—	—
	Strategy #2	461.04	1 698.60	867.44	3 027.08	121.66	20.88	0.00	0.00	−1.68	−0.19	119.98	3.81
	Strategy #3	561.02	1 162.20	996.36	2 719.58	21.68	3.72	536.40	31.58	−130.60	−15.09	427.48	13.58
炎热夏季	Strategy #1	891.21	1 788.00	1 429.56	4 108.77	—	—	—	—	—	—	—	—
	Strategy #2	795.17	1 788.00	1 430.92	4 014.09	96.04	10.78	0.00	0.00	−1.36	−0.10	94.68	2.30
	Strategy #3	866.00	1 430.40	1 596.19	3 892.59	25.21	2.83	357.60	20.00	−166.63	−11.66	216.18	5.26

与 Strategy #2 相比，Strategy #3 通过使用优化的换热器二次侧出水温度设定值（$t_{set, out, ahx}$）和优化的换热器运行数量实现节能，在三个不同季节工况下分别节约了水泵总功耗 154.02 kW·h(9.67%)、307.5 kW·h(9.77%)和 121.5 kW·h(2.96%)。图 7.12 显示了当与 Strategy #2 比较时，使用 Strategy #3 时换热器一、二次侧不同水泵的能耗节省情况（正值为节能，负值为能耗）。与 Strategy #2 相比，Strategy #3 的节能主要来自换热器后一级泵的节能（使用数量减少）。使用 Strategy #3 时换热器一次侧水泵和二次侧二级泵能耗均比 Strategy #2 多一些。这是因为 Strategy #3 以换热器两侧水泵总能耗最小化为目标，在某些工作条件下使用了较高的换热器二次侧出水温度（导致换热器二次侧二级泵能耗增加）和较少的换热器运行数量（导致换热器一次侧水泵能耗增加）。表 7.6 显示了在典型温和夏季天气中，Strategy #2 和 Strategy #3 每小时详尽的换热器二次侧出水温度设定值（$t_{set, out, ahx}$）和换热器的运行数量（N_{hx}）。结果表明，在满足室内热舒适性要求的同时，很多工况下使用较高的 $t_{set, out, ahx}$ 和较少的换热器运行数量可以降低换热器两侧的水泵总体能耗。

表 7.6　换热器二次侧出水温度和换热器运行数量逐时值（温和夏季）

测量项	8:00	9:00	10:00	11:00	12:00	13:00	14:00	15:00	16:00	17:00	18:00
$t_{set, out, ahx}$/℃（Strategy #2）	6.3	6.3	6.3	6.3	6.3	6.3	6.3	6.3	6.3	6.3	6.3
$t_{set, out, ahx}$/℃（Strategy #3）	6.9	6.3	6.5	6.4	6.4	6.5	6.3	6.4	6.5	6.3	6.9
N_{hx}/台（Strategy #2）	2	2	4	4	4	4	4	4	4	4	2
N_{hx}/台（Strategy #3）	1	2	2	3	3	2	3	3	3	3	1

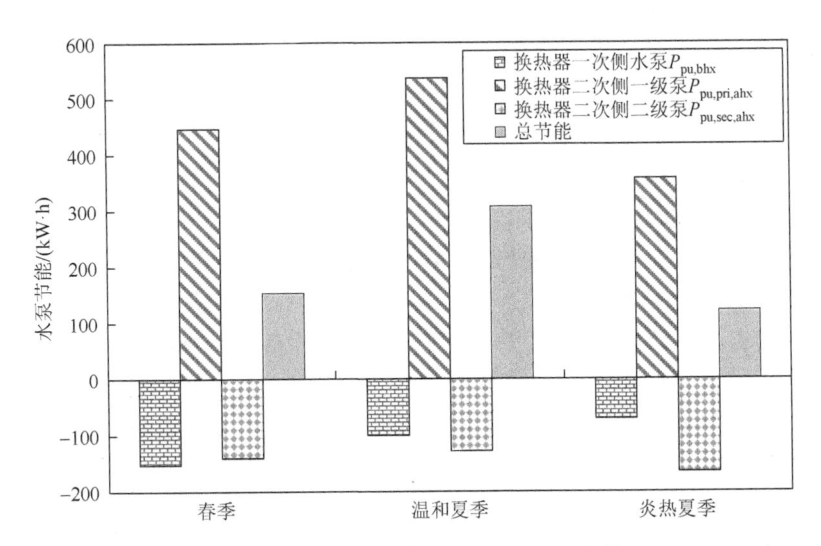

图 7.12　不同季节工况下水泵节能情况（Strategy #3 相较于 Strategy #2）

在表 7.5 中，还可以观察到，相较于另外两种典型天气工况，在春季时使用优化策略（Strategy #3）比常规策略（Strategy #1）可以节省更多的水泵能耗。其原因是春季冷负荷较低，使用 Strategy #1 会使末端水阀开度较低导致管网阻力增大，同时需要开启更多的换热器二次侧一级泵带来更多能耗。

以上有关节能性的试验结果表明，与常规控制策略相比，所提出的优化控制策略能够有效节约竖向分区冷冻水系统（含换热器）水泵能耗。水泵节能主要由于采用了优化的换热器二次侧出水温度和优化的变压差设定值。

2. 优化控制策略的稳健性评估

在实际运行中，换热器一次侧的进水温度常会出现波动，比如冷机组出水温度未达设定值、盈亏管出现逆流等都会造成换热器一次侧进水温度高于预设值；或者，换热器换热性能下降（如盘管结垢）时，换热器一次侧进水温度和流量相同的情况下，换热器二次侧出水温度将高于预设值。以上这些随机出现的不确定的扰动对换热器两侧的水泵控制都有不同程度的影响，将导致水泵的运行偏离高效区。

为了评估所提出的优化控制策略（Strategy #3）（优化温度设定值 + 优化压差设定值）的控制稳健性，选择上述常规运行策略（Strategy #1）（固定温差设定值 + 固定压差设定值）作为比较对象，通过仿真实验对比二者在遇到换热器换一次侧进水温度波动时的运行稳健性。在这两种控制策略下，冷冻水机组供水温度保持在 5.5℃，其运行数量仅由测量的冷负荷确定：当实测冷负荷大于其额定冷量 90%时，增加一台冷机。

仿真试验中，冷冻水系统在 13:00 时引入扰动，使换热器一次侧进水温度增加 0.3℃。这种现象可能发生在二级环路并联多个分支子系统的复杂冷冻水系统中：当其中一个子系统循环的水显著多于额定流量时，有可能会导致共用的盈亏管出现逆流，从而二级环路主供水的温度升高。为了检验扰动对系统运行性能的影响，整个试验期间的冷负荷保持不变。

图 7.13（a）为分别用这两种控制策略时盈亏管水流量的变化情况。可以发现，采用常规控制策略（Strategy #1）时，当干扰在 13:00 发生后，盈亏管即出现严重的逆流（负值即逆流），由初始的 100 L/s 迅速变为–200 L/s，表明换热器组一次侧水泵输送的水比所需的水体积流量多约 300 L/s。发生盈亏管逆流的原因在于 13:00 以后，换热器一次侧进水温度的突然升高导致换热器二次侧的实际出水温度不能保持在预先的设定值（6.3℃），如图 7.13（b）所示。当换热器二次侧出水温度（$t_{out, ahx}$）不能保持在其设定值时，换热器一次侧水阀将完全开启，同时增加换热器运行数量，这两种原因都会导致换热器组前总压差降低。因此，换热器一次侧水泵的转速会不断提高以维持预设的压差设定值。

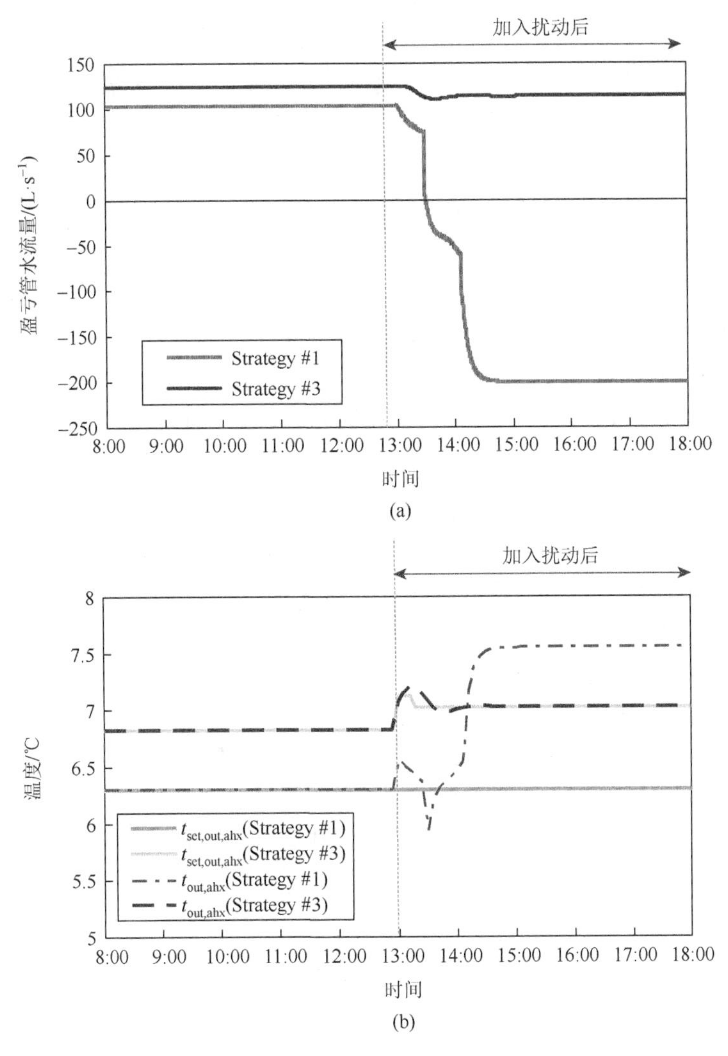

图 7.13　采用不同控制策略的盈亏管水流量及换热器二次侧出水温度

当使用优化控制策略（Strategy #3）时，当干扰在 13:00 发生后，盈亏管水流量只在 13:00 附近发生了很小的下降，之后一直保持稳定。原因是本优化控制策略采用了优化的换热器二次侧出水温度设定值，该设定值根据换热器一次侧温度及末端负荷情况进行动态变化。当换热器一次侧进水温度在 13:00 后上升时，换热器二次侧出水温度设定值会适当增加，图 7.13（b）表明在扰动发生后换热器二次侧出水温度基本保持在其设定值。这样换热器一次侧水泵的转速及所循环的水量就会基本保持稳定。

图 7.14 显示了使用两种不同控制策略时水泵的动态能耗。使用常规策略

（Strategy #1）的水泵能耗情况如图 7.14（a）所示，当干扰在 13:00 发生后，换热器两侧的水泵总能耗大幅增加，其中换热器二次侧一级定速泵和换热器一次侧变速泵能耗增加幅度较大，而换热器二次侧二级泵能耗增加较少。其主要原因是前述的换热器二次侧出水温度达不到设定值，引发换热器一次侧变速泵转速提高及更多的换热器二次侧一级泵（从 2 台增加到 4 台）启动。使用优化控制策略（Strategy #3）的水泵能耗情况如图 7.14（b）所示，在引入扰动后，水泵总能耗仅仅有轻微的升高，能耗轻微增加主要来自换热器一次侧变速水泵和换热器二次侧二级泵，而换热器二次侧一级泵能耗不变。

表 7.7 汇总了使用两种控制策略在 13:00 引入扰动前后的水泵功耗情况，以扰动引入前（8:00～13:00 前）泵的能耗为基准进行比较。使用常规策略（Strategy #1）时，相较于扰动引入前，约有 889.16 kW·h（96.50%）的水泵总能耗由于扰动引入而浪费，其中大约 50%的能耗浪费是由换热器一次侧水泵造成的。当使用优化控制策略（Strategy #3）时，扰动引入前后只有 28.14 kW·h（3.25%）的泵总能耗被浪费，能源浪费主要来自换热器一次侧水泵和二次侧二级泵。

表 7.7 还比较了全天时段两种控制策略下水泵的总能耗。由于在 Strategy #1 中使用了固定压差设定值，因此在 8:00～13:00 前，使用 Strategy #1 的水泵总能耗略高于使用 Strategy #3 的总能耗。在 13:00～18:00，与常规控制策略 Strategy #1 相比，优化控制策略（Strategy #3）节省了水泵总能耗的 915.97 kW·h（50.59%）。节能的主要原因是 Strategy #3 有更好地控制鲁棒性与可靠性，因而减少了流量损失。图 7.14（c）给出了典型日使用这两种策略时，每小时泵总能耗的详细动态比较。

表 7.7　扰动下不同控制策略对水泵能耗的影响

项目	控制策略			
	Strategy #1		Strategy #3	
	8:00～13:00 前	13:00～18:00	8:00～13:00 前	13:00～18:00
换热器一次侧水泵能耗 $P_{pu,bhx}$/(kW·h)	161.86	605.95	107.82	121.67
换热器二次侧一级泵能耗 $P_{pu,pri,ahx}$/(kW·h)	455.94	835.89	455.94	455.94
换热器二次侧二级泵能耗 $P_{pu,sec,ahx}$/(kW·h)	303.58	368.70	302.67	316.96
水泵能耗合计/(kW·h)	921.38	1 810.54	866.43	894.57
$P_{pu,bhx}$ 节能/(kW·h)	—	–444.09	—	–13.85
$P_{pu,bhx}$ 节能/%	—	–274.37	—	–12.85
$P_{pu,pri,ahx}$ 节能/(kW·h)	—	–379.95	—	0.0
$P_{pu,pri,ahx}$ 节能/%	—	–83.33	—	0.00

续表

项目	控制策略			
	Strategy #1		Strategy #3	
	8:00～13:00 前	13:00～18:00	8:00～13:00 前	13:00～18:00
$P_{pu,sec,ahx}$ 节能/(kW·h)	—	−65.12	—	−14.29
$P_{pu,sec,ahx}$ 节能/%	—	−21.45	—	−4.72
合计节能/(kW·h)	—	−889.16	—	−28.14
合计节能/%	—	−96.50	—	−3.25

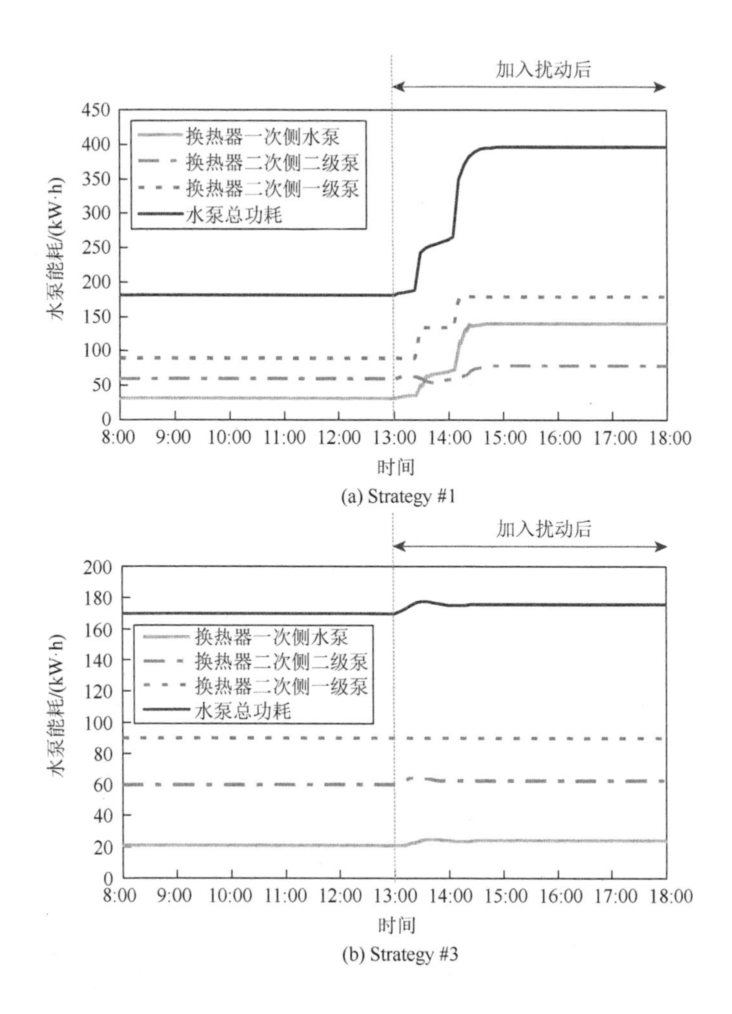

(a) Strategy #1

(b) Strategy #3

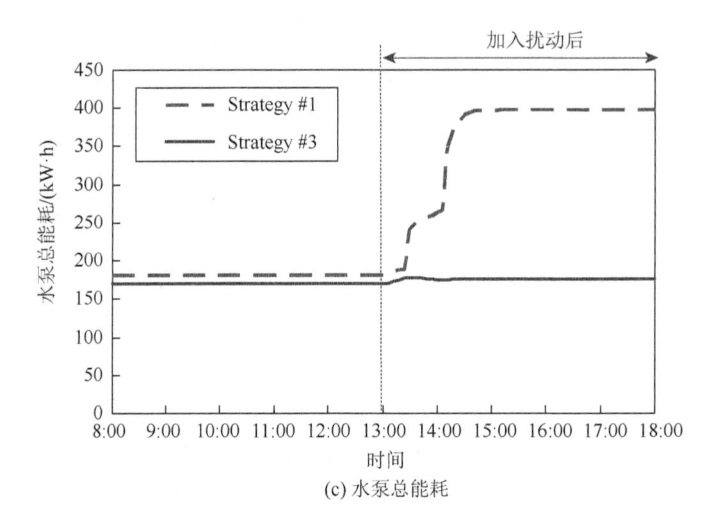

(c) 水泵总能耗

图 7.14　采用不同控制策略的水泵动态能耗

从以上比较可以看出，所提出的最优控制策略在面对干扰（换热器一次侧进水温度随机升高）时具有良好的控制鲁棒性和可靠性。在采用常规控制策略时，同一水泵输配系统的性能对扰动比较敏感，系统运行明显偏离正常运行。

7.4　本 章 小 结

本章提出了一种包含换热器的竖向分区复杂建筑冷冻水系统的在线自适应优化控制策略。该策略在满足末端负荷需求的前提下，以最小化换热器两侧的水泵总能耗为优化目标，采用建立自适应预测模型，采用最优化算法获取当前工况下最优设定值：换热器二次侧出水温度、换热器运行数量、水泵运行数量。

经仿真试验验证表明，简化的自适应模型与运行数据吻合较好。所提出的优化控制策略能够准确地确定换热器二次侧出水温度的最优设定值和换热器的运行数量。节能评估结果表明，相较于常规策略，使用所提出的优化控制策略，可节省泵能耗的 5.26%～14.69%。

试验结果还表明，所提出的优化控制策略在面临扰动（换热器一次侧进水温度随机升高）时，在避免盈亏管逆流方面具有较强的控制鲁棒性和可靠性。相较于传统控制策略，当发生盈亏管逆流时，该优化控制策略可有效消除盈亏管逆流现象，并因此可节省高达 50.59%的水泵能耗。

参考文献

AUSTIN S B，1993. Chilled water system optimization[J]. ASHRAE Journal，35（7）：50-56.

BAHNFLETH W P，PEYER E B，2001. Comparative analysis of variable and constant primary-flow chilled-water-plant performance[J]. HPAC，73（4）：41-50.

BAHNFLETH W P，PEYER E B，2006. Energy use and economic comparison of chilled water pumping systems alternatives[J]. ASHRAE Transactions，112（2）：198-208.

BRAUN J E，KLEIN S A，BECKMAN W A，et al.，1989a. Methodologies for optimal control to chilled water systems without storage[J]. ASHRAE Transactions，95（1）：652-662.

BRAUN J E，KLEIN S A，MITCHELL J W，et al.，1989b. Applications of optimal control to chilled water systems without storage[J]. ASHRAE Transactions，95（1）：663-675.

CASCIA M A，2000. Implementation of a near-optimal global setpoint control method in a DDC controller[J]. ASHRAE Transactions，106（1）：249-263.

FONG K F，HANBY V I，CHOW T T，2006. HVAC system optimization for energy management by evolutionary programming[J]. Energy and Buildings，38（3）：220-231.

HYDEMAN M, ZHOU G，2007. Optimizing chilled water plant control[J]. ASHRAE Journal，49（6）：44-54.

JIN X Q, DU Z M, XIAO X K, 2007. Energy evaluation of optimal control strategies for central VWV chiller systems[J]. Applied Thermal Engineering，27（5-6）：934-941.

LU L，CAI W J，CHAI Y S，et al.，2005a. Global optimization for overall HVAC systems：Part Ⅰ problem formulation and analysis[J]. Energy Conversion and Management，46（7-8）：999-1014.

LU L，CAI W J，CHAI Y S，et al.，2005b. Global optimization for overall HVAC systems：Part Ⅱ problem solution and simulations[J]. Energy Conversion and Management，46（7-8）：1015-1028.

MA Z J，WANG S W，2009a. An optimal control strategy for complex building central chilled water systems for practical and real-time applications[J]. Building and Environment，44（6）：1188-1198.

MA Z J，WANG S W，2009b. Energy efficient control of variable speed pumps in complex building central air-conditioning systems[J]. Energy and Buildings，41（2）：197-205.

MOORE B J，FISHER D S，2003. Pump pressure differential setpoint reset based on chilled water valve position[J]. ASHRAE Transactions，109（1）：373-379.

RISHEL J B，1991. Control of variable speed pumps on hot and chilled water systems[J]. ASHRAE Transactions，97（1）：746-750.

TILLACK L，RISHEL J B，1998. Proper control of HVAC variable speed pumps[J]. ASHRAE Journal，40（11）：41-47.

WANG S W，MA Z J，2010. Control strategies for variable speed pumps in super high rise building[J]. ASHRAE Journal，52（7）：36-43.

第八章　板式换热器一次侧冷冻水泵稳健增强控制方法及其实际应用

在高层建筑中央空调冷冻水系统中，为了避免竖向高度引起的高静压对设备和管网造成损坏，常采用竖向分区的方法，将整栋建筑的冷冻水管网沿竖向分成不少于两个子系统。两个子系统之间一般采用换热器（如板式换热器）进行冷量交换，而换热器两侧分别设置一次侧和二次侧冷冻水泵。图 8.1 是一种典型的含有换热器的中央空调冷冻水系统，换热器一次侧水泵和二次侧水泵均变速运行。目前常用的传统控制方法有：换热器二次侧的出水温度由换热器一次侧的电动调节阀（如图 8.1 中阀 $A_1, A_2, \cdots, A_i$）控制，通过反馈控制调节阀的开度来控制换热器一次侧冷冻水流量，从而使换热器二次侧出水温度能够维持在一个固定的设定值。换热器一次侧水泵转速的控制方法是：调节其转速和数量使一次侧供回水干管压差（如图 8.1 中的 ΔP_1）维持在一个固定的设定值。换热器二次侧冷冻水泵的控制方法是：调节其转速和数量使二次侧供回水干管压差（如图 8.1 中的 ΔP_2）维持在一个固定的设定值。

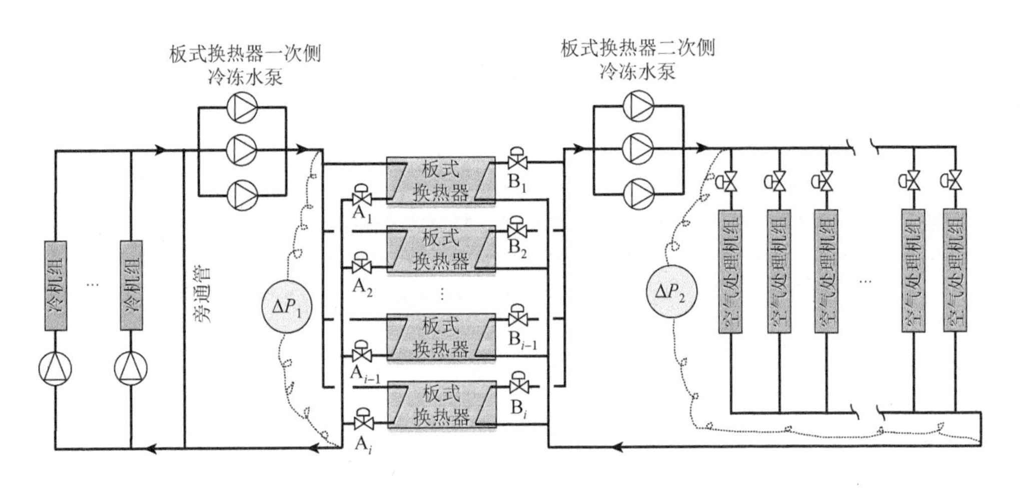

图 8.1　含有板式换热器的冷冻水系统简图

换热器二次侧出水温度是一个重要的控制量，对换热器两侧水泵的运行稳定性、节能性有显著影响。在本书前述章节中，在某超高层建筑冷冻水系统现场诊断案例发现，换热器二次侧出水温度设定值设置不当是造成“盈亏管逆流”现象和“小温差综合征”的主要原因。现场测试结果表明，当换热器二次侧出水温度不能达到其设定值时，会导致换热器一次侧水泵超速运行，容易造成并加剧盈亏管逆流。传统换热器二次侧出水温度设定值的设定方法是在冷机出水温度设定值的基础上增加一个固定的温差（前文案例为0.8℃）。这种设置方法在实际运行中所面临的动态扰动比较复杂，难以获得理想的设计工况运行性能。实际动态扰动主要是：换热器一次侧进水温度难以保证与冷机出水温度一致。有盈亏管的情况下，冷机的低温供水在到达换热器一次侧时可能会出现温度升高的情况（盈亏管内出现逆流时回水混入主供水管），这就实质性地减少了换热器一次侧进水温度与二次侧出水温度设定值之间的潜在差值。这种情况下需要更多的换热器一次侧水量才能使换热器二次侧的出水温度达到预设的设定值，而过多的一次侧水量又反过来加剧了盈亏管逆流，在大多情况下换热器二次侧的出水温度因为一次侧进水温度过高而达不到设定值。这最终造成了输配系统的运行失调，而这种失调是一种典型的“不稳定平衡”的结果表象，在很长时间内不能自动消除并恢复原先的状态。

为了应对盈亏管逆流和小温差综合征（Kirsner，1996，1998；Avery，1998；Waltz，2000），高层建筑冷冻水系统需要采取适当的措施来提高水泵运行的可靠性。本书前述章节针对典型二级泵冷冻水系统提出了一种主动容错控制策略，采用基于反馈的“限流控制”作为一种“主动”措施来缓解小温差综合征。该策略对控制二级泵转速的压力设定值进行实时调节，以确保二级环路的流量不超过一级环路，同时保持尽可能强的冷能输送能力。然而，这项研究只在简单二级泵系统（无板式换热器）上进行了仿真研究。在本书前述章节另一项研究中，针对带换热器的复杂冷冻水系统提出了一种基于预测模型的优化控制策略，用于提高运行可靠性和能效。仿真试验结果表明，该控制策略可以提高运行的可靠性，有助于避免盈亏管逆流问题。但是该研究的重点是通过模型预测确定水泵节能的最优设置。由于所涉及的模型复杂，计算量大，需要大量的实时测量数据，这种优化控制策略目前只在仿真平台上进行评估，还未在实际系统上进行充分测试和评估。

目前对大多数既有高层建筑冷冻水系统（含板式换热器），尚缺乏简单易用的控制方案来改善传统控制策略的稳健性（Rishel，1991；Tillack et al.，1998；Moor et al.，2003；Ma et al.，2009a，2009b；Wang et al.，2010）。本章提出一种改进控制策略，在传统控制策略的基础上，将换热器二次侧温度设定值重置方案和限流控制方案有机融合在一起，集成到传统控制策略里，旨在提高换热器一次侧水泵运行的稳健性，避免小温差综合征和盈亏管逆流问题。该改进的控制策略仅需要少量测点作为输入，其性能已经在实际高层建筑复杂冷冻水系统中进行了现场试验，并经过了一年多的持续应用的检验，完成了全面的测试和评估。

8.1　改进的水泵转速稳健增强控制方法

针对传统控制策略，提出一种改进的控制冷冻水泵转速的稳健增强的控制策略（简称为改进控制策略），旨在避免出现盈亏管逆流问题，提高系统总体温差。以下将介绍传统的控制策略，并讨论存在的运行问题。然后，阐明改进的水泵转速稳健增强控制策略的具体工作原理。

8.1.1　传统泵速控制策略及运行问题

实际应用中，针对换热器一次侧水泵有两种比较典型的传统控制策略，目的在于使换热器二次侧的出水温度保持在设定值。

第一种控制策略（简称“压差法”）如图 8.2（a）所示。通过控制泵速，将板式换热器一次侧的主供水管和回水管之间的压差保持在设定值；调节板式换热器之前的阀门开度和温控器，使板式换热器二次侧出水温度（$t_{out, ahx}$）保持在其设定值。在此控制策略下，压差设定为常数，同时板式换热器二次侧出水温度设定值与冷机组供水温度之间保持固定差值。当 $t_{out, ahx}$ 高于其设定值时，调大板式换热器一次侧阀门开度，获得更多的冷冻水。

第二种控制策略（简称“流量法”）如图 8.2（b）所示，为串级控制，包含两个回路：内回路和外回路。在外回路中，通过比较板式换热器二次侧实测出水温度与其设定值的差异，利用温度控制器计算内回路冷冻水流量设定值；在内回路中，通过比较板式换热器一次侧实测水流量与在外回路生成的水流量设定值，采用流量控制器输出转速信号来控制板式换热器一次侧水泵转速。

值得注意的是，这两种控制策略中，板式换热器二次侧出水温度设定值（$t_{set, out, ahx}$）通常是根据冷机组供水温度设定值（$t_{ch, sup, set}$）确定的。这两个温度设定值之间的差为定值，如式（8.1）所示。

$$t_{set,out,ahx} = t_{ch,sup,set} + \Delta t \tag{8.1}$$

其中，$t_{set, out, ahx}$ 是换热器二次侧出水温度设定值，$t_{ch, sup, set}$ 是冷机组供水温度设定值，Δt 是一个固定值，这个值通常为设计阶段确定的板式换热器的额定温差（即换热器一次侧进水与二次侧出水之间的温差）。

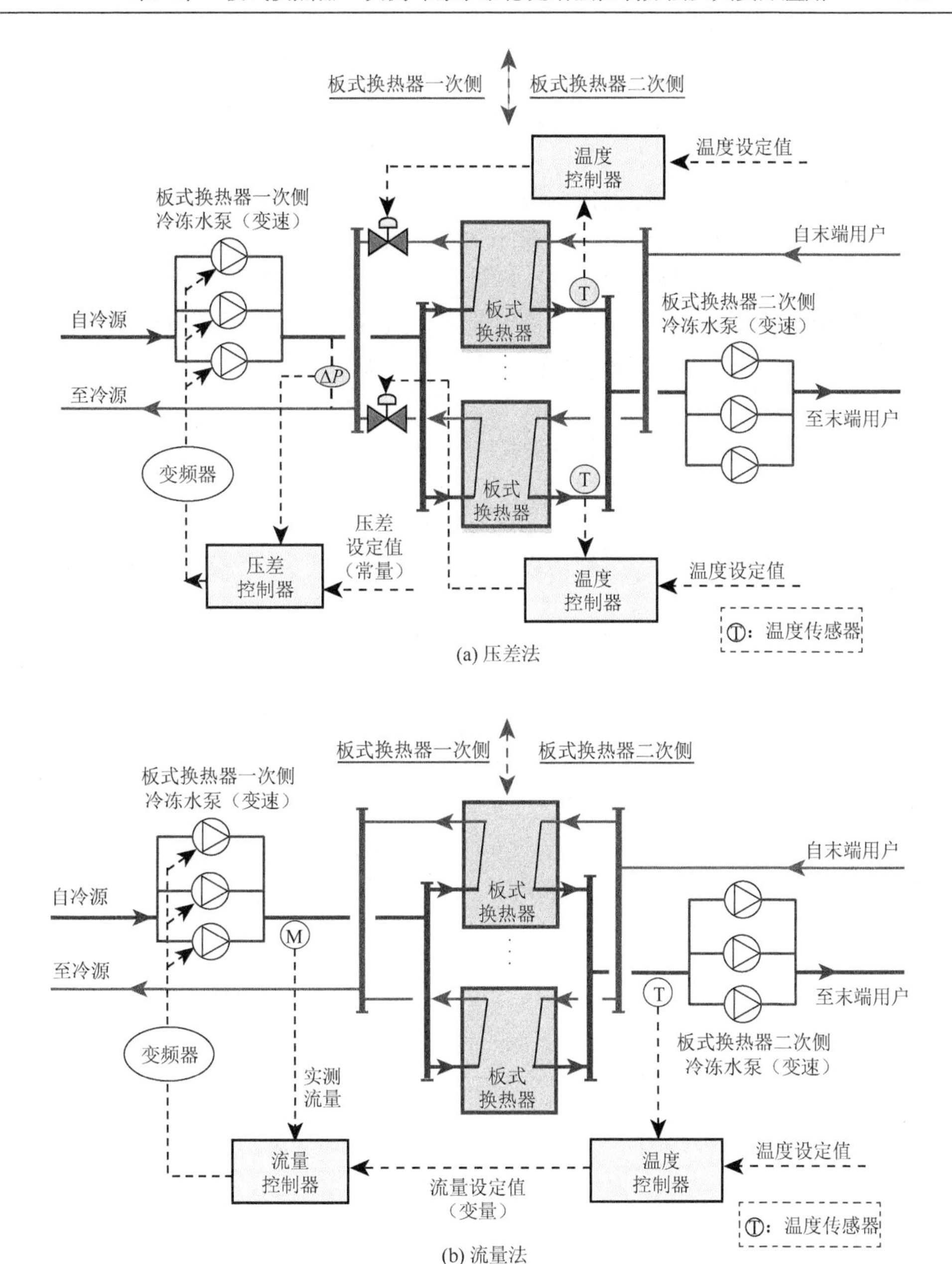

图 8.2　传统水泵转速控制策略

但是，案例研究表明，在实际运行中，基于式（8.1）设置的板式换热器二次侧出水温度设定值并不可靠，在水泵传统控制策略下该设定值往往无法持续达到。例如，在早晨启动期间，是冷量需求高峰，板式换热器二次侧出水温度（$t_{\mathrm{out,ahx}}$）

的测量值将无法达到其设定值。在这种情况下，板式换热器一次侧水泵将不得不提高泵速以提供更多的水，使 $t_{out,ahx}$ 接近其设定值。当板式换热器一次侧的水流量超过冷机侧循环回路的水流量时，可能会导致盈亏管逆流。如果发生盈亏管逆向混水，板式换热器一次侧的供水温度将升高，从而使板式换热器二次侧出水温度 $t_{out,ahx}$ 越来越远离其设定值。这意味着冷冻水系统出现严重的失调，不能自动恢复正常运行状态。也就是说，传统的控制策略缺乏容错能力。此处容错能力是指控制策略能够使冷冻水系统尽可能避免出现盈亏管逆流，以及即使存在盈亏管逆流，水泵依然保持相对良好的性能而不至于大幅恶化。

8.1.2 冷冻水泵改进的稳健增强控制方法

如图 8.3 所示，冷冻水泵改进的稳健增强控制方法是基于传统控制策略进行改进的。以前文提到的常规控制策略“流量法”为例，对改进的稳健增强控制方法进行详细介绍。

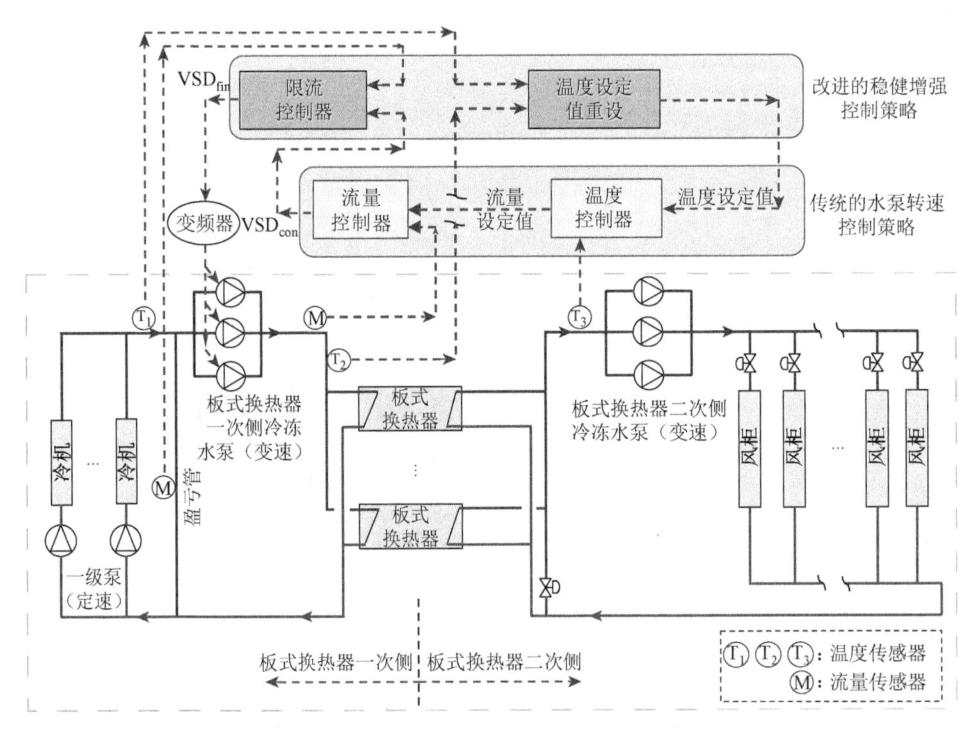

图 8.3　冷冻水泵改进的稳健增强控制方法

改进的稳健增强控制方法包含两个控制模块：“温度设定值重置”模块和

“限流控制器”模块。“温度设定值重置”模块是根据冷机组供水温度（图 8.3 中的 T_1 传感器）和换热器一次侧进水温度（图 8.3 中的 T_2 传感器）实时调整板式换热器二次侧出水温度设定值；该控制模块的主要目的是提供一个稳健的板式换热器二次侧出水温度设定值，确保在大多数工况下都可以达到，防止因设定值达不到而导致的板式换热器一次侧水泵超速运行。“限流控制器”主要是在存在盈亏管逆流的情况下，通过反馈机制主动消除盈亏管逆流的一种“主动措施”。它对传统控制策略输出的水泵速控制信号进行再调整，当检测到盈亏管逆流（即从回水侧流向供水侧）时，采用重设机制，主动降低传统控制策略输出的转速信号（VSD_{con}），产生最终转速信号（VSD_{fin}）使水泵降速，直到逆流消除。图 8.4 详细介绍了这两个控制模块的控制流程。

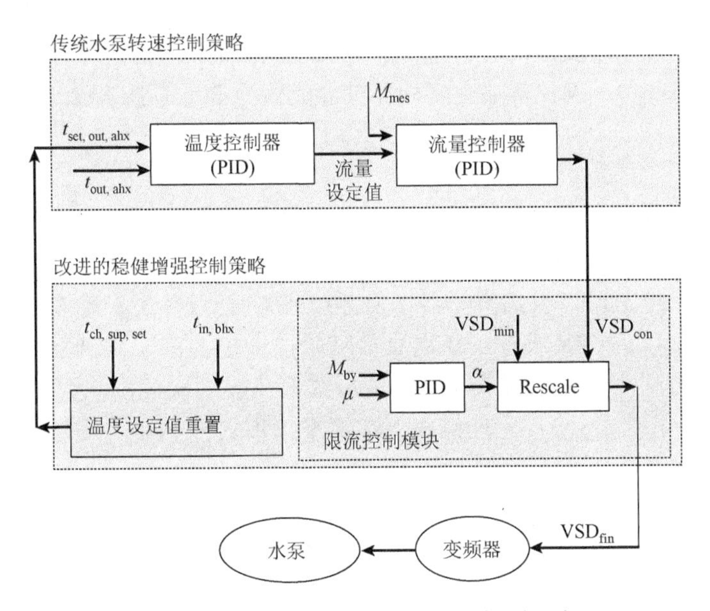

图 8.4　冷冻水泵改进的稳健增强控制方法

1. 温度设定值重置

“温度设定值重置”模块实时调整板式换热器二次侧出水温度设定值（$t_{set, out, ahx}$），系统据此调节板式换热器一次侧水泵转速。式（8.2）和式（8.3）详细说明了如何设置该设定值。

$$t_{set,out,ahx} = \begin{cases} t_1, & t_1 \leqslant t_{max} \\ t_{max}, & t_1 > t_{max} \end{cases} \tag{8.2}$$

$$t_1 = \max(t_{in,bhx} + \Delta t_1, t_{ch,sup,set} + \Delta t_2) \tag{8.3}$$

其中，$t_{set, out, ahx}$为板式换热器二次侧出水温度设定值，t_{max}为设定值的上限，$t_{ch, sup, set}$是冷机组供水温度设定值，$t_{in, bhx}$为板式换热器一次侧进水温度，Δt_1和Δt_2是两个常数。实际上，Δt_1为额定温差，可采用设计阶段换热器选型时的设计温差；Δt_2可以设置为略高于Δt_1，因为本书前述研究表明，适当增加$t_{set, out, ahx}$可以提高系统运行稳健性，而且对泵的能耗没有显著影响。

与仅基于冷机组供水温度设定值（$t_{ch, sup, set}$）进行设定的传统方法不同，该改进方案具有两个特点。首先，它与传统方法兼容，依然保留了$t_{ch, sup, set}$作为输入量；其次，增加板式换热器一次侧进水温度$t_{in, bhx}$作为另一个关键输入量。当$t_{ch, sup, set}+\Delta t_2$高于$t_{in, bhx}+\Delta t_1$时，按传统方法确定设定值；当$t_{ch, sup, set}+\Delta t_2$低于$t_{in, bhx}+\Delta t_1$时，选择$t_{in, bhx}+\Delta t_1$作为最终设定值。这样可以保证板式换热器二次侧出水温度设定值（$t_{set, out, ahx}$）和$t_{in, bhx}$之间始终存在最小差Δt_2，从而避免了当板式换热器一次侧进水温度过高时$t_{set, out, ahx}$无法达到的情况。需要注意的是，$t_{set, out, ahx}$有一个上限（t_{max}），确保末端空气处理过程能够具备足够强的除湿能力。

2. 限流控制模块

仅采用上述“温度设定值重置”模块并不能完全避免盈亏管逆流问题，实际运行中还会遇到其他各种干扰和故障因素，例如本书前述章节提到的当板式换热器中结垢严重时，板式换热器二次侧出水温度（$t_{out, ahx}$）也有可能达不到其设定值（$t_{set, out, ahx}$）；又或者，在清晨启动阶段，室温尚未降到舒适水平时，空气处理机组对制冷量需求过大，会造成板式换热器二次侧出水温度（$t_{out, ahx}$）高于其设定值（$t_{set, out, ahx}$）。一旦出现上述情况，板式换热器一次侧冷冻水泵也有失控的风险，从而引发盈亏管逆流问题。

针对上述问题，本书增加了“限流控制”模块，融入前述章节提出的主动容错控制策略中的限流控制思想，作为主动消除盈亏管逆流问题的有效措施。其基本原理是采用反馈机制对传统控制策略产生的水泵流速信号进行再调节，如图 8.4 所示。利用比例-积分-微分（PID）控制器，通过比较旁通管中测得的水流量（M_{by}）与预先设定的流量阈值（μ），生成控制信号（α）（介于 0 和 1 之间）。在“Rescale”中，α用于再调节传统水泵流速控制提供的速度控制信号（VSD_{con}），产生最终速度控制信号（VSD_{fin}），如式（8.4）所示。

$$VSD_{fin}=(VSD_{con}-VSD_{min})\cdot\alpha+VSD_{min}\ ,\ \alpha\in[0,1] \tag{8.4}$$

其中，VSD_{fin}是用于控制水泵流速的最终速度控制信号，VSD_{con}是常规水泵流速控制策略产生的速度控制信号；VSD_{min}是一个常数，表示允许的最小运行速度，α是来自 PID 控制器的时变控制信号，在 0 和 1 之间变化。

PID 控制器是工业上常用的典型反馈控制器，通过调整控制变量，不断地缩小水泵流速和其设定值之间的误差。因此，控制信号是三个方面的总和：*P*（与误差成比例）、*I*（与误差的积分成比例）和 *D*（与误差的微分成比例）。控制信号（即 PID 输出）可通过式（8.5）计算。目前，PID 控制器已作为标准功能模块集成于 DDC 控制器中，使用方便。在本书中，PID 输出的上下限应分别设为 1 和 0，K_p，K_i 和 K_d 也应事先整定。

$$u(t) = K_p e(t) + K_i \int e(\tau)\, d\tau + K_d \frac{\mathrm{d}e(t)}{\mathrm{d}t} \tag{8.5}$$

式中，K_p，K_i 和 K_d 为整定参数，分别代表比例增益、积分增益和微分增益；e 为误差，表示本节中测量流量与设定流量之间的差异；t 为瞬时时间；τ 为从 0 到 t 时刻的积分变量。

流量阈值 μ 表示盈亏管中预期的最小正流量（负值表示逆流）。在本节中，将 μ 设定为单个冷机组设计流量的 3%左右。当盈亏管水流量 M_{by} 大于 μ 时，即没有出现逆流，PID 的输出（即 α）将迅速增加，直至达到 100%。这样，最终速度控制信号（VSD_{fin}）等于 VSD_{con}。反之，当检测到逆流时，M_{by} 为负值且小于 μ，PID 输出（即 α）将逐渐减小，VSD_{fin} 降低，从而降低泵速，直到消除逆流或泵速达到最小值（VSD_{min}）。

8.2　实际应用平台——超高层建筑冷冻水系统

8.2.1　冷冻水系统简介

本书所涉及的中央空调系统是香港某超高层建筑中的复杂二级泵冷冻水系统。该建筑高约 490 m，建筑面积约 321 000 m^2，包括 4 层地下室、6 层裙房和 98 层塔楼。该中央冷冻水系统采用 6 台同型号定速离心式冷机组为建筑内的空气处理机组提供冷冻水。每台冷机组的额定制冷量和功率分别为 7 230 kW 和 1 270 kW，额定 COP（性能系数）为 5.69。冷机组设计供水温度和回水温度分别为 5.5℃和 10.5℃。每台冷机组与 1 台额定流量为 410 L/s 的冷却水定速泵相连，采用 11 座冷却塔并联散热，冷却塔总设计容量为 51 709 kW。该系统为典型的二级泵冷冻水系统。一级环路中，每个冷机组都与 1 台一级泵（定速）相连，确保通过冷机组的流量不变。一级环路通过盈亏管与二级环路相连。

二级环路竖向分为四个区：II 区直接与二级环路输配管网连接，I 区、III区、IV区则通过板式换热器（以下简称换热器）与二级环路输配管网间接连接，这样可以有效避免过高的静压。一级换热器位于 6 层（服务 I 区末端），二级换热器位于 42 层（服务III区末端和三级换热器），三级换热器位于 78 层（服务IV区末端）。

8.2.2　测试平台

该中央空调系统自 2008 年首次使用以来，经常出现盈亏管逆流问题和小温差综合征。通过现场测试，发现导致逆流问题的主要原因是换热器二次侧出水温度设定值不够稳健。因此，本节提出的改进的稳健增强控制方法选择在该系统中进行应用和评估。

在本节所研究的系统中，发生逆流的主要原因是Ⅲ区换热器一次侧冷冻水泵运行异常。因此，选择与Ⅲ区换热器相连的水泵为试验对象，简化示意图如图 8.5 所示。换热器一次侧冷冻水泵（SCHWP-06-06～08）将冷冻水从冷机组输送到换热器，换热器二次侧冷冻水泵（SCHWP-42-01～03）将水从换热器输送至Ⅲ区末端用户。

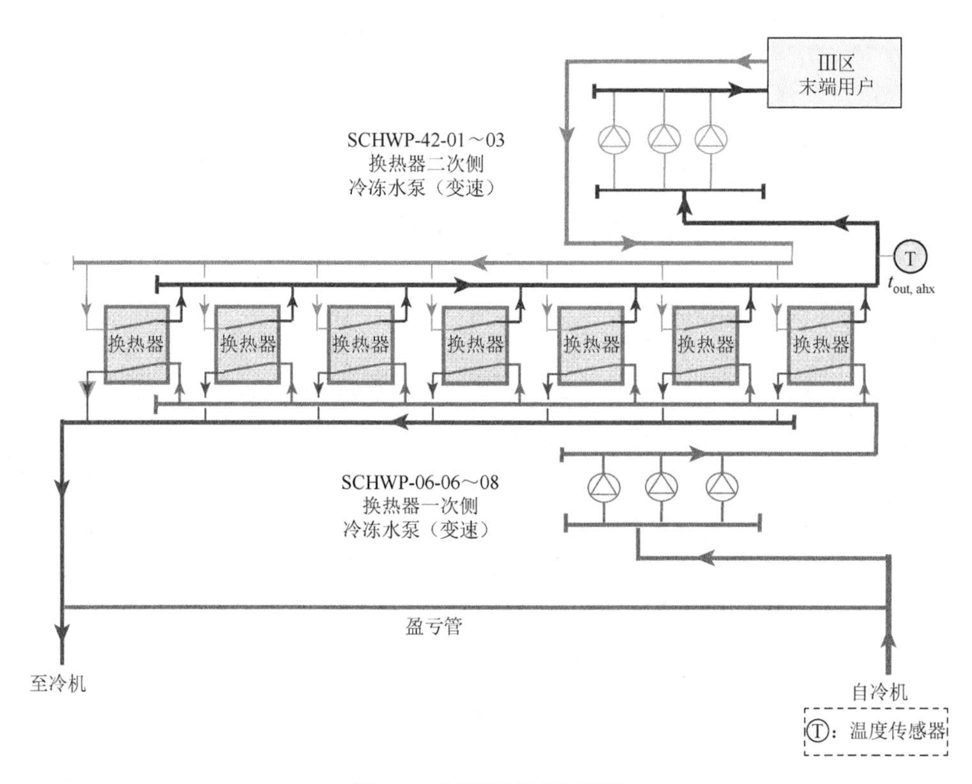

图 8.5　实际测试平台简图

换热器一次侧水泵(SCHWP-06-06～08)转速控制原本采用的是基于“流量法”的控制策略（如图 8.2 所示，前文已做详细介绍）；换热器二次侧出水温度设定值是在冷机出水温度设定值的基础上增加一个固定差值（简称“固定温差法”）。

本次试验以换热器一次侧水泵（SCHWP-06-06～08）为测试对象，在传统的基于“流量法”泵速控制基础上，应用改进的稳健增强控制方法：“温度设定值重置”模块和“限流控制”模块。为了评估改进的稳健增强控制方法的性能，将基于“固定温差法”设定值的传统控制方法作为参考案例与之比较。表 8.1 给出了这两种控制策略和相关参数。

表 8.1　试验不同控制策略及参数设置

算例	具体内容	式（8.1）或式（8.2）参数设置
Case #1 （传统“固定温差法”）	“固定温差法”设定换热器二次侧出水温度设定值	$\Delta t = 0.8$℃
Case #2 （改进的稳健增强控制方法）	“温度设定值重置”和“限流控制”	$\Delta t_1 = 0.8$℃ $\Delta t_2 = 1.2$℃

该建筑安装有建筑管理系统（BMS），用于监控建筑相关机械和电气设备，如空调系统、照明、电力系统、消防系统和安全系统。其中，空调系统的关键运行参数是由温度、流量、压力、功率等传感器测量。实时测量数据都收集并存储在数据库中，一些关键数据作为控制策略的输入传到控制平台，所有传感器都已校准，采样时间步长为 1 min。

表 8.2 列出了与本试验相关的测量装置。双向嵌入式流量计用于测量盈亏管水流量（负值表示逆流）；热量表由两个温度传感器、一个流量计和一个计算器组成，用于测量冷负荷；功率计用于测量泵的功率。

表 8.2　试验测量仪器和参数

测量装置	范围	重复性	精度
双向嵌入式流量计	0.15～6 m/s	±0.5%	—
嵌入式流量计	0.08～6.09 m/s	±0.5%	—
温度计	–46～104℃	—	±0.19℃
功率计	电压：80～480 V 电流：1～600 A	—	电压/电流：±0.5% 功率：±1.0% 电能：±1.0%
热量表	水流速：0.2～6.1 m/s	—	温度：±0.5% 流量：±1% 计算器：±0.5% 整体：±2%

8.2.3 验证方法

针对改进的稳健增强控制方法进行编程，形成控制模块安装到冷站自控系统中，通过现场试验，评估控制策略的性能。与实验室试验不同的是，实际工程现场试验在同一时刻只允许运行一种控制策略。对建筑物来说，有许多因素会影响空调系统的运行，例如天气状况、占用情况、运行时间表等。但是，这些因素对建筑物的影响最终都可以通过冷负荷反映出来。因此，为了合理比较两种控制策略的性能，可以选择具有相似冷负荷变化曲线的不同时间段，在这两个时段内分别运行不同的控制策略，通过比较运行稳定性和能耗情况来评估不同控制策略的性能。

试验从动态运行性能和能耗两个方面对这两种控制策略的性能进行了比较。在动态运行性能方面，冷负荷曲线是重要因素。选择冷负荷曲线相似的两天，分别采用不同的控制策略，比较冷冻水系统的运行参数，如盈亏管水流量、泵速、换热器二次侧水温等。在能耗方面，泵的年用电量是关键指标。鉴于传统控制策略已经在该建筑前期几年得到应用，而改进的稳健增强控制方法是后期增加应用的，因此可以选用两个全年冷负荷相似的年份（分别应用不同控制策略）进行比较。尽管两个年份内会有一些天气条件或运行计划不同的情况，但只要两个年份的累积冷负荷相似，且对水泵没有采取其他节能措施，相应水泵全年能耗的差异即可归因为不同控制策略。

8.3 试验结果与讨论

本节首先概述传统控制策略下冷冻水系统的实际性能（Case #1），然后给出应用改进的稳健增强控制策略的现场测试结果（Case #2），并与传统控制策略的性能进行比较。

8.3.1 传统控制策略的运行性能

图8.6给出了连续8 d的传统控制策略（采用基于固定温差的温度设定值方案）下实测盈亏管水流量和换热器二次侧出水温度（Case #1）。图 8.6（a）中负值是指盈亏管逆流，意味着二级环路的水流量超过了在冷机侧一级环路的循环流量。图中可见，连续 8 d 几乎每天都出现逆流，特别是在夜间。逆流最长持续时间达31 h，最严重时逆流达到 400 L/s，约占冷冻水系统子系统满负荷工况下额定水量

的 58%。值得注意的是，一旦发生逆流，短期内很难自动消除，通常需要持续很长一段时间，当开启额外冷机时才会逐渐消失。

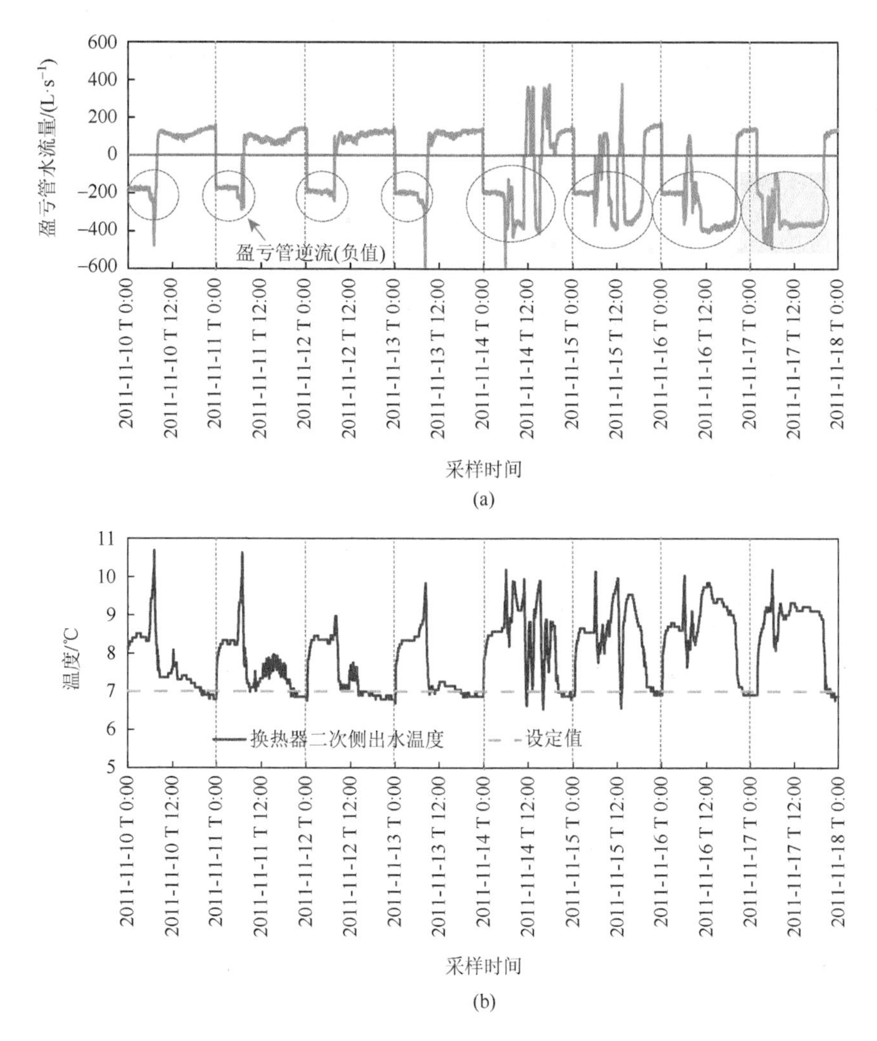

图 8.6　实测盈亏管水流量和换热器二次侧出水温度（传统控制策略）

图 8.6（b）给出了采用传统控制策略时换热器二次侧出水温度（$t_{out,\,ahx}$）与其设定值之间的关系。可以发现，大多数时间内出水温度不能保持在设定值。特别是在出现盈亏管逆流的情况下，换热器一次侧进水温度升高，换热器二次侧出水温度的测量值明显偏离其设定值，最大温度偏差高达 3℃。按照传统控制策略的控制逻辑，当 $t_{out,\,ahx}$ 的测量值不能维持在其设定值时，换热器一次侧水泵的转速将被不断提高以提供更多的冷冻水，冷冻水系统运行的稳定性和效率因此明显降低。

8.3.2 改进控制策略的运行性能

为了评估改进的稳健增强控制策略的动态运行性能和能耗，在多个夜间进行了详细测试，因为以往使用传统控制策略时盈亏管逆流多发生于夜间。此处选择2013年11月17日晚上的详细测试结果（Case #2），并选择一个与冷负荷曲线相似的传统控制策略下的系统运行情况（2011年11月）作为参考案例，两者进行比较。

图8.7显示了两个案例的夜晚同期的冷负荷曲线分布。可以发现，除早晨启动时间外，两个案例的夜晚的冷负荷在大多数时间都非常相似。在Case #1中，大多数末端空气处理机组都从6:00开始启动工作，这时冷量需求有一个突增的波峰。在Case #2中，早上改为两个启动时间：7:00和8:00，分别对应两个较小的冷量需求高峰。这意味着该区域的末端空气处理机组被分为两组，分两个时间点分别启动工作。

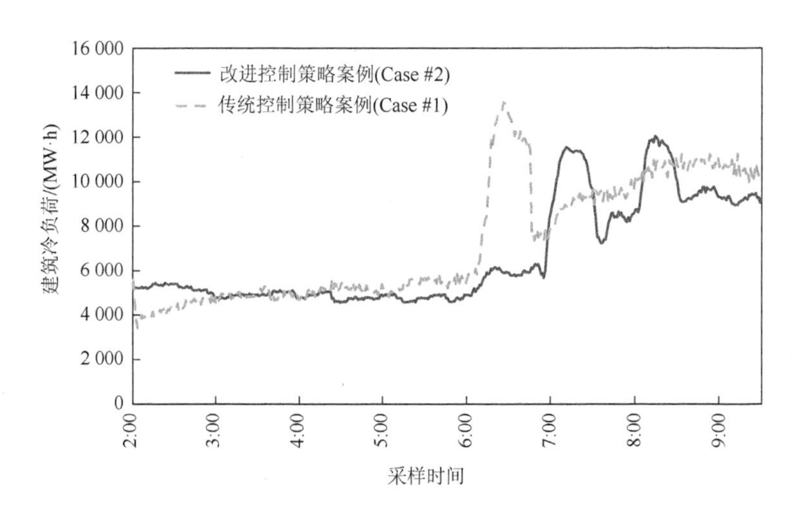

图8.7 实测冷负荷曲线分布

1. 动态运行性能评估

图8.8描述了这两个案例夜晚工况在不同控制策略下盈亏管水流量变化情况。采用传统控制策略（Case #1）时，系统整晚都会出现严重的盈亏管逆流（高达–500 L/s）。即使在凌晨打开额外的冷机和定速泵，仍然无法消除逆流现象。而在改进控制策略案例（Case #2）中，除早上开启时段（6:00～7:00）存在少许盈亏

管逆流外，其他时间几乎没有出现逆流。实际上，在上午上班前的启动时段出现少量逆流是正常现象，因为在室内热舒适性达到设定水平之前，室内冷量需求始终过大。同时，可以观察到，在 Case #2 中，7:00～8:30 之间盈亏管水流量两次接近零，这意味着逆流在出现之前就已得到抑制。这得益于改进控制策略中限流控制器的作用，它通过反馈及时调控泵速，以减少换热器一次侧的循环水流量，防止盈亏管水流量进一步下降到负值（即逆流）。

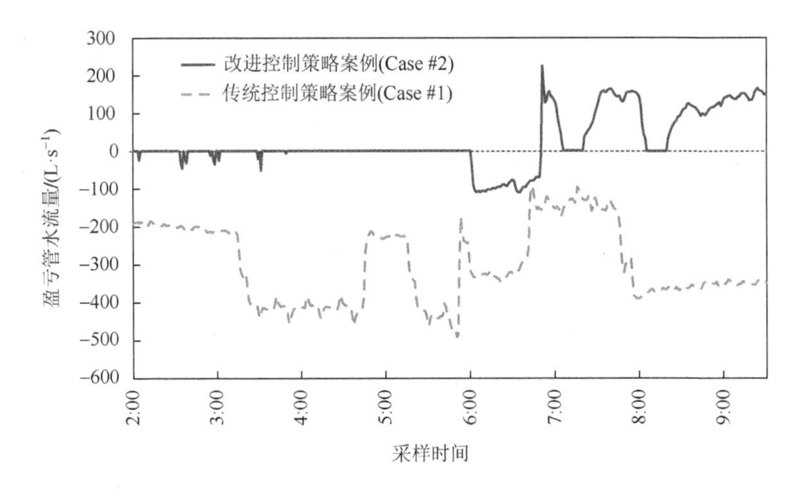

图 8.8　不同控制策略下实测盈亏管水流量对比

图 8.9 给出了不同控制策略下换热器二次侧出水温度（$t_{out, ahx}$）的对比。在传统控制策略案例（Case #1）中，$t_{out, ahx}$ 的测量值在所有时间内都明显高于其设定值，特别是盈亏管逆流严重时，更加偏离其设定值。虽然盈亏管逆流较大时意味着换热器一次侧的供水量有所增加，但换热器二次侧的出水温度 $t_{out, ahx}$ 仍然没有被有效降低，这主要是因为换热器一次侧的进水温度（$t_{in, bhx}$）也大幅升高。在这种情况下，传统的温度设定值方法缺乏对时变工况的相应调整。在改进控制策略案例（Case #2）中，$t_{out, ahx}$ 可以及时跟踪其设定值，几乎可以始终保持在其设定值附近（除早晨初启动的一小时外）。这是因为改进方法的温度设定值不仅取决于冷机组供水温度，还取决于实测的换热器一次侧进水温度 $t_{in, bhx}$。当 $t_{out, ahx}$ 的测量值升高时，其设定值将被实时调整并相应增加，见图 8.9（b）中的 6:00～7:00。因此，改进控制策略的设定值会随时变工况而不断调整，使 $t_{out, ahx}$ 的测量值在大多数时间内都能达到其设定值。

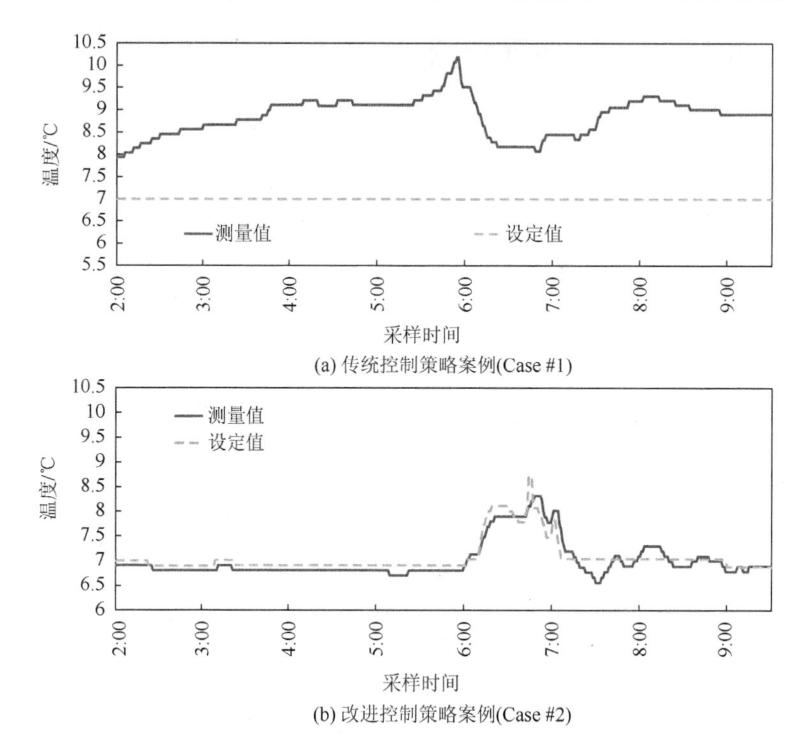

(a) 传统控制策略案例(Case #1)

(b) 改进控制策略案例(Case #2)

图 8.9 不同控制策略下换热器二次侧出水温度对比

图 8.10 给出了换热器一次侧冷冻水泵的转速对比。在传统控制策略案例中，水泵的运行数量和运行频率出现频繁大幅改变，意味着泵运行的稳定性较差。实际上，在夜间低冷负荷工况下，并不需要两台水泵同时运行（SCHWP-06-06 和 SCHWP-06-07）。然而，由于换热器二次侧出水温度 $t_{out,\ ahx}$ 不能达到其设定值，泵速不断被调高。当一个水泵达到最大转速（即 50 Hz）时，根据预先定义的控制逻辑，系统会自动增开一台水泵。而在改进控制策略案例中，整个测试期间只有一台水泵（即 SCHWP-06-06）工作，运转平稳，在夜间多数时候冷冻水泵的频率保持

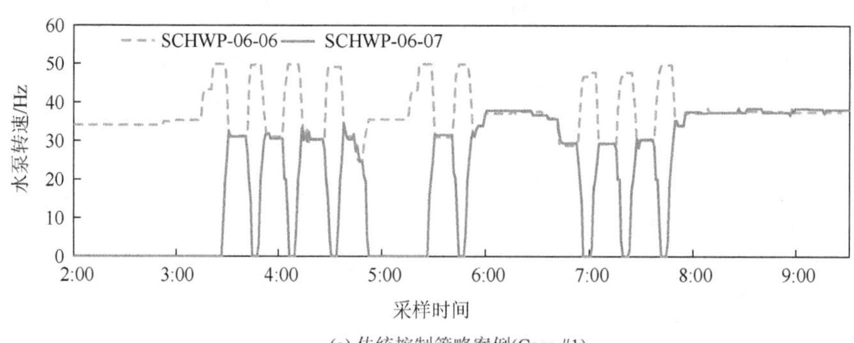

(a) 传统控制策略案例(Case #1)

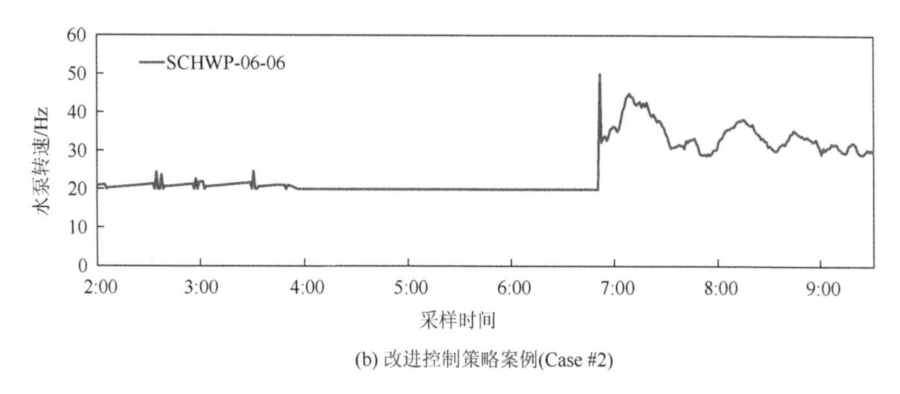

(b) 改进控制策略案例(Case #2)

图 8.10　不同控制策略下换热器一次侧水泵转速对比

在最低水平（即 20 Hz），体现了改进控制策略中“限流控制”的有效性。当检测到盈亏管逆流时，“限流控制”自动重新调节水泵转速控制信号，降低泵的运行频率，换热器一次侧水流量随之减少，直到逆流消除。Case #2 的结果表明，在当前冷负荷工况下，一台泵足以供水，同时说明 Case #1 中并不需要启动额外的泵。

图 8.11 比较了不同控制策略下换热器一次侧进水温度（$t_{in, bhx}$）与冷机出水温度（$t_{ch, sup}$）之间的关系。根据冷冻水系统的配置情况，在正常情况没有逆流时，这两个温度理论上应该非常接近。图 8.11（a）显示在传统控制策略（Case #1）中，$t_{in, bhx}$ 的测量值明显高于 $t_{ch, sup}$，平均差为 1.6℃，最大差为 3℃，这是大量盈亏管逆流从回水侧流向供水侧导致的结果。在改进控制策略（Case #2）中，只有清晨启动阶段（6:00～7:00）$t_{in, bhx}$ 的测量值明显高于 $t_{ch, sup}$，其他时间二者几乎相同，特别是 7:00 以后，平均差为 0.3℃，最大差为 1.5℃。这说明改进控制策略能够有效确保换热器一次侧获得较低的供水温度，有利于末端的除湿。

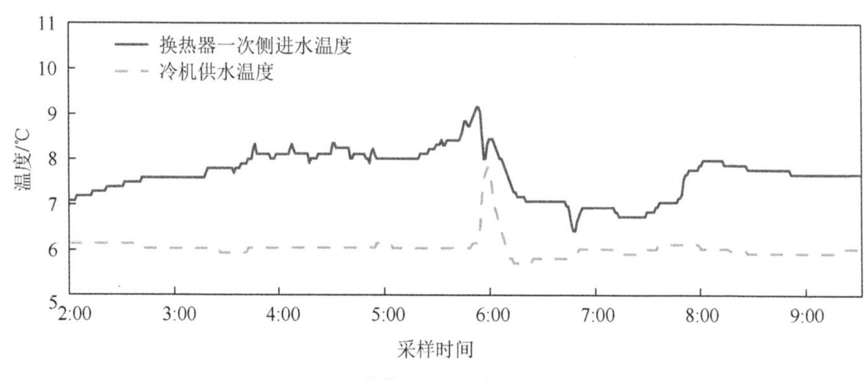

(a) 传统控制策略案例(Case #1)

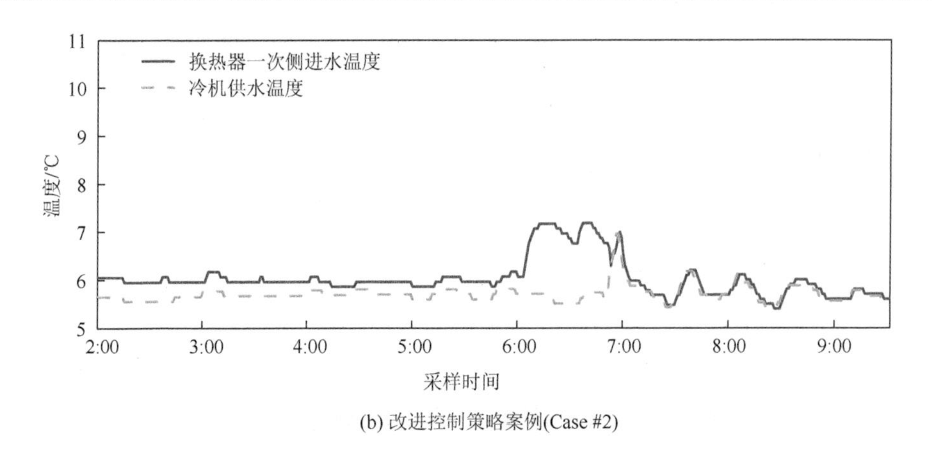

(b) 改进控制策略案例(Case #2)

图 8.11　不同控制策略下换热器一次侧进水温度和冷机水温度对比

图 8.12 比较了不同控制策略下整个换热器一次侧二级环路测得的冷冻水系统温差。传统控制策略（Case #1）的实测系统温差在夜间约为 1.5℃，早晨约为 2.4℃。在改进控制策略（Case #2）中，测得的系统温差大幅度增加：夜间平均为 4.5℃，早晨平均为 5.5℃，相较于传统控制策略提升温差约 3℃。因此，改进控制策略极大地提升了冷冻水系统的运行温差，从根本上杜绝了小温差综合征的发生。

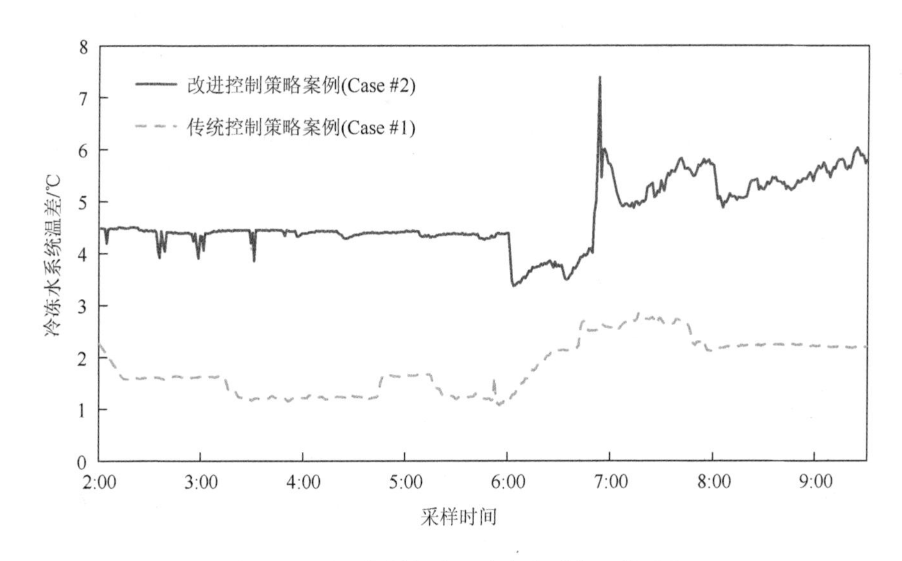

图 8.12　不同控制策略下冷冻水系统温差对比

2. 节能性评估

图 8.13 比较了两种控制策略下换热器一次侧冷冻水泵运行功率的情况。尽管两个案例中的冷负荷曲线分布相似，但冷冻水泵实际能耗却大不相同。由图可见，改进控制策略（Case #2）中换热器一次侧水泵总能耗明显低于传统控制策略（Case #1）。据观察，在 Case #1 中，由于控制缺乏稳定性而引发的水泵运行数量频繁变化，所以泵的总功率波动很大。表 8.3 汇总了测试期（2:00～9:00）换热器一次侧水泵总能耗对比，相较于传统控制策略，试验期间改进控制策略下冷冻水泵的总共节能 394 kW·h，占传统控制策略能耗的 77.8%。

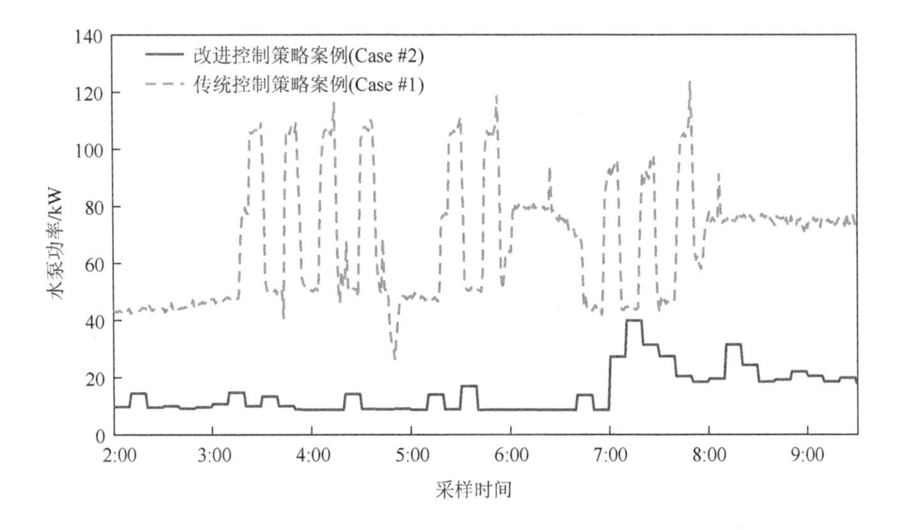

图 8.13　不同控制策略下换热器一次侧水泵运行功率对比

改进控制策略自 2014 年开始在研究的建筑中央空调系统上实施应用。现将 2014 年三台冷冻水泵（改进控制策略）的实测年用电量与 2011 年（传统控制策略）的实测年用电量进行比较，如表 8.4 所示。采用改进控制策略时，全年可节约水泵能耗 140 776 kW·h，占 2011 年水泵能耗的 39.4%。每个月的详细比较如图 8.14（a）所示，可以看出，11 月节能量最大，节约水泵能耗约 24 700 kW·h（66%）。值得注意的是，2014 年实测冷负荷（68 686 MW·h）略低于 2011 年（78 633 MW·h）。在没有实施其他水泵节能改造的情况下，意味着水泵的这部分节能主要来自改进控制策略的使用。

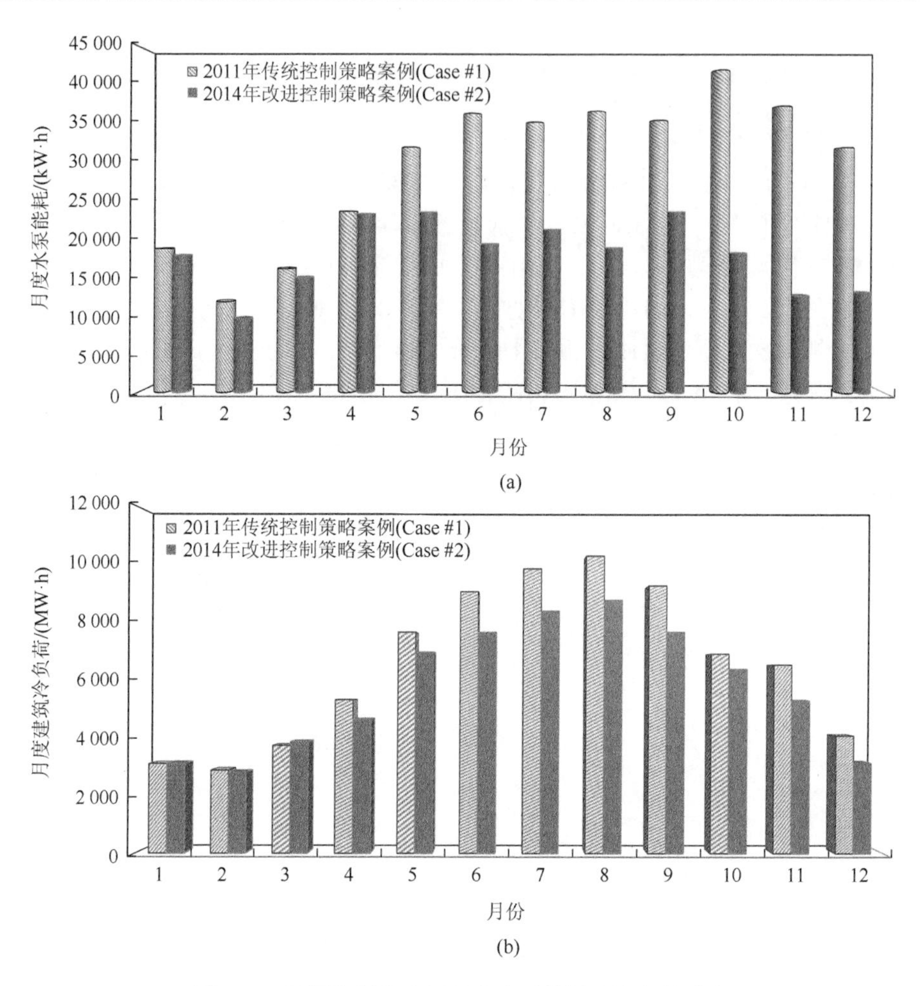

图 8.14　不同控制策略下月度水泵能耗及冷负荷对比

表 8.3　测试期（2:00～9:00）水泵总能耗对比

策略案例	换热器一次侧水泵总能耗/(kW·h)	节能/(kW·h)	节能/%
Case #1（传统控制策略）	506	—	—
Case #2（改进控制策略）	112	394	77.8

表 8.4　年度水泵总能耗比较

策略案例	全年冷负荷/(MW·h)	全年换热器一次侧水泵总能耗/(kW·h)	节能/(kW·h)	节能/%
Case #1（传统控制策略）	78 633	356 877	—	—
Case #2（改进控制策略）	68 686	216 101	140 776	39.4

8.3.3　结果讨论

以上现场试验结果表明，换热器二次侧温度设定值对一次侧水泵的运行稳定性和能耗有显著影响。在传统的控制策略中，换热器二次侧温度设定值是基于冷机组供水温度设定值加固定温差，这种设置方法没有考虑实际运行中换热器一次侧水温波动等扰动，很容易导致盈亏管逆流和小温差综合征，引发一系列运行问题，导致水泵超速和能效严重下降。其主要原因是，在实际应用中，基于固定温差的温度设定值不够可靠。在额定流量下，换热器一次侧进水温度（$t_{in,bhx}$）与换热器二次侧出水温度（$t_{out,ahx}$）之间的温差通常是额定设计值。正常运行时，$t_{in,bhx}$几乎等于冷机组供水温度。但是，$t_{in,bhx}$在实际运行中很容易受到干扰，如盈亏管逆流会导致其升高。一旦$t_{in,bhx}$明显高于冷机组供水温度时，则需要更多的冷冻水，以确保$t_{out,ahx}$达到其设定值，换热器一次侧水泵将持续加速，直到$t_{out,ahx}$达到其设定值或水泵达到最高转速，进一步恶化盈亏管逆流，水泵能耗浪费严重。

上述结果同样表明，本书所提出的改进的稳健增强控制策略可以消除盈亏管逆流问题，能够提高泵的运行可靠性和能效。首先，温度设定值可以根据换热器一次侧进水温度（$t_{in,bhx}$）实时调整，由于两者之间设置了最小温差，因此换热器二次侧实际出水温度很容易达到其设定值，从而防止泵超速。其次，验证了“限流控制”模块可通过反馈机制主动消除盈亏管逆流现象。当检测到逆流时，水泵的转速会自动降低，直到完全消除逆流为止。

应当注意的是，采用改进控制策略时，早晨启动期间仍会出现少量盈亏管逆流。这是因为测试冷冻水系统的二级环路由三个分支立管组成，每根立管与一组变速泵相连为相关区域提供冷量，而本节所提出的改进控制策略仅应用于其中一根立管的冷冻水泵。在早晨启动期间，当其他两根立管所涵盖的末端冷机组开始工作时，由于对水量的过度需求而造成这两根立管供水过多，最终导致二级环路总流量超过一级环路总流量。如果后续对其他两根立管的冷冻水泵也实施改进控制策略，这种情况应该会得到改善。

实际上，开启额外的冷机组及一次泵来增加一级环路的水流量，也是消除盈亏管逆流现象的另一种解决方案。但是，这种解决方案也可能导致额外的能耗增加。在相同的冷负荷条件下，过度运行负荷率较低的冷机组可能会降低单个冷机组的 COP（性能系数）。此外，增加一台运行冷机时，还需要开启联锁的一次冷冻水泵、冷却水泵和冷却塔。因此，增开一台冷机的解决方案并不经济。

从实际应用层面来看，本书提出的改进控制策略，主要采用了温度设定值重置模块和限流控制模块，这两种控制模块可以很容易地集成到传统控制策略中。

因此，它不仅适用于新系统，也适用于大量的既有系统。此外，本节提出的改进控制策略主要针对带有板式换热器的系统，对无板式换热器的冷冻水系统，只能应用改进控制策略中的限流控制模块。

8.4 本章小结

本章提出了一种面向换热器一次侧水泵应用的改进的稳健增强控制策略。该策略在传统控制策略的基础上，增加了温度设定值重置模块和限流控制模块，旨在提高泵的运行稳健性和能效。本章提出的改进的稳健增强控制策略没有复杂的计算模型，避免了大量计算，方便实际在线应用。

在某实际高层建筑的中央空调系统中，对该改进控制策略进行了测试和评估。结果表明，应用改进控制策略可以提高冷冻水泵的可靠性，可以有效消除盈亏管逆流现象，提升冷冻水系统整体温差。试验过程中的一些详细结论总结如下：

①采用温度设定值重置模块时，试验结果表明：设定值会随着换热器一次侧的时变进水温度而自动变化，能够确保换热器二次侧出水温度维持在其设定值附近。

②采用限流控制模块时，试验结果表明：当侦测到盈亏管逆流时（或接近预设阈值），限流控制模块会重新调节泵速，减少换热器一次侧的水流量，保证旁通管水流量不小于零。

③以上两种控制模块的综合作用可以有效提高换热器一次侧水泵运行的可靠性，避免了传统控制策略下泵的频繁启停或超速等异常运行情况，从而有效避免了盈亏管逆流问题的发生和小温差综合征。

④与传统的水泵控制策略相比，采用改进控制策略时，试验期间的冷冻水泵总能耗节约 394 kW·h（77.8%），年度实际节约水泵能耗 140 776 kW·h（39.4%）。

参考文献

AVERY G，1998. Controlling chillers in variable flow systems[J]. ASHRAE Journal，40（2）：42-45.

KIRSNER W，1996. Demise of the primary-secondary pumping paradigm for chilled water plant design[J]. HPAC，68（11）：73-78.

KIRSNER W，1998. Rectifying the primary-secondary paradigm for chilled water plant design to deal with low ΔT central plant syndrome[J]. HPAC Engineering，70（1）：128-131.

MA Z J，WANG S W，2009a. An optimal control strategy for complex building central chilled water systems for practical and real-time applications[J]. Building and Environment，44（6）：1188-1198.

MA Z J，WANG SW，2009b. Energy efficient control of variable speed pumps in complex building central air-conditioning systems[J]. Energy and Buildings，41（2）：197-205.

MOORE B J，FISHER D S，2003. Pump pressure differential setpoint reset based on chilled water valve position[J].

ASHRAE Transactions，109（1）：373-379.

RISHEL J B，1991. Control of variable-speed pumps on hot-and chilled-water systems[J]. ASHRAE Transactions，97(1)：746-750.

TILLACK L，RISHEL J B，1998. Proper control of HVAC variable speed pumps[J]. ASHRAE Journal，40(11)：41-46.

WALTZ J P，2000. Variable flow chilled water or how I learned to love my VFD[J]. Energy Engineering，97（6）：5-32.

WANG S W，MA Z J，GAO D C. 2010. Performance enhancement of a complex chilled water system using a check valve：experimental validations[J]. Applied Thermal Engineering，30：2827-2832.

第九章　智能电网环境下建筑群协同需求响应控制策略

随着人口增长和生活水平的提高，电力需求在过去几十年中迅速增长，给电网带来了巨大压力，特别是在维持电网电力供需平衡方面（International Energy Agency，2014）。电网的供电和需求必须始终保持平衡，这种实时平衡是整个电网系统稳定的关键。任何功率不平衡或不匹配都会对电网的可靠性和性能造成严重后果（例如断电、电压波动）（Hirst，2001）。为了应对用户终端用电的短期峰值需求（Billinton et al.，1986），电力供应侧常用的措施包括电力备用及扩建发电设施。电力备用就响应速度而言可以分为三部分：频率响应备用、运行备用和替代储备（International Energy Agency，2005）。尽管它们的响应速度不同，但它们有一个共同点，即代价较高。

为了保持实时的电力供需平衡，除电力供应侧的措施外，电力需求侧也提供了许多可行的解决方案（O'Connell et al.，2014；Ott，2014），比如用户侧需求响应。需求响应（demand response）是指当电力批发市场价格升高或电力系统可靠性受威胁时，终端电力用户接收到供电方发出的减少负荷通知信号或者接收到电力价格上升信号后，改变其固有的用电模式，达到减少或者推移某时段的用电负荷从而响应电力供应（United States Department of Energy，2006）。在电力需求侧的不同用户中，城市建筑消耗了总电能的 40%以上，在维持电网电力平衡方面发挥着重要作用（Kolokotsa et al.，2011）。

在我国，电力需求响应的推广应用取得了各方的共识。2012 年财政部和国家发展和改革委员会同意开展电力需求侧管理城市综合试点工作，并确定北京、苏州、唐山、佛山为首批试点城市。2013 年，广州市萝岗区[①]被列为全国工业领域电力需求侧管理试点区域。2014 年，上海试点电力需求响应。2015 年，北京市发展和改革委员会征选需求响应负荷集成商和电力用户，佛山市启动电力自动需求响应试点。2018 年，天津实施了“填谷”需求响应；河南实施了“削峰”需求响应；江苏、上海分别分次实施“削峰”“填谷”需求响应。2019 年 4 月，广东省能源局发布了《关于征求广东省 2019 年电力需求响应方案（征求意见稿）意见的函》，标志着需求响应在广东大规模应用的开始。

---

① 现为黄埔区。

在商业建筑中，“需求峰值限制（peak demand limiting）”是实施需求响应的有效手段之一，不仅有利于区域电力的供需平衡，还可为建筑业主带来可观的经济收益。在一个峰值需求价格结构下（Albadi，2007），一个计费周期里（比如一个月），一个建筑业主不仅要支付实际消耗电量的电费，还要为这个收费周期里的用电峰值买单。据国际能源署统计，通过管理商业建筑的峰值需求，美国市场一年可以节省一百亿至一百五十亿美元费用（Sadineni et al.，2012）。负荷削减（load shedding）和负荷迁移（load shifting）是商业建筑改变负荷曲线管理的两种主要手段。负荷削减控制通过关闭不必要的电力负荷来降低建筑物的峰值电力负荷（Stein et al.，1986），主要包括：基于优先级的减载控制（Pinceti，2002）、基于统计的减载控制（International Energy Agency，2010）等。

相比于负荷削减控制，负荷迁移控制更加广泛地被应用于削减峰值用电。负荷迁移控制的原理是利用不同时间段电价差异的优势，将高峰负荷转移到非高峰时段。由于商业建筑中的暖通、通风和空气调节系统消耗了绝大部分电能，许多研究集中在中央空调系统的负荷迁移控制。负荷迁移控制包括三个主要部分：负荷预测、冷量蓄控制、冷量放控制（Sun et al.，2013）。由于在蓄、放过程中存在冷量损失，因此通过负荷迁移来实现峰值削减需要付出实际能耗增加的代价。不同的储存设施对应不同的蓄、放能控制策略。现有 4 种不同储能方式被广泛应用于负荷迁移控制中，分别是建筑热质（BTM）（Sun et al.，2010；Yin et al.，2010）、储能系统（TES）（Roth et al.，2006；Kuznik et al.，2011）、BTM 与 TES 的联合系统（Henzea et al.，2004；Hajiah et al.，2012）和相变材料（PCM）（Scalat et al.，1996；Kuznik et al.，2008）。另外，还有针对许多大型储能设施的新型自动响应的硬件和软件应用（Piette et al.，2004）。总之，不论使用何种储能设施和方式，都应该综合考虑峰值削减与所付出的能耗增加之间的平衡关系，因为峰值削减带来的经济收益有可能部分或全部被能耗的增加所抵消（Wang et al.，2008）。

以上传统的需求响应控制方式都把单个建筑（系统）作为研究对象，并且主要关注单个建筑自身的用电峰值削减所带来的收益最大化。然而，在区域电力市场中，单体建筑用能小且随机性大，传统需求响应下单体建筑仅针对自身峰值进行调节，难以形成协同的规模效应，进而无法对整个区域用电实施有效调峰。主要原因如下：首先，单体建筑的用电峰值并不同时发生，因此单栋建筑针对自身的非协同峰值削减并不一定对建筑群总用电峰值的削减产生直接贡献；其次，对那些峰值削减行为并不能减少建筑群总体峰值的单体建筑，在负荷转移的过程中会产生额外的能量浪费（Yin et al.，2010；Sun et al.，2013），例如中央空调系统的负荷转移包含了热能的蓄能、放能及能量运输过程，在这些过程中都会产生能量消散（例如与外界的传热）；最后，未经协同的需求响应可导致各单体建筑储能系统在特定时段集中充能（如电价低洼时段），引发新的用电高峰。

目前，这种“非协同”的传统需求响应控制的局限性已经逐渐被关注（Mohsenian-Rad et al.，2011；Larsen et al.，2014；Muratori et al.，2014），然而很少有人系统地研究建筑群需求响应的性能，其实这也是电网实现供需平衡所真正需要被关注的。由于缺少相关研究，采用传统控制策略减少建筑峰值需求在缓解电网供需压力的无效性、低效性还没有被完全认同。因此，将区域中多建筑集群作为一个整体进行“有协同”需求响应显得尤为必要。分时电价是通过对不同的时段采取不同的电价，高峰期提高电价而低谷期降低电价，激励用户改变用电行为。比如在香港，分时电价具有较长的峰值时间段：9:00～17:00。在这种长高峰时段电价结构下，减少日常峰值需求在最小化建筑电费的需求响应中变得至关重要。

因此，本章的总体目标是量化传统控制策略在缓解由建筑峰值需求引起的电网压力方面的无效性和低效性，并开发一种新的“协同”需求响应控制策略，提高在建筑群层面的削峰性能并最大程度减少额外能源的损耗。

9.1 建筑群需求响应控制的传统方法和改进方法

本节首先描述了传统需求响应控制和改进需求响应控制的基本概念。传统需求响应控制的目标是最小化单个建筑的峰值用电需求，即单体建筑级别的峰值需求削减。与传统需求响应控制不同，改进的需求响应控制致力于最小化建筑群的总体峰值需求，即作为电网以保持电力平衡为主要关注点的建筑群级别的峰值需求削减。之后展示了这两种需求响应控制性能的评估指标。同时，在本章中将相变主动储能系统集成到中央空调系统中用来实现对峰值需求限制的控制。

9.1.1 单体建筑传统需求响应控制

图 9.1 为一个基于遗传算法（GA）的单体建筑传统需求响应控制的基本概念。传统需求响应控制的主要目标是通过使用 GA 搜索引擎优化储能设施的逐时蓄、放控制信号 $(u_1,\cdots,u_i,\cdots,u_{24})$，来最小化单个建筑的峰值需求。其中，控制信号 u 表示单体建筑储能设施逐时冷量的蓄放率，其值在[−1, 1]范围内变化，“−1”表示最大放冷率，“1”表示最大蓄冷率。

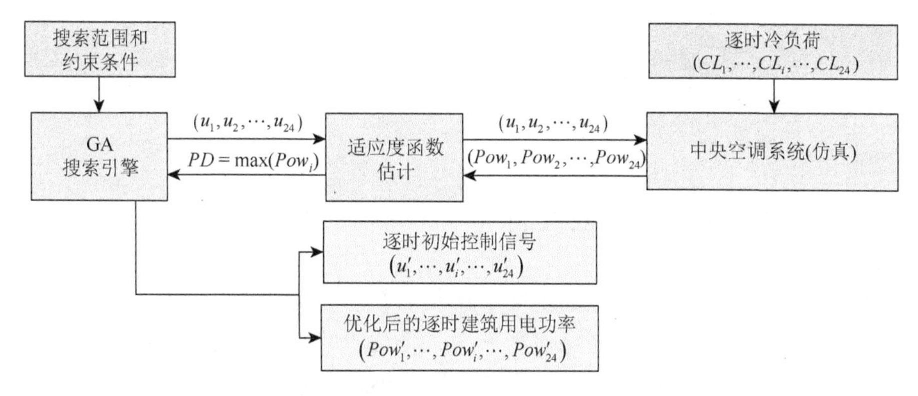

图 9.1　基于遗传算法（GA）的单体建筑传统需求响应控制

GA 搜索引擎的适应度函数如式（9.1）所示。在每次 GA 尝试计算中，控制信号[即$(u_1,u_2,\cdots,u_{24})$]的值被送入适应度函数估算器；适应度方程估算器调用中央空调仿真系统，在给定的逐时冷负荷[即$(CL_1, CL_2,\cdots, CL_{24})$]下结合储能系统的蓄放情况[即$(u_1,u_2,\cdots,u_{24})$]估计出系统的逐时用电功率[即$(Pow_1, Pow_2, \cdots, Pow_{24})$]，如式（9.3）所示；建筑逐时最大用电功率 PD 可利用式（9.2）计算。在经过多次尝试搜索后，GA 搜索引擎可获得建筑用电峰值（即最大小时用电功率）PD 的最小值，寻优过程结束。

$$\begin{cases}(u'_1,\cdots u'_i,\cdots,u'_{24})=\arg_{(u_1,\cdots,u_i,\cdots,u_{24})}\min(PD)\\ u_i\in[-1,1]\quad(i=1,2,\cdots,24)\end{cases}\tag{9.1}$$

$$PD=\max(Pow_i)\tag{9.2}$$

$$Pow_i=f(CL_i,u_i)\tag{9.3}$$

式中，控制信号 u_i 表示第 i 个小时冷量的蓄放率；PD 为用电峰值；Pow 为系统小时平均电功率，CL_i 为冷负荷。

经过 GA 搜索寻优产生了两类输出：第一类是能最小化单体建筑级峰值用电的优化控制信号$(u'_1,\cdots,u'_i,\cdots,u'_{24})$，由于这些优化控制信号只能最小化单体建筑级峰值需求而非建筑群总体峰值需求，因此本节中称之为局部优化控制信号；第二类输出是应用了局部优化控制信号时所对应的逐时用电功率情况$(Pow'_1,\cdots,Pow'_i,\cdots,Pow'_{24})$。

在 GA 搜索引擎中还应考虑实际的约束条件。除了储能设施的蓄、放速率的最大值，还应在 GA 搜索引擎中考虑其他两类实际约束：第一，第 i 小时放出的冷量不能超过可放出的总体放冷量；第二，总体蓄冷量不能超过其物理蓄冷量。式（9.4）描述了这些约束。如果某一个约束不满足，适应度函数会增加一个大的代价来去除 GA 寻优过程中的相应控制信号。

$$0 \leqslant \sum_{i=1}^{\Gamma}(u_i) \leqslant Cap \qquad (\Gamma = 1,2,\cdots,24) \tag{9.4}$$

其中，Cap 是储能系统的物理蓄冷能力。

9.1.2 建筑群改进需求响应控制

图 9.2 给出了建筑群改进需求响应控制的基本思想。不同于传统需求响应控制致力于最小化单体建筑用电峰值需求，改进需求响应控制通过优化单体建筑储能系统的蓄、放控制信号，来最小化建筑群总体用电峰值需求 $(i=1,2,\cdots,N)$ 。

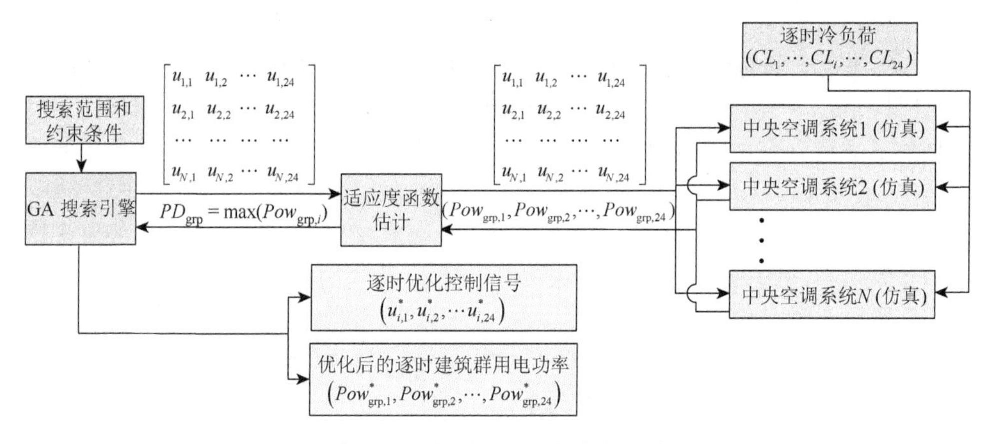

图 9.2　建筑群改进需求响应控制

为了最小化建筑群总体峰值需求，建筑群改进需求响应控制建立了如式（9.5）～式（9.6）所示的适应度函数。用此适应度函数，GA 搜索引擎能够产生对应的建筑群级别的总体峰值需求（即 PD_{grp}）的最优控制信号 $\left(u^*_{k,1}, u^*_{k,2}, \cdots, u^*_{k,24}\right)$，在本节中称为全局最优控制信号。

$$\begin{cases} \left(u^*_{k,1}, u^*_{k,2}, \cdots, u^*_{k,24}\right) = \arg_{(u_{k,1}, u_{k,2}, \cdots, u_{k,24})} \min(PD_{grp}) \\ u_{k,i} \in [-1,1] \quad (k=1,2,\cdots,N) \end{cases} \tag{9.5}$$

$$\begin{cases} PD_{grp} = \max(Pow_{grp,i}) \\ Pow_{grp,i} = \sum_{k=1}^{N} Pow_k \end{cases} \tag{9.6}$$

$$Pow_{k,i} = f(CL_{k,i}, u_{k,i}) \tag{9.7}$$

式中，下标 k 和 N 分别是第 k 个建筑中央空调系统和建筑总数，下标 grp 指建筑群级别，$CL_{k,i}$为第 i 个单体建筑的逐时冷负荷。

与单体建筑传统需求响应控制类似，控制信号的尝试值[即$(u_{k,1},u_{k,2},\cdots,u_{k,24})$]首先被送入适应度函数估算器。根据给出的每个单体建筑的逐时冷负荷（如$CL_{k,i}$），适应度函数估算器调用仿真空调系统评估每个单体建筑相对应的逐时用电功率[即$(Pow_{k,1},Pow_{k,2},\cdots,Pow_{k,24})$]，如式（9.7）所示。基于得到的单体建筑逐时用电功率，式（9.6）计算了对应的建筑群级别（最小化建筑群级别）的总体峰值需求（即 PD_{grp}）。当 GA 搜索引擎获得建筑群总体峰值用电的最小值后，寻优过程结束。

经过 GA 搜索寻优过程同样产生两类输出：第一类是最小化建筑群级别的总体峰值需求 PD_{grp} 的全局最优控制信号$\left(u_{k,1}^{*},u_{k,2}^{*},\cdots,u_{k,24}^{*}\right)$；第二类是当应用改进的全局最优控制信号时所对应的建筑群逐时用电功率$\left(Pow_{k,1}^{*},Pow_{k,2}^{*},\cdots,Pow_{k,24}^{*}\right)$。另外，上文提到的实际约束条件在建筑群改进需求响应控制中同样适用。

9.1.3 性能评估指标

建筑群级别的需求响应控制的性能评估包括两部分。第一部分如式（9.8）所示，用于量化建筑群总体峰值需求的减少。这种总体峰值需求的减少展示了需求响应控制在减小电网压力以保持电力供需平衡方面的有效性，一个更大的总体峰值需求（即 PD_{grp}）减少意味着减少了更多由总体峰值需求引起的电网压力，也因此有了更高的有效性。

$$\Delta PD_{\mathrm{grp}} = PD_{\mathrm{grp,without}} - PD_{\mathrm{grp,with}} \tag{9.8}$$

式中，$PD_{\mathrm{grp,with}}$ 和 $PD_{\mathrm{grp,without}}$ 分别表示引入需求响应控制和不引入需求响应控制时建筑群的总体峰值需求；ΔPD_{grp} 为建筑群峰总体峰值需求的减少量。

第二部分是量化为了减少峰值需求而额外消耗的能量。额外消耗的能量的主要原因是储能系统蓄、放能过程中的冷量损耗。式（9.9）可用来量化其额外能量损耗。这个指标可以定量评估需求响应策略在减少建筑群峰值需求方面的效率，即在实现相似建筑群用电峰值削减的情况下，越少的额外能量损耗意味着更高的效率。

$$\Delta E_{\mathrm{grp}} = \left(\sum_{i=1}^{24}\sum_{k=1}^{N} Pow_{k,i,\mathrm{with}} - \sum_{i=1}^{24}\sum_{k=1}^{N} Pow_{k,i,\mathrm{without}} \right) \tag{9.9}$$

式中，$Pow_{k,i,\mathrm{with}}$ 和 $Pow_{k,i,\mathrm{without}}$ 分别指引入需求响应控制和不引入需求响应控制时某单体建筑逐时的电功率，ΔE_{grp} 为单体建筑逐时电功率的减少量。

9.2 仿真平台

为了评估所开发的改进建筑群需求响应控制策略，本节搭建了中央空调系统的仿真平台。该仿真平台在给定逐时冷负荷及储能系统蓄、放冷控制信号时，能够估算出建筑空调系统的用电功率。本节首先介绍中央空调系统的结构，其次介绍中央空调系统各组成设备的模型，最后介绍所用到的中央空调系统局部控制策略。

9.2.1 系统结构描述

针对单体建筑，图 9.3 给出了利用动态系统仿真软件 TRNSYS 构建了具有主动储能系统的多冷机系统。中央冷机由多台同型号水冷离心式冷机组成，每台冷机与两台定速水泵联锁运行：一台为一级泵用于输配冷冻水，另一台为冷却水泵用于输配冷却水。在散热方面，共采用了多台同型号的横流式冷却塔。二级环路中冷冻水输配采用多台二级泵（变速）。

在储能系统方面，冷机组设有一个相变储能水箱，用于蓄、放冷能。在电价较低的时期，可以开启额外的冷机进行蓄冷，如图 9.3（a）所示；而在电价较高的时期，可以关闭运行中的冷机组以节省成本，并用相变储能水箱提供补充冷量，如图 9.3（b）所示。

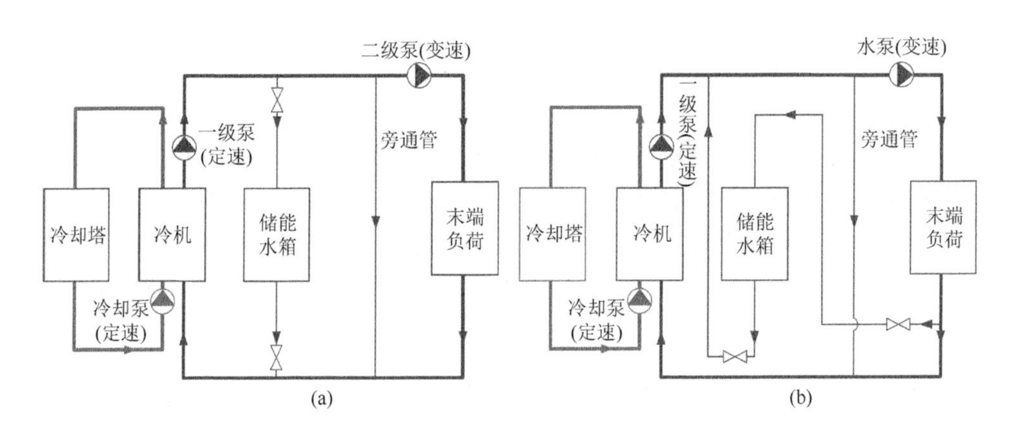

图 9.3 单体建筑中央空调系统

9.2.2　系统组件建模

1. 冷机模型

在给出冷凝器进水温度、蒸发器冷负荷和蒸发器出水温度的基础上，利用文献（Wang，1998）中建立的冷机物理模型计算冷机功耗（P_{ch}）。蒸发器和冷凝器的总传热系数（KA_{ev}，KA_{cd}）直接用于计算制冷剂蒸汽压缩功耗（P_{com}）。这些系数分别由式（9.10）和式（9.11）计算得到（Ma et al.，2009）。式（9.12）根据计算的P_{com}估计冷机功耗（P_{ch}）。该模型中使用的9个参数（c_1～c_9）可以通过基于冷机运行数据的回归分析进行确认。

$$c_1 M_{w,ev}^{-0.8} + c_2 Q_{ev}^{-0.745} + c_3 = \frac{1}{KA_{ev}} \tag{9.10}$$

$$c_4 M_{w,ev}^{-0.8} + c_5 \left(Q_{ev}^{-0.745} + P_{ch}\right)^{1/3} + c_6 = \frac{1}{KA_{cd}} \tag{9.11}$$

$$P_{ch} = c_7 + c_8 P_{com} + c_9 P_{com}^2 \tag{9.12}$$

其中，$M_{w,ev}$和Q_{ev}分别为单台冷机冷冻水流量和供冷量。

2. 冷却塔模型

本节采用Lebrun等（2004）开发的半物理冷却塔模型，计算维持冷却水供应温度在设定值所需的风量（M_a）。根据给定的冷凝器出水温度、室外空气温度、冷却水流量等数据进行估算。用经典的ε-NTU方法计算冷却塔的传热系数（K_a），用式（9.13）预测所需的空气流量（M_a）。$c_{p,af}$是由式（9.14）计算的虚拟空气比热容。模型参数d_0、m、n可以通过运行数据进行确定。M_a确定后，利用相似定律即式（9.17）可以估算冷却塔风机的功率。

$$KA = d_0 \left(\frac{M_w}{M_{w,des}}\right)^m \left(\frac{M_a}{M_{a,des}}\right)^n \frac{c_{p,af}}{c_{p,a}} \tag{9.13}$$

$$c_{p,af} = \frac{h_{a,out} - h_{a,in}}{t_{wb,out} - t_{wb,in}} \tag{9.14}$$

其中，M表示质量水流量，t表示温度，h表示焓；下标w、a、des和wb分别表示水、空气、设计值和湿球温度。

3. 空气处理机组模型

本节采用简化的通用空气处理机组（AHU）模型，在给定进水温度和总冷负荷后，计算出 AHU 盘管所需的冷冻水流量（$M_{\mathrm{w,AHU}}$）和出水温度（$t_{\mathrm{w,out.AHU}}$）。在这个简化的空调系统模型中，进水和出水之间的温差（即$\Delta t_{\mathrm{w,AHU}}$）近似为常数。因此，冷冻水流量（$M_{\mathrm{w,AHU}}$）的计算如式（9.16）所示。

$$t_{\mathrm{w,out,AHU}}=t_{\mathrm{w,in,AHU}}+\Delta t_{\mathrm{w,AHU}} \tag{9.15}$$

$$M_{\mathrm{w,AHU}}=\frac{\mathrm{CL}}{c_{p,\mathrm{w}}\left(t_{\mathrm{w,out,AHU}}-t_{\mathrm{w,in,AHU}}\right)} \tag{9.16}$$

式中，$c_{p,\mathrm{w}}$为水的比热容。

4. 变速泵模型

利用相似率计算变速泵和冷却塔风机的电功率（P），如式（9.17）所示。考虑到水泵功耗所占比例较低，为简化计算本节近似采用了功率与流量呈三次方关系的假设（在实际系统中并不完全是）。

$$P=\beta M^{3} \tag{9.17}$$

5. 相变储能水箱模型

本节采用 Cui（2014）建立的相变（PCM）储能水箱模型，用来计算蓄、放的冷量（q），如式（9.18）所示。

$$q=uM_{\mathrm{w,max}}c_{p,\mathrm{w}}\left(t_{\mathrm{w,out,tank}}-t_{\mathrm{w,in,tank}}\right) \tag{9.18}$$

式中，$t_{\mathrm{w,in,tank}}$和$t_{\mathrm{w,out,tank}}$分别为水箱进口和出口的冷冻水温度，u为冷量充放控制信号，$M_{\mathrm{w,max}}$为最大充放流量。

9.2.3 空调系统局部控制策略

1. 冷机时序控制

冷机时序控制是根据当前的冷负荷（CL）情况来决定开启冷机的数量。在本节案例中，各建筑空调系统具有相同的冷机额定制冷量（Q_{des}），冷机开启数量（N_{ch}）由式（9.19）确定。其中 $ceil(\cdot)$是将一个实数向上取整的函数。在实际应用中，冷机加、减机所取的阈值是不同的，可以根据不同负荷率下的实际制冷性能进行修正。

$$N_{\mathrm{ch}} = ceil(CL / Q_{\mathrm{des}}) \tag{9.19}$$

2. 冷却塔时序控制

冷却塔时序控制是根据冷机散热量的大小，确定需要开启的数量。本节中冷却塔的数量（N_{ct}）是根据运行中的冷机组的数量确定，如式（9.20）所示。

$$N_{\mathrm{ct}} = N_{\mathrm{ch}} \tag{9.20}$$

3. 冷却水供给温度控制

冷却水供给温度控制旨在调整冷却塔风机频率以保持冷却水供给温度处于其设定值。设定值（$t_{\mathrm{w,\,out,\,ct}}$）根据环境湿球温度（$t_{\mathrm{wb,\,amb}}$）如式（9.21）所示确定：

$$t_{\mathrm{w,out,ct}} = t_{\mathrm{wb,amb}} + 5 \tag{9.21}$$

9.3 案 例 研 究

通过案例研究来对比和评估单体建筑传统需求响应控制和本书所提出的建筑群改进需求响应控制的性能。本节首先给出案例用到的建筑冷负荷曲线和模型中用到的参数；其次，评估单体建筑传统需求响应控制方法应用在建筑群时的性能；最后，通过与传统需求响应控制方法进行对比，评估本书所提出的改进需求响应控制方法应用在建筑群时的性能。

9.3.1 建筑冷负荷及系统参数设置

本节考虑了三栋不同用途的商业建筑组成的建筑群，分别是办公建筑、餐饮建筑和商场建筑。图 9.4 展示的是在香港典型天气条件下这三栋建筑的冷负荷曲线，可以发现这三栋建筑有着显著不同的冷负荷特征曲线。办公建筑的冷负荷主要集中在办公时段(8:00～18:00),冷负荷的峰值出现在 8:00,在午休时段(13:00～14:00)，办公楼的冷负荷有着明显的下降。与办公楼的冷负荷类似，餐饮建筑的冷负荷主要集中在 6:00～21:00，峰值出现在 7:00；在其他使用时段冷负荷保持着相对稳定。不同于办公建筑和餐饮建筑的冷负荷，商场建筑冷负荷的峰值出现在下午时段。

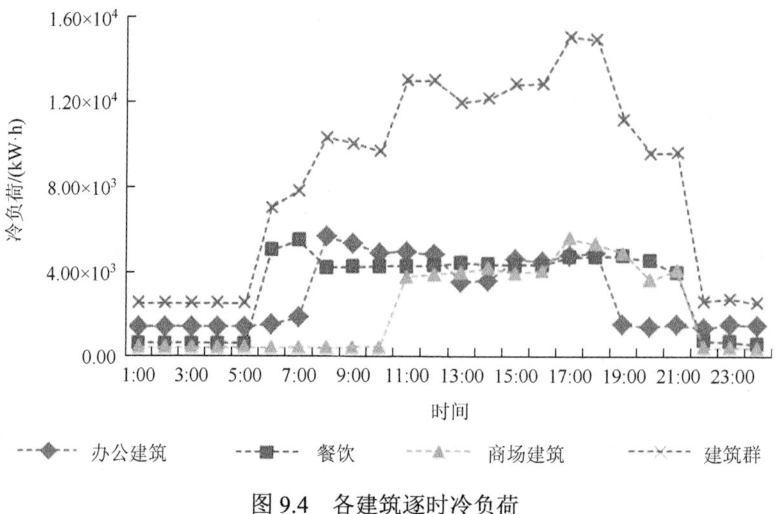

图 9.4　各建筑逐时冷负荷

在一个区域内，各单体建筑实际上是共享同一个供电网络，电网或电力公司实际关注的是一定区域内整体用电峰值的削减。因此这三栋建筑应该作为一个整体被一起考虑。图 9.4 展示了当这三栋建筑被考虑为一个整体时的总冷负荷特性曲线，可以看到总体的峰值出现在 17:00～18:00，这与办公建筑和餐饮建筑的峰值负荷出现时段不同，但与商场建筑的峰值时段类似。

在同一栋建筑中，采用了相同型号的冷机以供应冷量，而不同建筑之间冷机的额定冷量有所不同。在办公建筑中使用了 4 台冷量为 1 560 kW 的冷机组，餐厅使用了三台冷量为 2 100 kW 的冷机组，购物中心使用了 4 台冷量为 1 755 kW 的冷机组。9.2.2 节提及的冷机模型和冷却塔模型在不同建筑中的模型参数详见表 9.1 和表 9.2。

表 9.1　各建筑冷机模型参数列表

冷机模型参数	办公建筑	餐饮建筑	商场建筑
c_1	–0.28	–0.16	–0.18
c_2	2.09	1.05	1.95
c_3	0	0	0
c_4	0	0.01	0.02
c_5	0	0	–0.01
c_6	0.01	0	0
c_7	–612	–360	–475

续表

冷机模型（参数）	办公建筑	餐饮建筑	商场建筑
c_8	2.30	1.34	1.80
c_9	0	0	0
冷量/kW	1 560	2 100	1 755

表 9.2　各建筑冷却塔模型参数列表

冷却塔模型（参数）	办公建筑	餐饮建筑	商场建筑
d_0	4 075	5 215	4 384
m	0.28	0.30	0.41
n	0.26	0.24	0.19
容量/kW	1 900	2 500	2 100

在空气处理机组模型中，温差$\Delta t_{w,AHU}$设为 5℃。变速泵模型中的系数 β 设为 0.6。对储能系统，选用相变材料 E8（Cui，2014），其密度为 1 469 kg/m^3，相变潜热为 140 kJ/kg。各建筑中相变储热水箱的容量为为 4 300 kW·h，最大蓄、放水流量 $M_{w,max}$ 为 70 L/s。

通过 TRNSYS 的现有接口 Type155，使用 MATLAB 的 GA 工具来优化控制信号。给定三个重要参数“PopulationSize”“TolFun”和“Generations”的值分别为 50、1e-6 和 200。参数“PopulationSize”指单体建筑的个数；TolFun”是终止容限；“Generations”是最大遗传代数。此外，交叉概率（crossover fraction）的默认值由工具箱选择。对变异函数，工具箱使用了默认平均值为 0 的高斯函数。

9.3.2　传统需求响应控制性能评估

图 9.5（a）为使用传统需求响应控制下办公建筑内对储能系统蓄、放冷局部优化控制信号（u'_{office}）的变化图。图 9.5（b）比较了分别使用传统需求响应控制和无需求响应控制下办公建筑系统总用电功率（Pow'_{office}和Pow_{office}）的逐时变化。无需求响应控制下的建筑用电功率被用作参考基准用来评估单体建筑级峰值需求的减少量和相应的额外能耗。

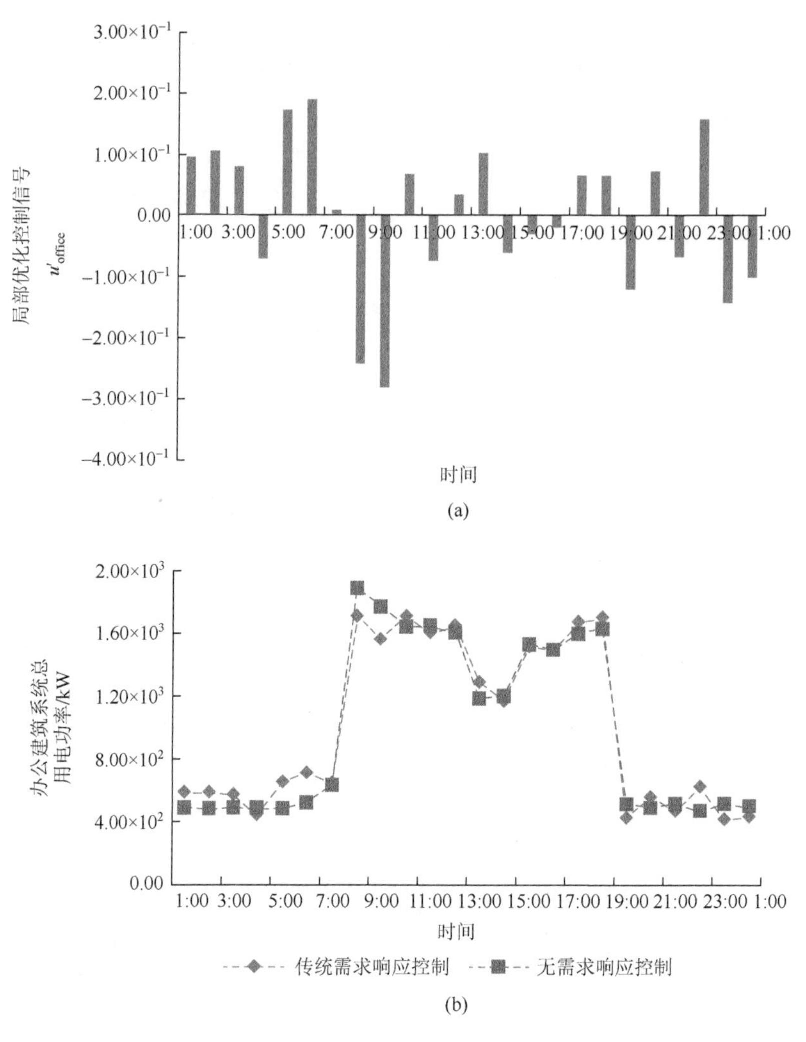

图 9.5　办公建筑中传统需求响应控制与无需求响应控制性能变化

与 Pow_{office} 相比，传统需求响应控制实现了单体办公建筑用电峰值需求 184 kV·A（9.8%）的减少（从 1 886 kV·A 减少到 1 702 kV·A）。从图 9.5（a）可以发现，在 8:00～9:00 时段的冷负荷高峰期，相变储能系统出现了较大量的冷量释放，这些释放的冷量有效缓解了建筑系统总用电功率，如图 9.5（b）所示。另外，对日用电量进行统计，传统需求响应控制在降低峰值需求的同时额外消耗了 271 kW·h 的电量。

图 9.6（a）展示了使用传统需求响应控制下餐饮建筑内对储能系统蓄放冷局部优化控制信号（u'_{res}）的变化图。图 9.6（b）则比较了分别使用传统需求响应控

制和无需求响应控制下餐饮建筑系统总用电功率（Pow'_{res} 和 Pow_{res}）的逐时变化。无需求响应控制下的餐饮建筑用电功率被用作参考基准用来评估单体建筑级峰值需求的减少量和相应的额外能耗。

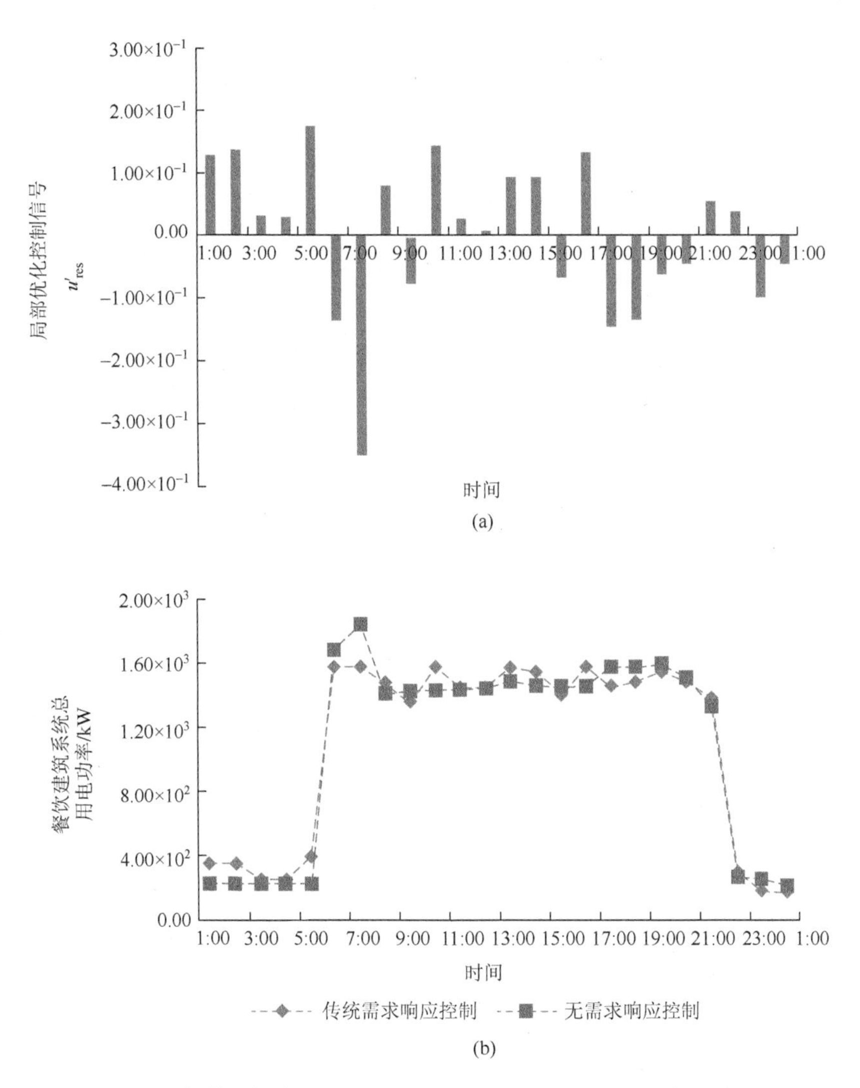

图 9.6　餐饮建筑中传统需求响应控制与无需求响应控制性能变化

与 Pow_{res} 相比，传统需求响应控制实现了单体餐饮建筑用电峰值需求 261 kV·A（14.2%）的减少（从 1 835 kV·A 减少到 1 574 kV·A）。从图 9.6（a）可以发现，在 6:00～7:00 时段的冷负荷高峰期，相变储能系统出现了较大量的冷量释放，这些释放的冷量有效降低了餐饮建筑系统总用电功率，如图 9.6（b）所示。另外，对日用电量进行统计，传统需求响应控制在降低峰值需求的同时额外消耗了 252 kW·h 的电量。

图 9.7（a）为使用传统需求响应控制下商场建筑内对储能系统蓄放冷局部优化控制信号（u'_{shop}）的变化图。图 9.7（b）则比较了分别使用传统需求响应控制和无需求响应控制下商场建筑系统总用电功率（Pow'_{shop} 和 Pow_{shop}）的逐时变化。无需求响应控制下的商场建筑用电功率被用作参考基准用来评估单体建筑级峰值需求的减少量和相应的额外能耗。

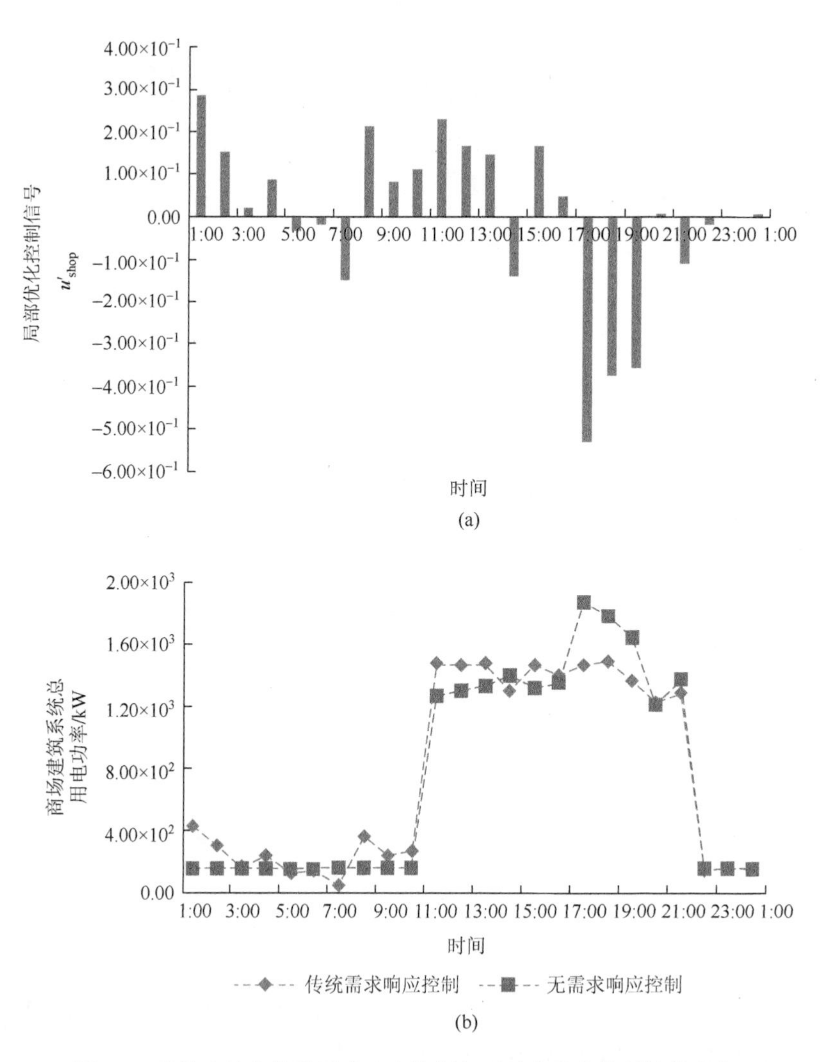

图 9.7　商场建筑中传统需求响应控制与无需求响应控制性能变化

与 Pow_{shop} 相比，传统需求响应控制实现了单体商场建筑用电峰值需求 378 kV·A（20.2%）的减少（从 1 867 kV·A 减少到 1 489 kV·A）。从图 9.7（a）可以发现，在 17:00～19:00 时段的冷负荷高峰期，相变储能系统出现了较大量的冷量释放，这些释放的冷量有效降低了商场建筑系统总用电功率，如图 9.7（b）所示。另外，对日用电量进行统计，传统需求响应控制在降低峰值需求的同时额外消耗了 365 kW·h 的电量。

由于电网或电力公司关注的是多个建筑组成的建筑群的峰值电力需求，因此将三个典型建筑在传统需求响应控制下的电力需求聚合到一起进行观察分析，如图 9.8 所示。在传统需求响应控制下，与无需求响应控制相比，建筑群总体用电峰值需求从 5 031 kV·A 降低到 4 657 kV·A，减少了约 374 kV·A（7.4%），而为此付出的额外能耗为 889 kW·h。由于传统控制只针对单体建筑本身的峰值需求进行削减，而不同单体建筑峰值出现的时间又不一致，大量的单体建筑系统中冷量释放实质上只缓解了自身建筑的电力峰值，而对缓解建筑群的峰值电力需求贡献甚少。比如图 9.8 所示的建筑群用电峰值发生在 17:00～18:00，而办公建筑和餐饮建筑用电峰值的发生时间分别为 8:00～9:00 和 6:00～7:00。因此，传统需求响应控制对办公建筑和餐饮建筑的冷量释放并未对建筑群的峰值削减作出贡献，却因为冷量的蓄放过程而浪费了大量额外的能耗，因此降低了总体的能源效率。从以上分析可以发现，传统需求响应控制方法在面对建筑群时存在未能发挥最大电力峰值削减的缺陷。

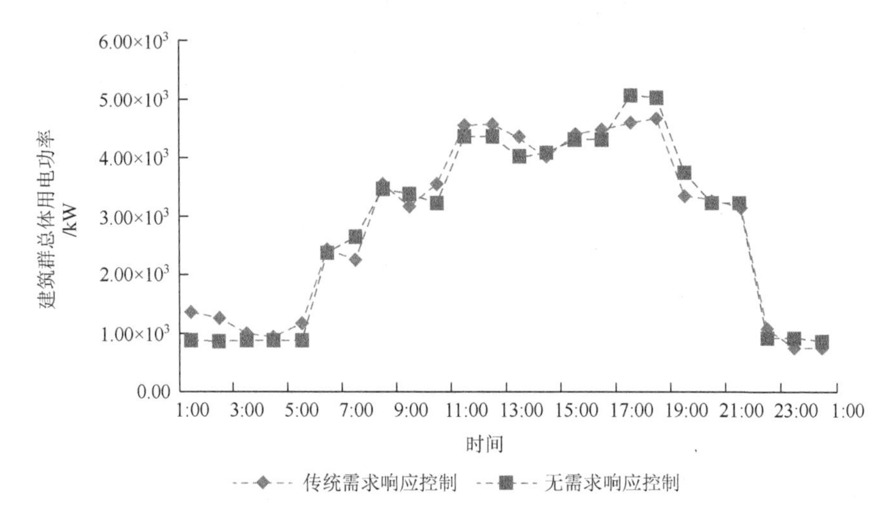

图 9.8　不同需求响应控制下建筑群总体用电功率变化

9.3.3　改进需求响应控制性能评估

图 9.9（a）、图 9.10（a）、图 9.11（a）分别给出了在办公建筑、餐饮建筑、商场建筑中以最小化建筑群级峰值需求为目标的改进需求响应控制产生的全局最

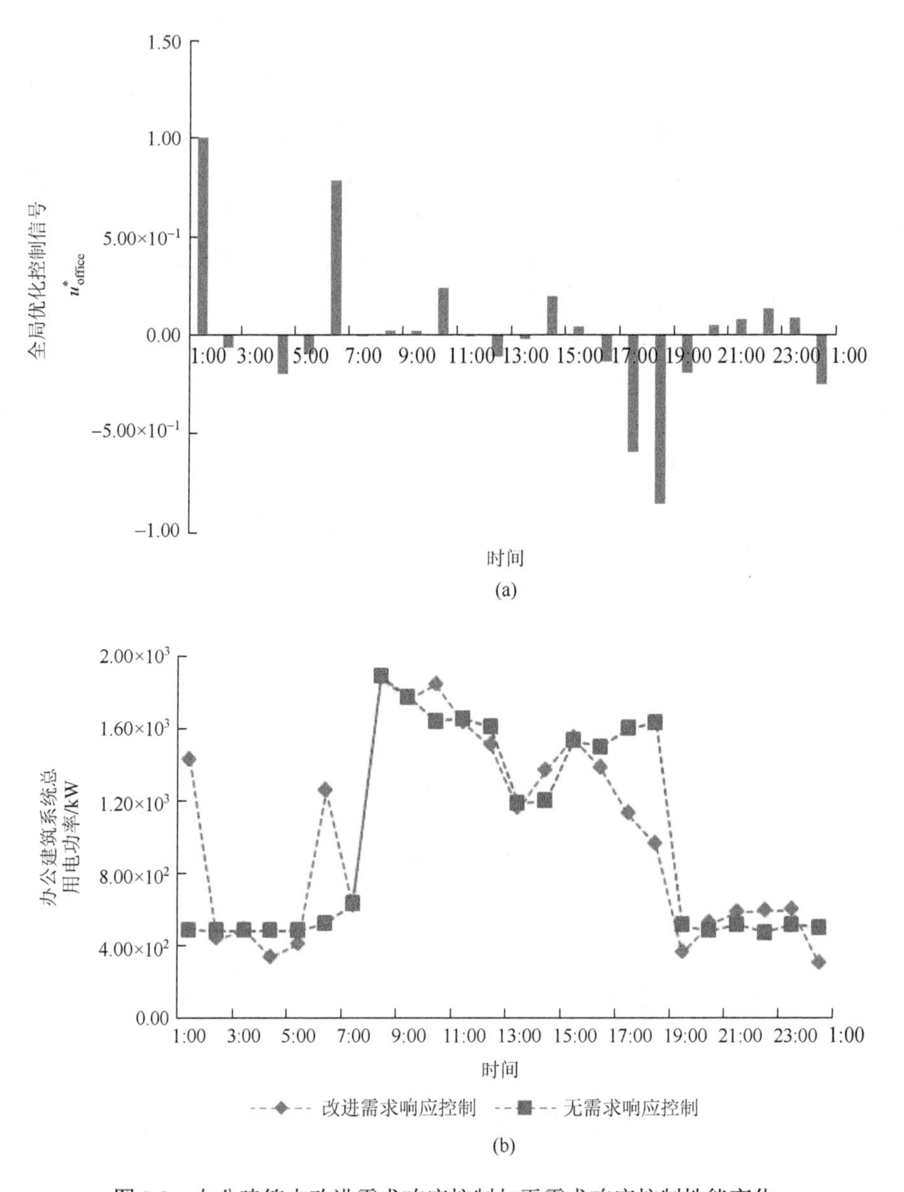

图 9.9　办公建筑中改进需求响应控制与无需求响应控制性能变化

优控制信号：u_{office}^{*}、u_{res}^{*}、u_{shop}^{*}。图 9.9（b）、图 9.10（b）、图 9.11（b）则为相应建筑在改进需求响应控制下的用电功率的 Pow_{office}^{*}，Pow_{res}^{*}，Pow_{shop}^{*}；而 Pow_{office}，Pow_{res}，Pow_{shop} 分别代表各建筑在无需求响应控制时的用电功率基准值。

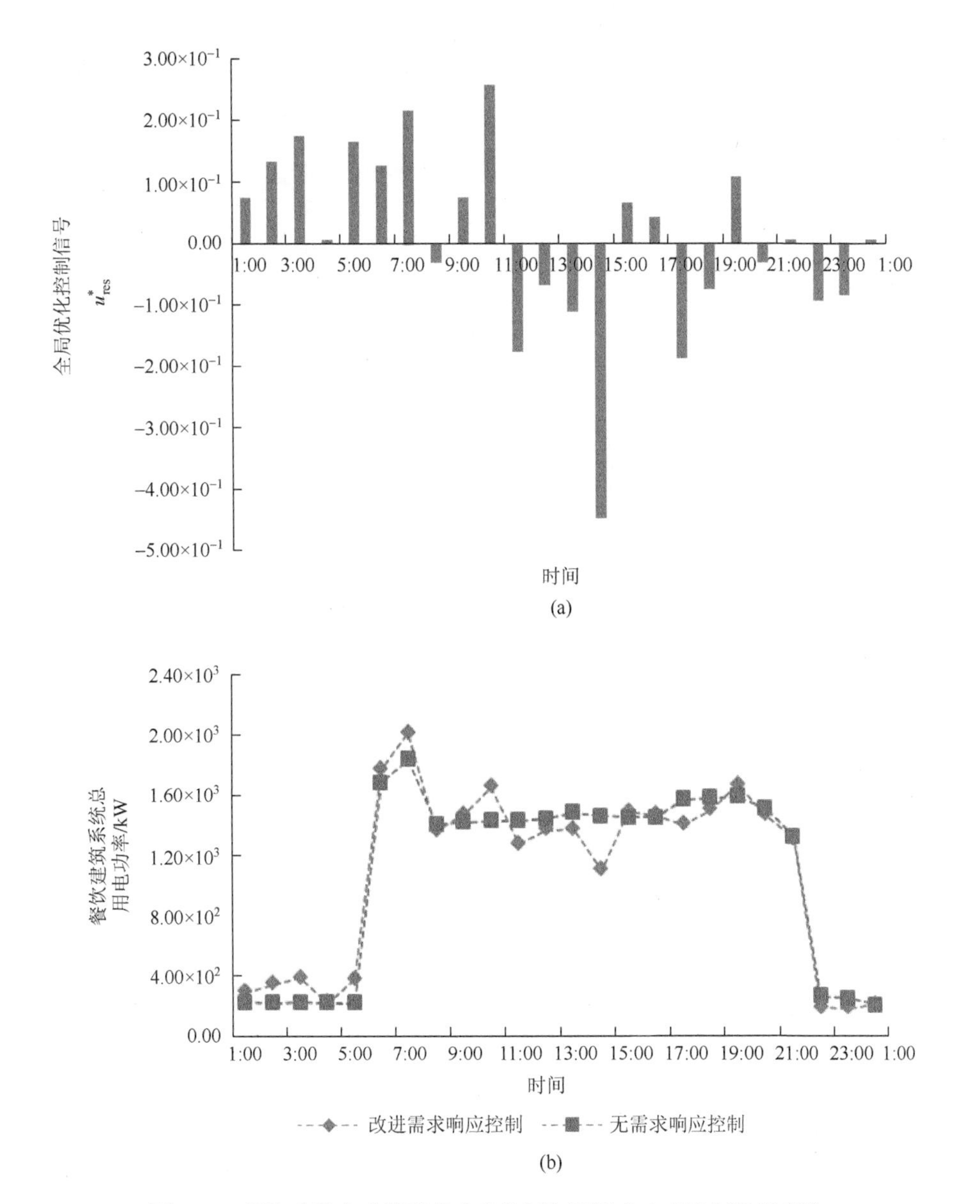

图 9.10　餐饮建筑中改进需求响应控制与无需求响应控制性能变化

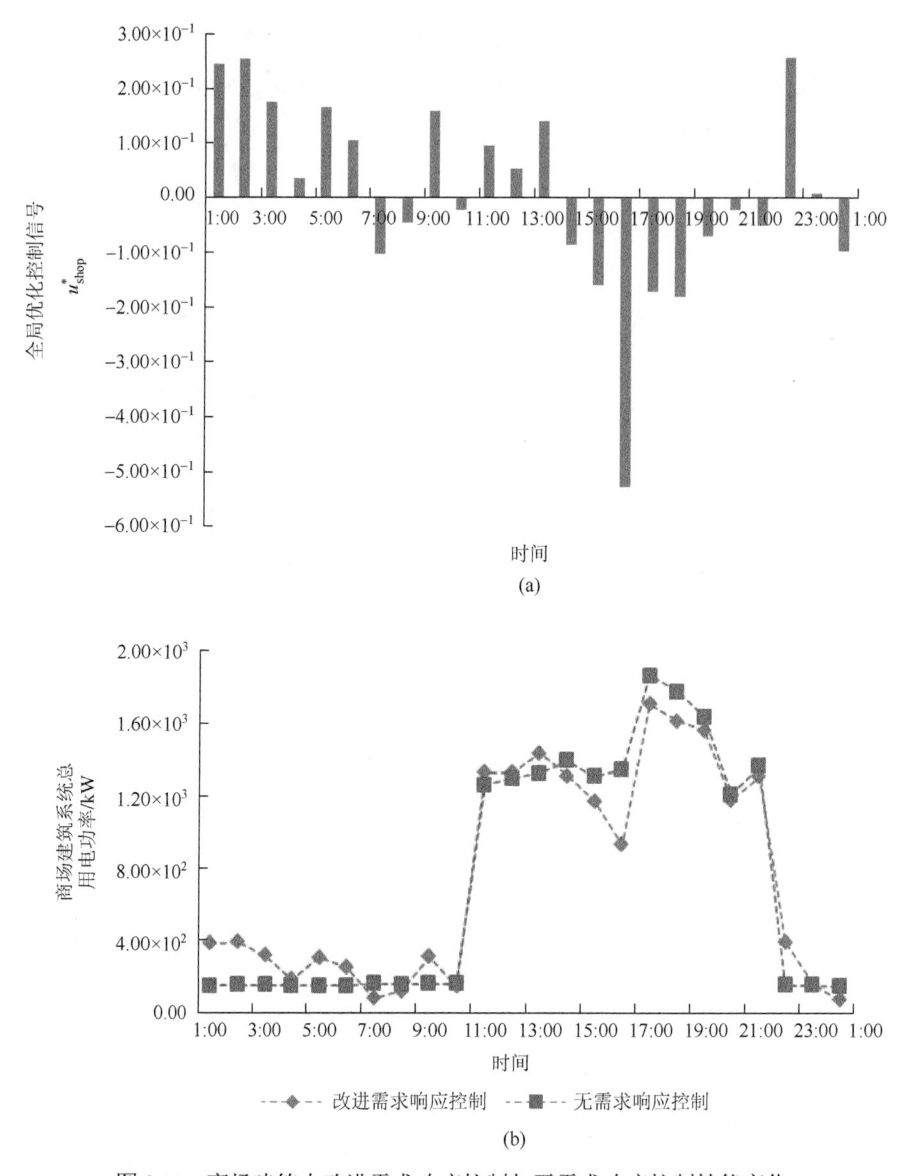

图 9.11　商场建筑中改进需求响应控制与无需求响应控制性能变化

由于在改进需求响应控制里以最小化建筑群总体用电峰值需求为目标，单体建筑用电峰值需求的减少与传统需求响应控制的结果有了许多不同。如图 9.9（b）所示，办公建筑应用全局优化控制信号 u^*_{office} 后，单体建筑用电峰值需求仅减少了 11 kV·A（0.6%），额外能耗为 238 kW·h。而在餐厅建筑中，甚至可观察到单体建筑用电峰值需求是增加的。如图 9.10（b）所示，所在餐厅应用了全局最优控制信号 u^*_{res} 后，单体建筑用电峰值需求实际增加了 175 kV·A（9.5%），额外能耗为

38 kW·h。如图 9.11（b）所示，在商场建筑应用了全局最优控制信号 u_{shop}^* 后，单体建筑用电峰值需求减少了 158 kV·A（8.5%），额外能耗为 191 kW·h。

应用改进需求响应控制后建筑群总体用电功率逐时变化值如图 9.12 所示。可观察到，建筑群用电峰值从 5 031 kV·A 减少到 4 229 kV·A，减少量为 802 kV·A（15.9%），相应需要的额外能耗为 391 kW·h。表 9.3 比较了改进需求响应控制和传统需求响应控制在峰值削减及额外能耗方面的性能。与传统需求响应控制相比，改进需求响应控制可实现建筑群峰值削减 802 kV·A（15.9%），而传统需求响应控制为 374 kV·A（7.4%），前者为后者的 214%。在额外能耗方面，改进需求响应控制为 391 kW·h，而传统需求响应控制为 889 kW·h，前者为后者的 44.0%。这说明，改进需求响应控制以传统需求响应控制 44.0%的额外能耗实现了后者 214%的用电峰值削减，在峰值削减性能和能源综合效率方面都显示出了优越性。另外需要指出的是，与传统控制相比，改进需求响应控制多出了一个出现在 6:00 的用电高峰。主要的原因是在改进需求响应中主要考虑的是全体建筑全天时段的峰值需求，因此其他时段出现次一级的峰值并不影响这一主要目标。

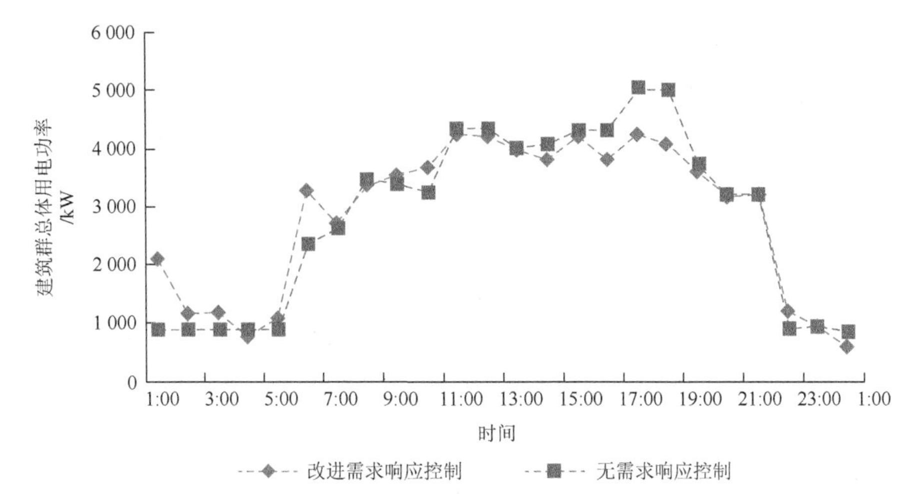

图 9.12　不同需求响应控制下建筑群总体用电功率变化

表 9.3　需求响应控制性能比较结果

控制方法	PD_{grp}/(kV·A)	E_{grp}/(kW·h)	ΔPD_{grp}^* /(kV·A)	ΔE_{grp}/(kW·h)
参考基准值（无需求响应）	5 031	67.242	0	0
传统需求响应控制	4 657	68.131	374（7.4%）	889
改进需求响应控制	4 229	67.633	802（15.9%）	391

*括号内为削减占比。

9.4 本章小结

电力供需平衡已成为电网安全高效运行的一个关键问题。传统需求响应控制以单体建筑峰值需求限制为目标，不能有效最小化建筑群级别的峰值需求，而这正是电网为保持区域用电平衡而主要关注的问题。本章提出了改进的基于 GA 的需求响应控制，并以最小化建筑群总体电力峰值需求为目标。

本章通过案例研究评估了传统需求响应控制与改进需求响应控制的性能。在传统需求响应控制下，以总体额外能耗增加 889 kW·h，建筑群总体峰值需求仅减少了约 374 kV·A（7.4%）。相较于传统需求响应控制，改进需求响应控制的建筑群需求响应性能有了大幅改善，建筑群总体峰值需求减少量达到 802 kV·A（15.9%），是传统需求响应控制的 214%；而额外增加的能耗仅为 391 kW·h，是传统需求响应控制的 44.0%。

参考文献

ALBADI M H，EL-SAADANY E F，2007. Demand response in electricity markets：an overview[C]//2007 IEEE Power Engineering Society General Meeting. Florida.

BILLINTON R，ALLAN R N，1986. Reliability evaluation of power systems[M]. New York：Plenum Press.

CUI B R，Wang S W，SUN Y J. 2014. Life-cycle cost benefit analysis and optimal design of small scale active storage system for building demand limiting[J]. Energy，73：787-800.

HAJIAH A，KRARTI M，2012. Optimal control of building storage systems using both ice storage and thermal mass-Part I：Simulation environment[J]. Energy Conversion and Management，64：499-508.

HENZE G P，FELSMANN C，KNABE G，2004. Evaluation of optimal control for active and passive building thermal storage[J]. International Journal of Thermal Sciences，43（2）：173-183.

HIRST E，2001. Real-time balancing operations and markets：key to competitive wholesale electricity markets[R]. Washington D C：Edison Electric Institute.

INTERNATIONAL ENERGY AGENCY，2005. Energy market experience learning from the blackouts：transmission system security in competitive electricity markets[M]. Paris：OECD Publishing.

INTERNATIONAL ENERGY AGENCY，2010. Energy balances of OECD Countries[M]. Paris：OECD Publishing.

INTERNATIONAL ENERGY AGENCY，2014. IEA statistics：world energy statistics and balances[M]. Paris：OECD Publishing.

KOLOKOTSA D，ROVAS D，KOSMATOPOULOS E，et al.，2011. A roadmap towards intelligent net zero-and positive-energy buildings[J]. Solar Energy，85（12）：3067-3084.

KUZNIK F，DAVID D，JOHANNES K，et al.，2011. A review on phase change materials integrated in building walls[J]. Renewable and Sustainable Energy Reviews，15（1）：379-391.

KUZNIK F，VIRGONE J，ROUX J J，2008. Energetic efficiency of room wall containing PCM wallboard：A full-scale experimental investigation[J]. Energy and Buildings，40（2）：148-156.

LARSEN G K H，FOREEST N D V，SCHERPEN J M A，2014. Power supply-demand balance in a Smart Grid：An information sharing model for a market mechanism[J]. Applied Mathematical Modelling，38（13）：3350-3360.

LEBRUN J，SILVA C A，TREBILCOCK F，et al.，2004. Simplified models for direct and indirect contact cooling towers and evaporative condensers[J]. Building Services Engineering Research and Technology，25（1）：25-31.

MA Z J，WANG S W，2009. An optimal control strategy for complex building central chilled water systems for practical and real-time applications[J]. Building and Environment，44（6）：1188-1198.

MOHSENIAN-RAD A H，WONG V W S，JATSKEVICH J，et al.，2011. Autonomous demand-side management based on game-theoretic energy consumption scheduling for the future smart grid[J]. IEEE Transactions on Smart Grid，1（3）：320-331.

MURATORI M，SCHUELKE-LEECH B A，RIZZONI G，2014. Role of residential demand response in modern electricity markets[J]. Renewable and Sustainable Energy Reviews，33：546-553.

O'CONNELL N，PINSON P，MADSEN H，et al.，2014. Benefits and challenges of electrical demand response：A critical review[J]. Renewable and Sustainable Energy Reviews，39：686-699.

OTT A，2014. Chapter 21-case study：demand-response and alternative technologies in electricity markets[J]. Renewable Energy Integration，265-274.

PIETTE M A，SEZGEN O，Watson D S，et al.，2004. Development and evaluation of fully automated demand response in large facilities[J]. Lawrence Berkeley National Laboratory，1-189.

PINCETI P，2002. Emergency load-shedding algorithm for large industrial plants[J]. Control Engineering Practice，10（2）：175-181.

ROTH K，ZOGG R，BRODRICK J，2006. Cool thermal energy storage[J]. ASHRAE Journal，48：94-96.

SADINENI S B，BOEHM R F，2012. Measurements and simulations for peak electrical load reduction in cooling dominated climate[J]. Energy，37（1）：689-697.

SCALAT S，BANU D，HAWES D，et al.，1996. Full scale thermal testing of latent heat storage in wallboard[J]. Solar Energy Materials and Solar Cells，44（1）：49-61.

STEIN B，REYNOLDS J S，MCGUINNESS W J，1986. Mechanical and Electrical Equipment for Buildings（7th ed.）[M]. New York：John Wiley & Sons.

SUN Y J，WANG S W，HUANG G S，2010. A demand limiting strategy for maximizing monthly cost savings of commercial buildings[J]. Energy and Buildings，42（11）：2219-2230.

SUN Y J，WANG S W，XIAO F，et al.，2013. Peak load shifting control using different cold thermal energy storage facilities in commercial buildings：A review[J]. Energy Conversion and Management，71：101-114.

UNITED STATES DEPARTMENT OF ENERGY，2006. Benefits of demand response in electricity markets and recommendations for achieving them[R/OL]. Report to the United States Congress. http://eetd.lbl.gov.

WANG S W，1998. Dynamic simulation of a building central chilling system and evaluation of EMCS on-line control strategies[J]. Building and Environment，33：1-20.

WANG S W，MA Z J，2008. Supervisory and optimal control of building HVAC systems：a review[J]. HVAC&R Research，14（1）：3-32.

YIN R X，XU P，PIETTE M A，et al.，2010. Study on auto-DR and pre-cooling of commercial buildings with thermal mass in California[J]. Energy and Buildings，42（7）：967-975.